Multifunctionality of Polymer Composites

多功能聚合物复合材料
（第2卷）

面临的挑战与应用案例

（德） 克劳斯·费里德里希（Klaus Friedrich） 主编
乌尔夫·布鲁尔（Ulf Breuer）

刘勇 徐玉龙 等 译

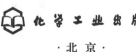
·北京·

内容简介

《多功能聚合物复合材料(第2卷)》详细介绍了多功能复合材料领域的最新研究进展。作者整理总结了在多功能复合材料领域许多知名学者的研究成果,探讨了多功能复合材料领域的最新趋势。全卷共11章,通过案例研究阐明了如何实现多功能复合材料不同性能的组合,深入介绍了多功能复合材料在不同领域的具体应用。具体包括碳纤维聚合物复合材料在航空航天领域的应用,如何实现层间增韧以及多功能化的夹层技术;不同纤维增强环氧树脂的机械和微波相互作用性能;纳米石棉有机制动材料面临的挑战;有自愈功能的环氧树脂复合材料的摩擦学性能;多功能结构电池和超级电容器复合材料面临的工程与系统问题;多功能电磁波吸收和阻燃材料的制备;多功能形状记忆合金基复合材料的性能;形状记忆环氧树脂和复合材料的近期进展及未来趋势等方面。

本书系统地对多功能复合材料进行了介绍,有案例分析,也有相关的专业知识。本书是从事研究多功能复合材料科技工作者的重要参考读物,可提供相关技术和实践的指导。本书主要面向寻求解决新材料开发和特定应用方案的专业学者,也适合对多功能复合材料领域感兴趣的技术人员和学生使用。

Multifunctionality of Polymer Composites
Klaus Friedrich, Ulf Breuer
ISBN: 978-0-323-26434-1
Copyright © 2015 Elsevier Inc. All rights reserved.
Authorized Chinese translation published by Chemical Industry Press Co., Ltd.

《多功能聚合物复合材料(第2卷)面临的挑战与应用案例》(刘勇、徐玉龙 等译)
ISBN: 978-7-122-35634-5

Copyright © Elsevier Inc. and Chemical Industry Press Co., Ltd. All rights reserved.
No part of this publication may be reproduced or transmitted in any form or by any means, electronic or mechanical, including photocopying, recording, or any information storage and retrieval system, without permission in writing from Elsevier (Singapore) Pte Ltd. Details on how to seek permission, further information about the Elsevier's permissions policies and arrangements with organizations such as the Copyright Clearance Center and the Copyright Licensing Agency, can be found at our website: www.elsevier.com/permissions.
This book and the individual contributions contained in it are protected under copyright by Elsevier Inc. and Chemical Industry Press Co., Ltd. (other than as may be noted herein).

This edition of Multifunctionality of Polymer Composites is published by Chemical Industry Press Co., Ltd. under arrangement with ELSEVIER INC.
This edition is authorized for sale in China only, excluding Hong Kong, Macau and Taiwan. Unauthorized export of this edition is a violation of the Copyright Act. Violation of this Law is subject to Civil and Criminal Penalties.

本版由 ELSEVIER INC. 授权化学工业出版社在中国大陆地区(不包括香港、澳门以及台湾地区)出版发行。
本版仅限在中国大陆地区(不包括香港、澳门以及台湾地区)出版及标价销售。未经许可之出口,视为违反著作权法,将受民事及刑事法律之制裁。
本书封底贴有 Elsevier 防伪标签,无标签者不得销售。

注 意

本书涉及领域的知识和实践标准在不断变化。新的研究和经验拓展我们的理解,因此须对研究方法、专业实践或医疗方法作出调整。从业者和研究人员必须始终依靠自身经验和知识来评估和使用本书中提到的所有信息、方法、化合物或本书中描述的实验。在使用这些信息或方法时,他们应注意自身和他人的安全,包括注意他们负有专业责任的当事人的安全。在法律允许的最大范围内,爱思唯尔、译文的原文作者、原文编辑及原文内容提供者均不对因产品责任、疏忽或其他人身或财产伤害及/或损失承担责任,亦不对由于使用或操作文中提到的方法、产品、说明或思想而导致的人身或财产伤害及/或损失承担责任。

北京市版权局著作权合同登记号: 01-2016-5979

图书在版编目(CIP)数据

多功能聚合物复合材料. 第2卷, 面临的挑战与应用案例/(德)克劳斯·费里德里希,(德)乌尔夫·布鲁尔主编;刘勇等译. —北京:化学工业出版社, 2021.1(2023.8重印)
书名原文:Multifunctionality of Polymer Composites
ISBN 978-7-122-35634-5

Ⅰ.①多… Ⅱ.①克…②乌…③刘… Ⅲ.①聚合物-功能材料-复合材料 Ⅳ.①TB33

中国版本本图书馆CIP数据核字(2019)第241642号

责任编辑:吴 刚　　　　　　　　　　　　文字编辑:李 玥
责任校对:张雨彤　　　　　　　　　　　　装帧设计:关 飞

出版发行:化学工业出版社(北京市东城区青年湖南街13号 邮政编码100011)
印　　装:北京七彩京通数码快印有限公司印刷
710mm×1000mm 1/16 印张17 字数311千字 2023年8月北京第1版第3次印刷

购书咨询:010-64518888　　　售后服务:010-64518899
网　　址:http://www.cip.com.cn
凡购买本书,如有缺损质量问题,本社销售中心负责调换。

定　价:99.00元　　　　　　　　　　　　　　　　　　　　　　版权所有　违者必究

译者的话

复合材料是国家战略新兴产业中新材料领域的重要组成部分。凭借其优异的性能，复合材料在航空航天、风能发电、汽车轻量化、海洋工程、环境保护工程、船艇、建筑、电力等领域发展迅速，已经成为现代工业、国防和科学技术不可缺少的重要基础。

本书原著书名为 *Multifunctionality of Polymer Composites*，由全球 30 多个作者及其团队编著而成，其中许多作者是聚合物复合材料界的著名科学家，他们在各章中贡献了多功能聚合物复合材料方面最权威的或最全面的专业知识。本书不仅包括不同类型的聚合物基质，即从热固性材料到热塑性塑料和弹性体，还包括各种微纳米填料，例如从陶瓷纳米颗粒到碳纳米管，并与传统增强材料（如玻璃或碳纤维）进行结合。

本书介绍了各种新型复合材料的基本原理、研究进展和最新突破，其内容新、意义大，对广大技术人员具有引领作用。为了使众多技术人员更容易阅读和理解本书的丰富知识，我们组织复合材料领域的教授、博士、硕士等专业人士，将其翻译成中文。

英文原著将近1000页，共31章，内容极为丰富。从整体来看，原著内容涉及三个部分，即第1、2章为多功能聚合物复合材料简介；第3~10章为特殊基体/增强体/相间成分的使用；其余章节组成应用部分。这三部分的内容在篇幅上差别很大。尤其是应用部分内容极为庞大（共21章），涉及多种特殊功能复合材料在航空航天等多领域的应用，特别是对纳米复合材料在各个领域的多功能应用做了丰富而全面的阐述。考虑到应用部分内容庞大，穿插在不同的章节中，不便于读者快速阅读。为了适应读者的专业需求，减轻读者阅读负担，我们根据书中每一章的内容，对全书章节进行了系统性的归类和重新组合，即从多功能聚合物复合材料前沿技术的简介、挑战和应用、纳米复合材料等三个部分，将本中文版分成三卷：第1卷多功能聚合物复合材料前沿科学与技术，包括原来的第一、二部分（即原1~10章）；第2卷多功能聚合物复合材料面临的挑战与应用案例，包括原11~13、17、19、20、22~24、26、27章；第3卷多功能聚合物复合材料纳米材料的挑战与应用，包括原 14~16、18、21、25、28~31 章。这样，全新的中文版三卷版本都具有适合读者阅读的篇幅，内容归类更加合理，读者翻阅更加轻松。中文版的分卷方法也得到了原著作者的高度赞赏。

本书第 2 卷共 11 章，通过案例研究阐明了如何实现多功能复合材料不同性能的组合，深入介绍了多功能复合材料在不同领域的具体应用。包括碳纤维聚合物基复合材料在航空航天领域的应用，如何提高复合材料的强度和其他性能，如何实现层间增韧以及多功能化的夹层技术等（第 1 章）；对玻璃纤维增强环氧树脂、碳纤维增强环氧树脂和芳族聚酰胺增强环氧树脂层压板的机械和微波相互作用性能进行了评估，特别是在航空、电气、电信和医疗领域的潜在应用，介绍了多功能聚合物复合材料在不同领域的应用（第 2 章）；碳纤维增强塑料（CFRP）机身结构面临的挑战，碳纤维-金属纤维混杂试片的制备及性能等（第 3 章）；纳米石棉有机制动材料面临的挑战和发展历程，多准则优化问题和配方调整准则，性能评价的复杂性等（第 4 章）；具有自愈功能的环氧树脂复合材料的摩擦学性能，自愈合系统的增强及可恢复断裂韧性等（第 5 章）；多功能结构电池和超级电容器复合材料的相关概念、研究进展、面临的工程与系统问题、科学问题、工程挑战等（第 6 章）；"智能"结构发展中的问题，多功能电磁波吸收和阻燃材料的制备等（第 7 章）；多功能形状记忆合金基复合材料的冲击性能、健康监测、无损测量及其在航空航天领域的应用等（第 8 章）；形状记忆合金和纤维增强复合材料制造的活性混合结构及其性能的模拟与实验验证等（第 9 章）；含有愈合剂微型胶囊的多功能编织玻璃纤维、环氧树脂复合材料，其制备方法和表征方式等（第 10 章）；形状记忆环氧树脂和复合材料的近期进展、展望及未来趋势等（第 11 章）。

参加本书第 2 卷翻译及审校工作的有刘勇、徐玉龙、李丹、宋庆松、邓德鹏、王迎、韩顺涛、潘威丞、刘慧超、文林、高宁萧等人。

在中文版的出版过程中，由于原书存在一些参数新旧单位混用，若换算成国际法定计量单位则会对原书产生较大改动。为保持与原书的一致性，本中文版保留了原书的物理量单位，并在目录后附以计量单位换算表，以帮助读者理解和使用。同时，为使读者更准确地理解和使用该书，保留了英文参考文献和中英文对照的专业术语表。

本书从拿到原文到全部翻译、润色、校对完成，历时 4 年，反复斟酌的目的在于尽量追求完美，力求用贴切的语言完全表达出原意。限于译者水平，书中难免有瑕疵，恳请读者朋友不吝指正。

译者
2020.1

英文版前言

强度、刚度和韧性是系统结构科学和工程中决定材料能否得以应用的典型特性。多功能结构材料具有超出这些基本要求的属性。它们可以被设计成具有集成电、磁、光、机动、动力生成功能,以及可能与机械特性协同工作的其他功能。这种多功能结构材料可通过减小尺寸、重量、成本、电力供应、能耗和复杂性,由此提升效率、安全性和多功能性,因此具有巨大的影响结构性能的潜力[1]。这意味着多功能系统无论从工业还是从基础的角度来看,都是一个重要的研究领域。它们可用于如汽车、航空航天工业、通信、土木工程和医学等诸多领域[2]。适用材料的范围也很广,例如混合物、合金、凝胶和互穿聚合物网络,但在大多数情况下它们是基于聚合物基的复合材料。

聚合物复合材料是开发高强度、高刚度和轻量化的组合结构的先进材料。复合材料自然也适用于多功能性的概念,即材料可具备多种功能。这些功能通常是通过结构(负载或塑性)的方式附加一种或多种其他功能,例如能量存储(电容器或电池)、制动(控制位置或形状)、热管理(热屏蔽)、健康管理(感知损坏或变形)、屏蔽(免受电磁干扰辐射)、自我修复(自主响应局部损伤)、能量吸收(耐撞性)、信号传递(电信号)或电能传递。多功能结构可以通过消除或减少多个单功能组件的数量来实现显著减轻重量的效果[3]。

近年来,一些作者已认识到多功能性在聚合物复合材料中的重要性,分别集中于某一特定方面,例如,仿生学领域中的多功能材料、纳米级多功能材料、用于多功能复合材料的形状记忆聚合物或其他重要的方面做了深入的研究[1-8]。本书探讨了聚合物复合材料在多功能性领域的最新优势,包括力学、界面及热物理性质,制造技术和表征方法。同时,它将给读者留下许多工业领域的观点,其中多功能性是在各种领域中应用的重要因素。

全球有超过30组作者,其中许多人多年来在聚合物复合材料界广为人知,他们在各章中分享了聚合物复合材料多功能性方面的专业知识。本书不仅包括不同类型的聚合物基质,即从热固性材料到热塑性塑料和弹性体,还包括各种微纳米填料,例如从陶瓷纳米颗粒到碳纳米管,并与传统增强材料(如玻璃或碳纤维)进行结合。本书从运输、摩擦学、电气元件和智能材料及其未来发展趋势展开论述。

在第一部分中,K.Friedrich(德国)描述了在增强聚合物和复合结构中实现多功能性的可能途径。通过不同的案例研究进行了阐述，其中包括摩擦学方面的汽车部件、抗腐蚀的风能叶片和生物医学领域的训练材料。随后的章节介绍了Mohamed S. Aly-Hassan（日本）关于多功能复合材料应用的新视角，特别是具有定制导热性能的碳-碳复合材料，以及在降雪环境下的智能夹层屋顶。

第二部分侧重于讨论特殊基质、增强物和界面及其对各种复合材料的多功能行为产生的影响。Z. A. Mohd Ishak（马来西亚）和他的团队描述了天然纤维增强材料（特别是木纤维）在室内和室外建筑材料中的应用，尤其在阻燃性方面。Debes Bhattacharyya（新西兰）等人在他们关于"天然纤维：其复合材料及可燃性表征"的章节中也讨论了类似的应用。Suprakas Sinha Ray（南非）总结了由可生物降解的聚乳酸和纳米黏土组成的多功能纳米复合材料在当前的发展。Patricia M. Frontini（阿根廷）和António S. Pouzada（葡萄牙）等人也使用这种类型的增强材料用于可注塑聚烯烃的多功能性研究，其中特别注重加工、形貌和机械/热问题。Alessandra de Almeida Lucas（巴西）强调了膨胀石墨对聚合物纳米复合材料的改进，特别是在机械、阻隔、电气和热性能方面。Volker Altstädt（德国）小组讨论了泡沫芯材的多功能性，特别强调了热、声、电介质和冲击行为。S. S. Pesetskii（白俄罗斯）等人通过纳米和微米级填料增强来研究基于聚（对苯二甲酸亚烷基酯）的复合材料的反应增容，并提出了另一种基质的影响。对聚合物复合材料中多功能相间的分析和讨论部分由 Shang-Lin Gao 和 Edith Mäder（德国）总结为一章。

第三部分介绍了多功能材料的应用，并对上述四个选定领域进行了深入说明。运输领域始于 Xiaosu Yi（中国）关于航空航天应用的多功能复合材料，特别是提高热固性复合材料层压板的韧性和抗冲击性方面的研究。Edson Cocchieri Botelho（巴西）等人将重点放在具有良好力学性能和特定微波透明度（如辐射）的轻型飞机部件上。U. P. Breuer 和 S. Schmeer（德国）强调了机身结构电气性能和抗损伤性能的结合。在 Vassilis Kostopoulos（希腊）等人所写的章节中，介绍了在航空航天中通过在碳纤维复合层压板中结合纳米填料，如碳纳米管，来实现不同性质的组合。Mehrdad N. Ghasemi Nejhad（美国）也采用类似的概念，研发了用于汽车和航空航天工业的多功能分级纳米复合材料层压板，其中的关键词"纳米树脂基质"和"纳米森林纤维"起着特殊的作用。Rehan Umer（阿联酋）等人完成了这一领域的研究并单独成章，其中介绍了碳纳米管（CNT）和氧化石墨烯（GO）对聚合物复合材料多功能性的协同效应，预计可用于航空航天、汽车和其他技术领域。

在第1章1.3节的电气元件领域，Leif E. Asp（瑞典）等人提出用于电池和超级电容器的多功能复合材料。除了力学性能外，电化学和导电能力也是非常重要的。另一项与电池有关的贡献由 Yiu-Wing Mai 和 Limin Zhou（澳大利亚、中国香港）提供，涉及锂离子电池的电纺纳米结构复合纤维阳极的应用。Vitaliy G. Shevchenko（俄罗斯）和合作伙伴总体上阐述了用于智能结构的多功能聚合物复合材料，然后在各种示例中展示了如何实现多功能性，并介绍了具有低可燃性、增强热性能和力学性能的新型热塑性电磁波屏蔽和吸收复合材料。该领域的最后，用于航空航天工业的多功能形状记忆合金（SMA）基复合材料由 Michele Meo（英国）撰写。本章对前面提到的领域和下一领域之间起到连接作用，因为它结合了用于航空航天（如除冰）与智能材料应用中 SMA 的固有电气特性的使用，包括制动器功能。

应用的第三部分由关于智能材料和未来趋势的章节组成。Martin Gurka（德国）从形状记忆合金和碳纤维增强复合材料的活性杂化结构开始，应用于未来的制动器。接下来由 Erik T. Thostenson（美国）等人撰写，他们专注于自感碳纳米管复合材料的加工和表征。其中机械、电气和其他物理特性是他们特别关注的。在关于自愈玻璃/环氧复合材料的章节中，感知局部损伤并尝试自我修复是 Ming qiu Zhang 团队（中国）的研究焦点。J. Karger-Kocsis（匈牙利）在研究形状记忆环氧树脂和复合材料时，提到了另一个智能的领域。L. Nicolais（意大利）和同事对具有定制光学特性的纳米复合材料展开了研究，通过使用在临界温度下改变颜色的热致变色填料来感测性质。在处理多功能聚合物/ZnO 纳米复合材料时，Hung-Jue Sue 和 Dazhi Sun（美国、中国）的章节也涉及光学、电子和光伏领域。作者强调了物理性质分布的分散质量。K. Schulte（德国）对如何提高聚合物基复合材料的多功能性给出了总体的看法，特别强调了陶瓷纳米粒子、碳纳米管和石墨烯。最后一章由 Josef Jancar（捷克）编写，引入了"复合材料组学：用于结构和组织工程应用的多尺度分级复合材料"这一术语，强调了 POSS 的特殊用途。

在考虑整本书的内容时，很明显它主要面向学术界和工业界中对材料开发和特定应用寻找新的解决方案的科学家。因此，本书将成为那些已经成为或想要在多功能聚合物复合材料领域成为专业人士的读者的参考文献和实践指南。

通过编写本书，我们希望能够对多功能聚合物复合材料这一复杂技术领域的系统结构展开进一步研究。目前来看，为时不晚，然而这仅是第一次尝试涵盖过去几年一直处于快速发展过程中的研究。我们相信，在不久的将来，有关多功能聚合物复合材料的更多有趣的成果将在公开文献中公布。

最后，我们要感谢所有能够将他们的想法和成果纳入本专题图书的贡献者。我们也感谢许多其他广泛参与的在同行评审过程中做出贡献的科学家。这些审阅者包括：S. Y. Fu, M. Z. Rong, Z. Z. Yu（中国）；A. Dasari, S. Ramakrishna（新加坡）；G. Zaikov（俄罗斯）；H. J. Sue, T. W. Chou, D. O'Brien, W. Brostow, Z. Liang, N. Koratkar（美国）；G. W. Stachowiak, J. Ma, S. Bandyopadhyay（澳大利亚）；S. Thomas（印度）；N. M. Barkoula, D. E. Mouzakis（希腊）；Z. Denchev（葡萄牙）；D. Zenkert（瑞典）；D. Wagner（以色列）；M. Quaresimin（意大利）；A. S. Luyt（南非）；H. Hatta（日本）；F. Haupert, J. Schuster, M. Gurka, B. Fiedler, U. Breuer, S. Seelecke（德国）。

Klaus Friedrich
Ulf Breuer
2014 年 10 月 20 日，凯泽斯劳滕

参考文献

[1] Nemat-Nasser S, et al. Multi-functional materials. In: Bar-Cohen Y, editor. Biomimetics—biologically inspired technologies, Chapter 12. London, UK: CRC Press; 2005.
[2] Boudenne A, editor. Handbook of multiphase polymer systems. Weinheim, Germany: Wiley & Sons; 2011.
[3] Byrd WJ, Kessler MR. Multi-functional polymer matrix composites. National Science Foundation, USA: Grant No. EPS-1101284.
[4] Long J, Lau AK-T, editors. Multi-functional polymer nano-composites. London, UK: CRC Press; 2011.
[5] McDowell DL, et al. Integrated design of multi-scale, multi-functional materials and processes. Amsterdam, The Netherlands: Elsevier; 2010.
[6] Gupta P, Srivastava RK. Overview of multi-functional materials. In: Meng Joo Er editor. New trends in technologies: devices, computer, communication and industrial systems, Chapter 1. Rijeka, Croatia: InTech Europe <www.intechopen.com>. ISBN: 975-953-307-212-8.
[7] Leng J, Du S, editors. Shape memory polymers and multi-functional composites. London, UK: CRC Press; 2010.
[8] Brechet Y, et al. Architectured multifunctional materials. MRS Symposium proceedings series, vol. 1188. Cambridge, UK: Cambridge University Press; 2009.

三卷本撰稿者名单

Mohamed S. Aly-Hassan
京都工业大学,日本,京都

Volker Altstädt
拜罗伊特大学,特种聚合物工程系,德国,拜罗伊特

Leif E. Asp[1,2]
1. 斯威雷亚西科姆公司,瑞典,默恩达尔;
2. 查尔姆斯理工大学,瑞典,哥德堡

Athanasios Baltopoulos
帕特雷大学,机械工程与航空系,应用力学实验室,希腊,帕特雷

Debes Bhattacharyya
奥克兰大学,机械工程系高级复合材料中心,新西兰,奥克兰

Jayashree Bijwe
印度理工学院,工业摩擦学机械动力与维修工程中心(ITMMEC),印度,新德里

Edson Cocchieri Botelho
圣保罗州立大学(UNESP),瓜拉丁瓜工程学院,材料和技术部,巴西,圣保罗

U. P. Breuer
凯泽斯劳滕大学,复合材料研究所(IVW GmbH),德国,凯泽斯劳滕

G. Carotenuto
国家研究委员会,聚合物、复合材料和生物材料研究所,意大利,波蒂奇

S. Chandrasekaran
汉堡科技大学(TUHH),聚合物和复合材料研究所,德国,汉堡

Yuming Chen
香港理工大学,机械工程系,中国,香港

Guilherme Mariz de Oliveira Barra
圣卡塔琳娜联邦大学,机械工程系,巴西,圣卡塔琳娜,弗洛里亚诺波利斯

Daniel Eurico Salvador de Sousa
圣卡洛斯联邦大学,材料工程系,巴西,圣保罗

Sagar M. Doshi[1,2]
1. 特拉华大学,机械工程系,美国,特拉华州,纽瓦克;
2. 特拉华大学,复合材料中心,美国,特拉华州,纽瓦克

V. V. Dubrovsky
白俄罗斯国家科学院别雷金属-高分子研究所，白俄罗斯，戈梅利
Amir Fathi
拜罗伊特大学，特种聚合物工程系，德国，拜罗伊特
B. Fiedler
汉堡科技大学（TUHH），聚合物和复合材料研究所，德国，汉堡
K. Friedrich
凯泽斯劳滕大学，复合材料研究所（IVW GmbH），德国，凯泽斯劳滕
Patricia M. Frontini
马德普拉塔大学，材料科学与技术研究所（INTEMA），阿根廷，马德普拉塔
Shang-Lin Gao
莱布尼茨聚合物研究所，德国，德累斯顿
Mehrdad N. Ghasemi Nejhad
夏威夷大学马诺阿分校，机械工程系，美国，夏威夷
Emile S. Greenhalgh
帝国理工学院，复合中心，英国，伦敦
Martin Gurka
凯泽斯劳滕大学，复合材料研究所（IVW GmbH），德国，凯泽斯劳滕
Haitao Huang
香港理工大学，应用物理系，中国，香港
Z. A. Mohd Ishak
马来西亚科技大学，材料与矿产资源工程学院，马来西亚，槟城
Josef Jancar
布尔诺科技大学，捷克，布尔诺
J. Karger-Kocsis[1,2]
1. 布达佩斯科技大学，机械工程学院，聚合物工程系，匈牙利，布达佩斯；
2. MTA-BME复合科学与技术研究组，匈牙利，布达佩斯
S. Kéki
匈牙利德布勒森大学，应用化学系，匈牙利，德布勒森
Nay Win Khun
南洋理工大学，机械与航空航天工程学院，新加坡
Nam Kyeun Kim
奥克兰大学，机械工程系高级复合材料中心，新西兰，奥克兰
Vassilis Kostopoulos
帕特雷大学，机械工程与航空系，应用力学实验室，希腊，帕特雷
Xiaoyan Li
香港理工大学，机械工程系，中国，香港
Yuanqing Li
哈利法科技大学，航空航天工程系，阿联酋，阿布扎比

Kin Liao
哈利法科技大学，航空航天工程系，阿联酋，阿布扎比
Alessandra de Almeida Lucas
圣卡洛斯联邦大学，材料工程系，巴西，圣保罗
Edith Mäder
莱布尼茨聚合物研究所，德国，德累斯顿
Yiu-Wing Mai[1,2]
1. 香港理工大学，机械工程系，中国，香港
2. 悉尼大学航空航天、机械和机电工程学院，先进材料技术中心（CAMT），澳大利亚，新南威尔士州
Michele Meo
巴斯大学，机械工程系，英国，巴斯
L. Nicolais
那不勒斯大学，材料与化学工业工程系，意大利，那不勒斯
Evandro Luís Nohara
陶巴特大学（UNITAU），机械工程系，巴西，圣保罗，陶巴特
S. S. Pesetskii
白俄罗斯国家科学院别雷金属-高分子研究所，白俄罗斯，戈梅利
Anatoliy T. Ponomarenko
俄罗斯科学院，合成高分子材料研究所，俄罗斯，莫斯科
António S. Pouzada
米尼奥大学，聚合物和复合材料研究所，葡萄牙，吉马良斯
Suprakas Sinha Ray[1,2]
1. 科学与工业研究理事会，DST / CSIR 国家纳米结构材料中心，南非，比勒陀利亚；
2. 约翰内斯堡大学，应用化学系，南非，约翰内斯堡
Mirabel Cerqueira Rezende
圣保罗联邦大学，科学技术研究所（ICT-UNIFESP），巴西，圣保罗
Minzhi Rong
中山大学，材料科学研究所，中国，广州
S. Schmeer
凯泽斯劳滕大学，复合材料研究所（IVW GmbH），德国，凯泽斯劳滕
K. Schulte
汉堡科技大学（TUHH），聚合物和复合材料研究所，德国，汉堡
Carlos Henrique Scuracchio
圣卡洛斯联邦大学，材料工程系，巴西，圣保罗
V. V. Shevchenko
白俄罗斯国家科学院别雷金属-高分子研究所，白俄罗斯，戈梅利
Vitaliy G. Shevchenko
俄罗斯科学院，合成高分子材料研究所，俄罗斯，莫斯科
Aruna Subasinghe
奥克兰大学，机械工程系高级复合材料中心，新西兰，奥克兰

Hung-Jue Sue
得克萨斯A&M大学，机械工程系，聚合技术中心，美国，得克萨斯州
Dawei Sun
南洋理工大学，机械与航空航天工程学院，新加坡
Dazhi Sun
南方科技大学，材料科学与工程系，中国，深圳
R. Mat Taib
马来西亚科技大学，材料与矿产资源工程学院，马来西亚，槟城
Erik T. Thostenson[1,2,3]
1. 特拉华大学，机械工程系，美国，特拉华州，纽瓦克；
2. 特拉华大学，材料科学与工程系，美国，特拉华州，纽瓦克；
3. 特拉华大学，复合材料中心，美国，特拉华州，纽瓦克
Rehan Umer
哈利法科技大学，航空航天工程系，阿联酋，阿布扎比
Chr. Viets
汉堡科技大学（TUHH），聚合物和复合材料研究所，德国，汉堡
Jinglei Yang
南洋理工大学，机械与航空航天工程学院，新加坡
Xiaosu Yi
北京航空材料研究所（BLAM），中国，北京
Tao Yin[1,2]
1. 中山大学，化学化工学院，聚合物复合材料与功能材料教育部重点实验室，中国，广州；
2. 广东工业大学，材料与能源学院，中国，广州
Yanchao Yuan[1,2]
1. 中山大学，化学化工学院，聚合物复合材料与功能材料教育部重点实验室，中国，广州；
2. 华南理工大学，材料科学与工程学院，中国，广州
He Zhang
南洋理工大学，机械与航空航天工程学院，新加坡
Hui Zhang
国家纳米科学中心，中国，北京
Mingqiu Zhang
中山大学，材料科学研究所，中国，广州
Zhong Zhang
国家纳米科学中心，中国，北京
Limin Zhou
香港理工大学，机械工程系，中国，香港
Lingyun Zhou
国家纳米科学中心，中国，北京

目 录

第1章 多功能复合材料在航空航天领域的应用进展 …… 1

1.1 引言、目的和技术挑战 …… 1
1.2 如何提高复合材料的强度和抗冲击性能 …… 4
    1.2.1 环氧复合材料 …… 6
    1.2.2 BMI复合材料 …… 12
    1.2.3 技术规模化发展 …… 17
1.3 如何在RTM复合材料中实现层间增韧 …… 18
    1.3.1 可RTM的环氧树脂基复合材料 …… 18
    1.3.2 BMI基复合材料 …… 21
    1.3.3 ES^{TM}-Fabrics的预成型增韧技术 …… 26
1.4 多功能化的夹层技术 …… 29
    1.4.1 聚合物层间法 …… 29
    1.4.2 纤维纱层间法 …… 33
1.5 概括和总结 …… 39
致谢 …… 41
参考文献 …… 41

第2章 轻质结构复合材料的电磁效应 …… 45

2.1 引言 …… 45
2.2 湿度对力学性能的影响 …… 46
    2.2.1 强度和硬度性质 …… 48
2.3 微波-吸收性质 …… 49
    2.3.1 插入天线 …… 51
    2.3.2 薄片的发射率和透明度 …… 52
2.4 结论 …… 55
致谢 …… 55
参考文献 …… 56

第3章 碳和金属纤维增强的机身结构 ·············· 58

- 3.1 引言 ··· 58
  - 3.1.1 机身重量与成本 ································ 59
  - 3.1.2 现代 CFRP 机身结构面临的挑战 ················ 60
- 3.2 CFRP-金属纤维复合材料 ···························· 61
  - 3.2.1 碳纤维-金属纤维混杂试片的制备 ··············· 63
  - 3.2.2 导电性能 ······································· 64
  - 3.2.3 损伤容限与结构完整性 ························· 64
- 3.3 实验结果 ·· 66
- 3.4 结论与展望 ·· 68
- 参考文献 ··· 68

第4章 纳米石棉有机制动材料的多功能性 ·············· 70

- 4.1 引言 ··· 70
  - 4.1.1 摩擦学的情况和摩擦磨损的作用 ················ 70
  - 4.1.2 刹车在汽车中的作用 ··························· 70
  - 4.1.3 FM 的发展 ····································· 72
  - 4.1.4 FM 配方的多准则优化问题 ····················· 73
  - 4.1.5 NAO FM 成分的分类 ··························· 75
  - 4.1.6 FM 组成的复杂性 ······························ 78
  - 4.1.7 FM 性能评价的复杂性 ·························· 79
- 4.2 研究调查的重点 ····································· 79
  - 4.2.1 金属含量大小、形状和数量对 FM 的影响 ········ 80
  - 4.2.2 NAO FM 中树脂的类型和数量的影响 ············ 84
  - 4.2.3 NAO FM 中纤维的类型和数量的影响 ············ 85
  - 4.2.4 新开发的树脂在 NAO FM 中的影响 ·············· 85
- 4.3 结论 ··· 86
- 参考文献 ··· 86

第5章 多功能高分子复合材料具有耐磨、增韧、自愈的功能 ··· 89

- 5.1 引言 ··· 89
- 5.2 具有自愈功能的环氧树脂复合材料的摩擦学性能 ······ 91
  - 5.2.1 单组分自愈功能的环氧树脂复合材料的摩擦磨损性能 ··· 91
  - 5.2.2 环氧复合材料具有两部分自愈合功能的热塑性能 ······ 99

5.3　两部分自愈合系统的增强及可恢复断裂韧性 ·················· 107
5.4　结论 ··· 110
参考文献 ·· 110

第6章　多功能结构电池和超级电容器复合材料　114

6.1　引言 ··· 114
　6.1.1　结构能源的概念 ··· 114
　6.1.2　结构超级电容器、电池及其混合电源 ···················· 115
　6.1.3　对结构电源材料的期望 ··· 118
　6.1.4　最新观点介绍 ··· 119
6.2　结构电池的简要综述 ··· 120
　6.2.1　引言 ··· 120
　6.2.2　最新研究的简要介绍 ··· 122
6.3　结构超级电容器的简要综述 ··· 126
　6.3.1　引言 ··· 126
　6.3.2　增强体/电极研究进展 ·· 127
　6.3.3　隔膜研究进展 ··· 128
　6.3.4　多功能基体研究进展 ··· 128
　6.3.5　结构超级电容器制备与表征 ··································· 129
6.4　工程与系统问题 ··· 132
　6.4.1　引言 ··· 132
　6.4.2　设计方法 ··· 133
　6.4.3　连通性 ··· 134
　6.4.4　整理 ··· 135
　6.4.5　防撞性 ··· 136
　6.4.6　验证 ··· 136
6.5　科学问题的简要综述 ··· 138
　6.5.1　电极/增强体 ·· 138
　6.5.2　电解质/基体 ·· 139
　6.5.3　纤维/基体的界面与界面 ··· 140
6.6　工程挑战 ··· 140
　6.6.1　设计方法 ··· 140
　6.6.2　连通性 ··· 141
　6.6.3　制造 ··· 141
　6.6.4　所有权问题 ··· 143
6.7　结论 ··· 146
致谢 ·· 146
参考文献 ·· 147

第7章 智能结构用多功能聚合物复合材料 ……… 152

7.1 引言 ……… 152
7.2 多功能材料的合成策略 ……… 153
7.3 "智能"结构发展中的问题 ……… 157
7.4 多功能电磁波吸收和阻燃材料 ……… 159
7.5 结果与讨论 ……… 160
7.6 结论 ……… 165
参考文献 ……… 166

第8章 多功能形状记忆合金基复合材料在航空航天领域的应用 ……… 168

8.1 引言 ……… 168
8.2 冲击性能 ……… 169
8.3 结构健康监测 ……… 172
8.4 原位无损测试 ……… 174
8.5 除冰 ……… 178
8.6 结论 ……… 180
致谢 ……… 181
参考文献 ……… 181

第9章 形状记忆合金和纤维增强复合材料制造的活性混合结构 ……… 183

9.1 引言 ……… 183
9.2 通用和多功能活性混合结构中的多功能材料 ……… 184
9.3 碳纤维增强塑料 ……… 185
9.4 形状记忆合金概述及重要特性 ……… 186
9.5 形状记忆合金表征与模拟 ……… 188
9.6 形状记忆合金的模拟 ……… 191
9.7 形状记忆合金导线的现象学材料模型 ……… 192
9.8 有限元模拟的实现 ……… 194
9.9 实际结果的设计与制造 ……… 195
  9.9.1 要求 ……… 195
  9.9.2 主活性复合结构和有限元模拟模型 ……… 195
  9.9.3 仿真结果 ……… 196

9.9.4　其他重要的设计方面 ……………………………………… 196
9.10　结论与展望 ………………………………………………………… 199
参考文献 …………………………………………………………………… 200

第10章　自愈编织玻璃/环氧树脂复合材料 …………………… 204

10.1　引言 …………………………………………………………………… 204
10.2　双胶囊策略 …………………………………………………………… 205
  10.2.1　硫醇微型胶囊 ………………………………………………… 206
  10.2.2　环氧树脂微型胶囊 …………………………………………… 207
  10.2.3　自愈能力的表征 ……………………………………………… 207
10.3　单胶囊策略 …………………………………………………………… 220
  10.3.1　咪唑潜伏性固化剂的制备 …………………………………… 220
  10.3.2　环氧树脂微型胶囊 …………………………………………… 221
  10.3.3　自愈能力的表征 ……………………………………………… 222
10.4　结论 …………………………………………………………………… 231
参考文献 …………………………………………………………………… 232

第11章　形状记忆环氧树脂和复合材料的近期进展 ………… 235

11.1　引言 …………………………………………………………………… 235
11.2　形状记忆环氧树脂（SMEP）构想 ………………………………… 237
  11.2.1　纯环氧树脂 …………………………………………………… 237
  11.2.2　环氧树脂-橡胶 ………………………………………………… 240
  11.2.3　环氧树脂-热塑性材料 ………………………………………… 240
  11.2.4　环氧树脂-热固性材料 ………………………………………… 243
11.3　形状记忆环氧树脂复合材料 ………………………………………… 244
  11.3.1　微粒填充 ……………………………………………………… 245
  11.3.2　纤维和织物增强 ……………………………………………… 246
11.4　应用 …………………………………………………………………… 249
11.5　展望及未来趋势 ……………………………………………………… 250
致谢 ………………………………………………………………………… 251
参考文献 …………………………………………………………………… 251

单位换算

长度	
$1m = 10^{10} Å$	$1 Å = 10^{-10} m$
$1m = 10^9 nm$	$1nm = 10^{-9} m$
$1m = 10^6 \mu m$	$1\mu m = 10^{-6} m$
$1m = 10^3 mm$	$1mm = 10^{-3} m$
$1m = 10^2 cm$	$1cm = 10^{-2} m$
$1m = 3.28 ft$	$1ft = 0.3048 m$
面积	
$1m^2 = 10^4 cm^2$	$1cm^2 = 10^{-4} m^2$
$1mm^2 = 10^{-2} cm^2$	$1cm^2 = 10^2 mm^2$
体积	
$1m^3 = 10^6 cm^3$	$1 cm^3 = 10^{-6} m^3$
$1mm^3 = 10^{-3} cm^3$	$1cm^3 = 10^3 mm^3$
$1m^3 = 35.32 ft^3$	$1ft^3 = 0.0283 m^3$
质量	
$1Mg = 10^3 kg$	$1kg = 10^{-3} Mg$
$1kg = 10^3 g$	$1g = 10^{-3} kg$
$1kg = 2.205 lb$	$1lb = 0.4536 kg$
$1g = 2.205 \times 10^{-3} lb$	$1lb = 453.6 g$
密度	
$1kg/m^3 = 10^{-3} g/cm^3$	$1g/cm^3 = 10^3 kg/m^3$
$1kg/m^3 = 0.0624 lb/ft^3$	$1lb/ft^3 = 16.02 kg/m^3$
$1g/cm^3 = 62.4 lb/ft^3$	$1lb/ft^3 = 1.602 \times 10^{-2} g/cm^3$
能量、功、热	
$1J = 6.24 \times 10^{18} eV$	$1eV = 1.602 \times 10^{-19} J$
$1J = 0.239 cal$	$1cal = 4.184 J$
$1eV = 3.83 \times 10^{-20} cal$	$1cal = 2.61 \times 10^{19} eV$

第1章

多功能复合材料在航空航天领域的应用进展

Xiaosu Yi

北京航空材料研究所（BLAM），中国，北京

1.1 引言、目的和技术挑战

层压碳纤维聚合物基复合材料在工业上，尤其在航空航天方面的应用越来越广泛，例如在飞机的边缘、机翼表皮、直升机的螺旋桨叶片和发动机管道等部件上。同时，复合材料也开始作为主结构的材料，如完整的机翼和机身组件。一个典型的例子就是波音787型梦幻客机（图1.1）。然而，设计和应用这样的组件或结构必须确保飞机在严峻的外部冲击负荷和环境下安全运行，因此这项工作是十分困难的。不像金属组件可以通过材料的可塑性消耗能量，复合材料只能由不同的损伤，如脱层或压裂进行能量消耗，这通常降低了部件的刚度和强度，因此，制造出在飞机上使用的具有抗高强度破坏能力的复合材料一直是航空航天工业研究领域的难题[1-4]。

对于航空航天复合材料的冲击损伤性能的测试，空客提出了一个研究和开发（R&D）的设计路线图（图1.2）。在图中，第一代复合材料的抗压强度或冲击后压缩强度（CAI）均较高。随着增强碳纤维的发展，开发的第二代复合材料出现了更高的抗压强度；然而，CAI特性仍然不足。第三代复合材料包括像聚醚醚酮（PEEK）这样的热塑性基质复合材料和一些高增韧环氧树脂基复合材料，例如，图中的3900（T800H/3900-2碳纤维/环氧树脂复合材料），它的表面通常是薄的增韧的热塑性塑料。然而，热塑性复合材料PEEK制造工艺相当昂贵，并且高

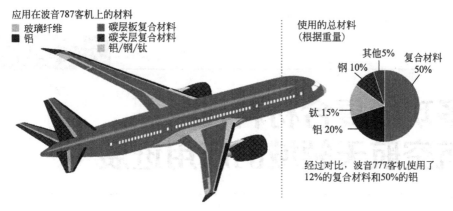

图 1.1　波音 787 型梦幻客机及其使用的结构复合材料

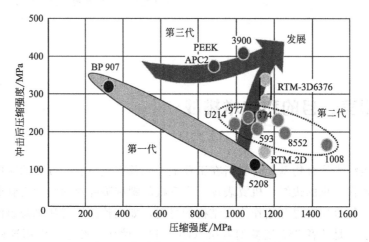

图 1.2　航空航天复合材料的发展路线

增韧环氧状 3900 通常用于中间温度范围。显然，航空航天业不断寻求在足够高的热湿环境下，仍然具有高压缩强度和 CAI 的复合材料。为了这个目的，有必要设计一个综合的研究方法。

当前国家最先进的航空复合材料的应用形式主要以预浸料为主。相应地，在这个行业中高压釜处理工艺也比较盛行。然而，在航空制造业上一个权衡性能和经济性的方法是使用预浸料和高压釜。航空航天复合材料行业将能够以低的成本生产出高性能材料的方法作为持续探究的方向。以欧洲的发展为例[5]，如图 1.3 所示，图中清晰地表明相比于现在的技术，通过小步骤的改进方式不能达到减少 40% 的成本和减轻 30% 的质量的目标，只有改进制造技术才能使它具有更好的承载能力和质量。根据设想，在未来，诸如树脂传递模塑（RTM）、真空辅助 RTM（VARTM）和树脂膜熔渗（RFI）等液模成型方式，将取代高压釜成型方式。用液体模制的方法代替预浸料成型的方式，要求液体模制的复合材料具有更加良好的机械特性，因为在预浸料坯中使用的纤维和液体模制是相同的，因此对于力学性能的改善，必须依靠改善基体树脂和预型件。这显然对于预浸材料是一个艰巨的任务，尤其是在维持同等冲击损伤性能的先进设备上。

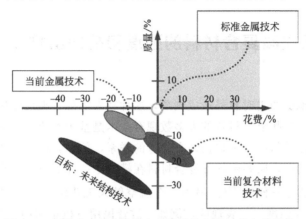

图 1.3 欧洲对于未来的载客飞机质量和降低成本的目标

一些增韧材料已经能够具有很高的抗冲击损害性能，但是一些应用于航空航天的结构复合材料都难以同时实现多个功能。我们期望具有多种功能集合的复合材料能够在飞机上得到应用，可以是导电性、电磁干扰（EMI）屏蔽、阻燃性、结构阻尼和导热性等性能的集合。例如，众所周知应用于飞机上的复合材料结构相比于铝结构更容易受到雷电的损伤[6,7]（图1.4），因为复合材料要么根本不导电，要么导电性远低于铝的对应物。此外，飞机外部的复合材料允许部分雷电流流入机载系统（例如，电线、液压管线、燃料和排气管），并且相比于金属结构来说，它对雷电的电磁场有较小的屏障作用。传统上，飞机上的雷击防护是在复合材料表面添加一层金属结构，从而提供了雷电电流的通路，以防止复合材料损伤[8]。然而，一个理想化的概念是使结构复合材料的整个外表面具有导电特性，从而确保系统的安全操作和持续通电。考虑到这一要求，具有更好导电性的结构

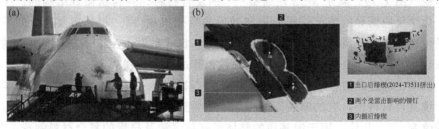

图 1.4 雷击造成飞机损坏

(a) 雷电对 Antonov 飞机前端/罩的直接影响[8]；

(b) 雷电直接作用在波音飞机复合控制面板的影响[9]

复合材料的研究更具有挑战性。在这些技术挑战以及应用于航天领域的复合材料与工艺工程研发趋势的推动下，在本章中，我们专注于多功能复合制备方法的研究，但并不是在以聚合物为基体的基础上进行的。主要目的是同时改善材料的冲击损伤性能及导电性能。

1.2 如何提高复合材料的强度和抗冲击性能

复合材料承受冲击时容易造成剥落，这种特性阻碍了夹层结构的复合材料在飞机上的应用。这些复合材料的大多数现有技术是基于本质上呈脆性的热固性聚合物基质。该性质与层间断裂韧性有固有的联系，例如，模式Ⅰ的（G_{IC}）和模式Ⅱ（G_{IIC}），其中，层叠碳纤维复合材料在模式Ⅰ条件下裂纹的垂直厚度生长方向[10]和模式Ⅱ是一样的[11]。另外，在航空航天工业中，冲击损伤行为的实际特性是根据CAI强度[12]表现的，例如，波音民用飞机集团的BSS7260模式。

标准测试程序从复合板在一定能量水平上受到冲击开始，通过这种方式，冲击能量作用在层压板的表面产生压力波，其能量必须考虑到面板偏转、热量、振动和噪声，以及最重要的损伤。此后，通过超声C扫描进行冲击损伤量度评估，即分层，这是抗冲击损伤的量度。然后将样品压缩以获得残余强度，该强度是冲击损伤极限的量度。可以想象，冲击能量越高，剥离面积就会越大，因此CAI强度就会越低（图1.5）。在本章中所用的冲击试验装置见图1.6，与压缩测试夹具一起使用。

我们已经在解决冲击损伤的问题上进行了很多的工作。第一种有效的方法是将共混聚合物添加到基质树脂上，然而，对于航空航天级结构复合材料，高温工程热塑性塑料传统上是用于增韧本质上为脆性的高性能热固性基体（专利文献如US4656207、US4680076、US5045609、US5248711、US5266610、US5434226和EP0384896）。这种热塑性塑料融入基体中，通常会根据成分建立相分离的两相形貌（图1.7），属于3—3连通型[14]的复合材料。颗粒状微观结构的产生是由于化学反应诱导的旋节线相分解和随后的粗化机制[15]。相分离及其反转一般会发生在一个整体操作之中并且随后会恢复，也就是说，无论是复合材料中的本体聚合物共混物还是基质，它们在热固性树脂的固化过程中无处不在。

然而，通过热塑性改性可以使纯树脂的断裂韧性提高一个数量级，但在层压碳纤维复合材料中，它的断裂韧性相比于纯树脂并没有获得大的提高，而只有轻微的改变[16]。此外，用于纯基质的整体增韧技术涉及昂贵的复合材料制造工艺，并且过程控制比较困难。显然，解决复合增韧问题的重心必须放在改善复合方法上，而不是放在改进复合材料的基质上。

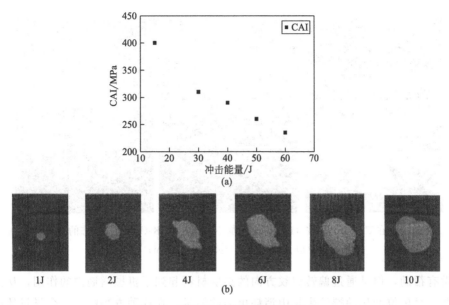

图 1.5 CAI 和分层冲击能量的关系

(a) 夹层复合材料对 CAI 抵抗冲击能量的要求[12]（波音 BMS8-276F）；
(b) 基于冲击载荷的依靠性，通过扫描对 T300/5228❶ 复合材料层压板分层进行测量[13]

图 1.6 冲击和压缩测试[13]

(a) 冲击试验设备；(b) 夹具压缩试验

为了解决这个问题，研究者们提出了一种提高抗冲击破坏性的有效方法，就是将那些夹层增韧的技术应用于预浸料复合材料中。该方法涉及在碳层（专利文献如 US4539253、US4604319、US4957801、US4868050）之间插入薄而坚韧的聚合物形成交错层。在固化时，通常会在层间区域内形成离散的聚合物夹层。在夹层的厚度相对较小时，层间断裂韧性随夹层厚度的增加而急剧地增加，并且在较大夹层厚度时趋于平稳[17]。这种增韧技术显然对提高基体树脂的整体断裂韧

---

❶ T300 为 Toray 碳纤维，5228 为北京航空材料研究所所提供的 180℃ 固化环氧基复合材料。

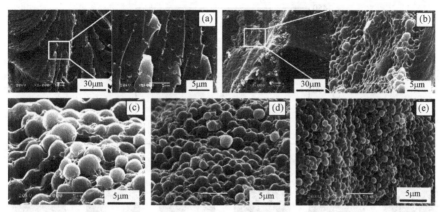

图 1.7 在双马来酰亚胺（BMI）上增加不同浓度 PEK-C 后结构形态的变化[13]
(a) 5phr；(b) 10phr；(c) 15phr；(d) 20phr；(e) 30phr

性没有帮助，但是通过偏转裂纹方向的夹层材料起到了机械增韧剂的作用，从而需要在每单位面积的裂纹生长中消耗更多的能量。在这种方法中，复合材料的层间仍然是以 2—2 方式进行连接的。

将原位增韧技术的相分离和层间增韧概念引用到层间复合技术中后，我们研究了一种改进的交错增韧的方法[18]，首先将固态热塑性薄膜交错到碳层上去，然后通过受控固化引发精确定位在层间区域的相分解反应[19]。其结果是，将具有全增韧基体或 2—2 连接件的不连续交织的初始碳层压材料改变成与富含薄聚合物夹层的碳层压合件，其中该薄聚合物夹层充满了 3—3 连通型的五相分离的共连续颗粒[20]，而碳层则主要用初始热固树脂浸渍。在文章中，整个过程可以被认为是与原位（顺位）相比的层间微结构的形成并且将这种概念称为异地增韧概念。它在原理上是整体相分离和连续结构增韧，即在层间区域是层层堆积出来的。图 1.8 通过模型比较原位和非原位在微观上的增强技术。

1.2.1 环氧复合材料

为了验证和证明异地增韧的概念，最早的研究方法是用双酚 A 环氧树脂的标准二缩水甘油醚（DGEBA，E-54，无锡树脂厂，中国）和四缩水甘油亚甲基二苯胺的组合（TGMDA，AG-80，上海合成树脂研究所，中国）作为环氧树脂的基体，用二氨基二苯砜（DDS）作为固化剂，并以此来建立模型。将其组分混合的比率定在 E-54∶AG-80∶DDS=2∶3∶2，从而产生环氧基体系统。这些 E-54/AG-80/DDS 的基体混合物被记为 5228，这是由北京航空材料研究院制定的。增韧剂是 PEK-C[21-23]（图 1.9），它是一种含有酚酞基团的无定形 PEK，是由中

图 1.8 原位增韧和异地增韧方法在结构和组成方面的模型比较[20]

国科学院化学研究所研制的。它的特性黏度为 0.30dL/g，它的玻璃化转变温度（T_g）为 230℃。其性质与聚醚醚酮在很多方面相似。PEK-C 可溶解在四氢呋喃（THF）中，因此，它可以与其他组分均匀混合形成胶黏溶液。

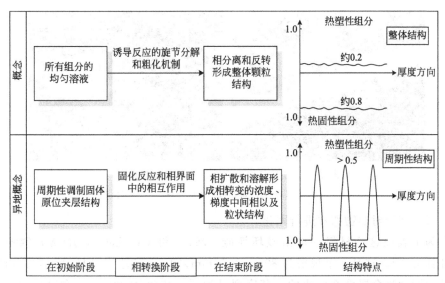

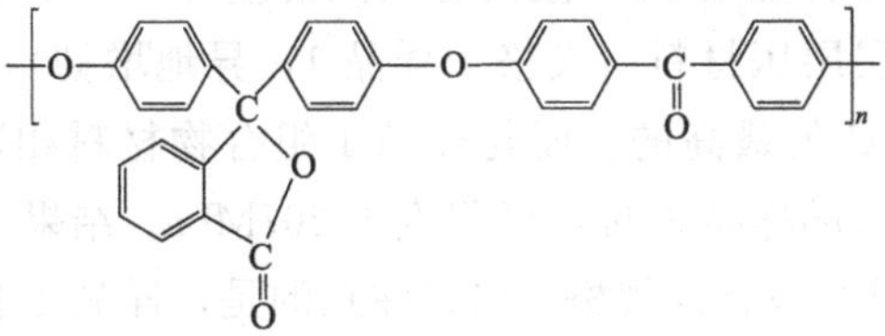

图 1.9　PEK-C 的分子结构

　　整体增韧（原位）的复合层压材料的制造方法是用标准的碳纤维层（T300 级）浸渍含有 PEK-C 的改性环氧树脂溶液，随后根据基体聚合物的规格在高压釜中对其进行固化。所有的复合层在高压釜中固化完成后进行超声 C 扫描，从而确保可接受的复合层质量。在该研究中将整体增韧的复合材料表示为 5288❶，并将其用作对照。

　　在研究的初始阶段，复合材料的异地增韧有两种方法，一种是直接将 PEK-C 膜嵌入碳纤维预浸料层中，另一种是喷涂 PEK-C 溶液或喷洒 PEK-C 颗粒到预浸料表面。这种 PEK-C 膜是经过特殊制造的；它是多孔的（图 1.10）。其厚度在 12～16μm 之间变化，这比以往的嵌入膜更薄❷。对于喷涂的方法来说，它的厚度是由工艺操作所决定的，它一般比多孔 PEK-C 膜的厚度小。最终将制备的

---

❶ 5288 为北京航空材料研究所提供的 180℃ 固化环氧树脂。
❷ 例如美国氰胺公司的 FM1000 型交织层，其厚度约为 0.127mm。

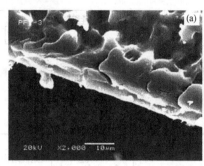 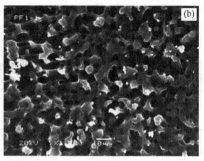

图 1.10 PEK-C 膜和多孔结构的显微照片[13]
(a) 边缘部;(b) 表面外观

层压板类似于对照物那样进行固化。

为了表征这些材料的冲击破坏性能,Mary 和 Westfield (QMW) 制备了 CAI 样品[24]。这是一个规格为 $89mm \times 55mm \times 2mm$ 的小尺寸样品,它是由一些各向同性复合层堆叠而成的,其序列号为 $[-45/0/45/90]_{2S}$。在进行初步筛分的研究中使用微型样品的好处是节省材料。它能承受的冲击能为 $2J/mm$。使用波音公司的 CAI 样品[12] 作为对比。同时,还对材料的标准力学性能进行了测定。所有测试均按照航空航天工业中的标准方法进行。

在冲击测试中发现样品的 CAI 值具有较大的差异。如表 1.1 给出的那样,具有 15PEK-C 膜的 16 层层压材料(表格中样品 1,异地增韧),其强度为 345MPa,是所有测试样品中 CAI 值最高的。而与样品 1 组合物材料相同(样品 3,原位增韧)而且体积分数较高的样品 3 的 CAI 强度为 267MPa。结果表明进行测试的异地增韧样品(样品 4)符合波音的规格。值得注意的是,样品 1 和样品 4 的样本之间的相似值仅为巧合。此外,异地增韧的样本显示出比纯 PEEK 复合材料(样品 5 与样品 6)具有更高的 CAI 值。在表 1.1 中,AG-80/E-54/DDS(样品 7)代表的是非增韧环氧树脂基质层压板,其 CAI 强度为 150MPa,是表中 CAI 值最低的。

表 1.1 比较不同结构层压板的 CAI 值

样品号	基体树脂	CAI/MPa
1	异地韧化,与 PEK-C 膜交错	345
2	用 PEK-C 溶液喷涂的异位韧化的预浸料	308
3	5288,总体增韧基质作为对照(参考)	267
4	用 PEK-C 溶液喷涂的异地韧化预浸料,根据波音规格进行测试	345
5	PEEK/碳纤维层压材料[25](APC-2)	331
6	PEEK/AS4 碳纤维层压材料[26]	285
7	5228,非增韧环氧树脂作为对照(参考)	150
8	异地韧化,与 PES 膜交错	298
9	异地韧化,在 10 层的中心与 10PEK-C 膜交错	271
10	美国 Cyanamid 的 HST-7[27]	约 350

如果用 PES 去替代 PEK-C（样品 8），CAI 强度将会有很小的改变。通过将 10 个 PEK-C 薄膜对称交错到中心层中并因此降低增韧剂的总体积分数，CAI 强度将成比例降低（样品 9）。类似的趋势在预浸料喷涂 PEK-C 异地增韧样品中也被发现（样品 2）。表中所列 HST-7（样品 10）具有高的抗冲击强度是因为其结构层比较厚、相对离散并且相互交错。它具有最高的 CAI 值，其值为 350MPa。然而，据报道，材料的质量损失是其一个显著的弊端。降低的刚度和蠕变趋势需要额外的碳层来保持设计性能[28]。

据证实并报道[13]，现有钢化层压板的面内力学性能大部分未受影响，材料表现出均衡的强度、刚度和冲击性能。模式Ⅰ和模式Ⅱ测量层间断裂韧性是通过标准双悬臂梁方法进行测试的，并且将其记作 G_{IC}，临界应变能释放率计算和端切口弯曲试验为 G_{IIC}。模式Ⅰ的断裂韧性试验根据中国航空工业标准 HB 7042—96[11]，它是基于美国测试和材料协会（ASTM）标准 D 5528—01 设计的。其样品宽为 25mm，长为 180mm。由 PTFE 薄膜制成的预制裂纹的长度为 50mm。模式Ⅱ的断裂韧性测试根据中国航空工业标准 HB 7043—96[12]，它是基于 ASTM 标准 D 790—00 进行。样品的宽为 25mm，长为 40mm。预裂缝的长度为 40mm。对于每一个测试样品，只有一个 PEK-C 膜置于层压体中，其中该预分层裂纹在中面处交错。预制裂纹是通过在同一中间板插入一个 $25\mu m$ 厚的特氟隆膜制备的。所有样品都使用相同的层压制剂。如图 1.11(a) 所示，异地增韧的三组层压板的 G_{IC} 和 G_{IIC} 值（T800/5288）都显著变大。图 1.11(b) 表示的是层间断裂韧性和压缩强度之间的关系。很明显，异地增韧样品具有更高的 G_{IC}、G_{IIC} 和 CAI 值。

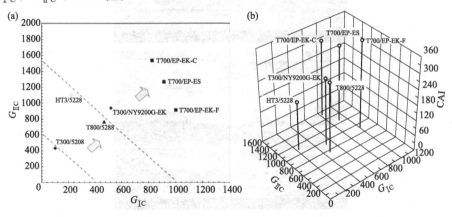

图 1.11 材料韧性的比较（G_{IIC} 和 G_{IC} 的尺寸单位为 J/m^2，CAI 的单位是 MPa）
(a) 异地增韧样品（T700/EP-EK-C、T700/EP-ES、T700/EP-EK-F）与第一代复合材料（T300/5208）和第二代复合材料（HT3/5228、T300/NY9200G-EK、T800/5288）层间断裂韧性的比较；(b) 异地增韧材料与第一代和第二代复合材料的层间断裂韧性和 CAI 值的比较

有趣的是，研究表1.1中表示为样品1的非原位增韧样品的层间形态（图1.12）。如图所示的扫描电子显微镜（SEM）照片显示，先前交错离散的PEK-C中间层消失了。相反，乍一看，除了通常在相分离和反转的本体聚合物体系中观察到的共连续颗粒结构用于反应诱导的相分解反应时，没有什么新的东西：富含环氧树脂的颗粒嵌入连续热塑性PEK-C中，其先前在THF进行化学刻蚀48h。它是典型的3—3连接的显微组织。

然而，粒状结构不是在整个碳层渗透，在共连续粒状和单个碳层内的纯环氧

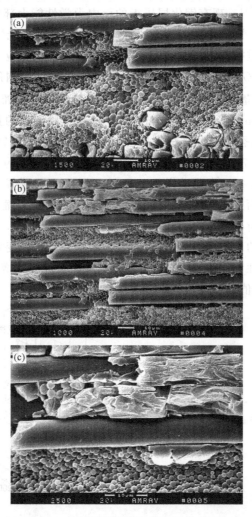

图1.12 （a）和（b）是异地增韧下的层间形态［即在表1.1表示为样品1的交错碳叠层样品，显示由相分离和反应诱导相分解的粒状结构，PEK-C的连续相在THF中化学刻蚀48h。两相粒状和（b）中的单个碳层内的纯环氧结构之间的边界区域是可观察到的］；（c）是（b）的高放大倍数

结构[图1.12(c)]之间有着明显的界限。渗透深度约为几十分之一微米。这被认为是该粒状结构到碳帘布层的表面渗透的机械联锁。当横向裂纹生长在中间的层的过程中,更多的能量被拉出来,并打破了无数的碳纤维层(图1.13),这显然有助于 G_{IC} 和 G_{IIC} 断裂韧性的提高。

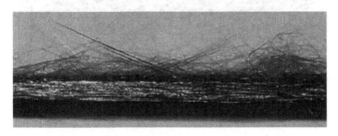

图1.13 模式Ⅰ断裂的样品的侧视图(样品厚度垂直于该图中为约1.5mm,由于连续的颗粒渗入碳层片的联锁效果,碳纤维被明显的拉出并且出现破裂)

富含环氧树脂的颗粒尺寸从对称的中心稍微减小到在帘布层表面下的十分之几微米,而PEK-C的浓度相应地减小。伴随共连续结构形成的热塑性组分会产生周期性调节的浓度波动,这也是非原位增韧样品的特征,与整体增韧的样品相反(参见图1.8)。

在后一种情况下(如表1.1中的样品3)可以观察到相分离和转换结构,因此该结构的增韧效果必须是平均的:在内部区域(每个碳层内)的颗粒结构不能对分层阻力产生太大的影响,而在相互作用区域中的粒状结构的体积分数未达到临界水平。据研究,这是异地夹层增韧的高冲击损伤性甚至比PEEK复合材料(即表1.1中的样品5和样品6)更高的原因。

同时观察到的碳纤维主要由环氧树脂(图1.14)涂覆。这种优选的环氧树脂丰富度对于保证界面黏合是有利和有用的。纤维和树脂之间的分离自然是化学样品制备的结果。

通过这项研究,可以提出一种结构发展模型和增韧机制用于异地增韧的方法。多孔热塑性夹层膜放置在预浸料坯层之间后,随着温度的升高,最初的低分子量热固性组分可以通过预成型扩散进入薄膜,使得中间层更薄,并溶解膜。从溶液中固化时,所述热塑性塑料是可区分的,并且相分离后形成的是共连续粒状结构而不是以前的整齐、离散的热塑性薄膜中间层。在同一时间,这两个组分的溶液可以稍微渗透入相邻碳层的表面层(图1.15)并形成类似颗粒。由于这种特殊的共连续颗粒结构,当裂缝试图打开并横向生长时,它必须首先作用在每个颗粒上方和周围,从而增加单位长度的侧向裂缝所需的裂缝表面积的量。其次,抑制损伤的增长是通过防止模式Ⅰ中的裂纹从一个碳层传递到处于层叠系统中的下一个碳层上,并且在含有共连续颗粒的热塑性夹层中偏转这种裂缝来完成的。

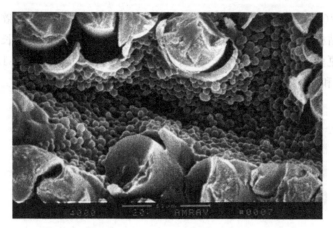

图 1.14 涂覆样品的相形态（参照表 1.1 的样品 9）

水平碳纤维用环氧树脂进行涂覆，这意味着富环氧粒子迅速扩散并且其在纤维表面处比在相互作用层处更多。每个纤维的浓度梯度：富环氧树脂在纤维表面和两个纤维的热塑区内。纤维从基质的分离是由化学侵蚀导致的

它们促进了碳层之间的层间裂纹偏转。由于机械联锁效应，粒状结构的表面渗透是防止裂纹扩展的第三种机制（参见图 1.8）。

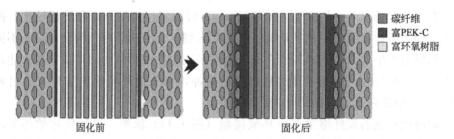

图 1.15 PEK-C 溶解环氧树脂，相分离和渗透到碳层，形成了相位反转粒状夹层结构体的示意图

1.2.2 BMI 复合材料

受到异地增韧技术成功应用于环氧树脂的鼓舞，我们进一步去探讨在 BMI 基础上的预浸料系统[29]。BMI 树脂是一种由航空航天工业认可的新型热固性材料。BMI 类的复合材料中主要被用在最为重要和复杂且具有高性能的飞行器和航天发动机上。BMI 最重要的属性是加成固化基质树脂与环氧类高压釜处理相结合的最高使用温度能力。

此研究中将 BMI 树脂、N,N'-4,4′ 双马来酰亚胺二苯基甲烷（BMPM）、O,O'-二烯丙基双酚 A（DABPA）和一些稀释剂结合，并将其表示为 6421。其热传递

的特性可以通过机械差热分析（DMTA）得到，具体数据见图1.16(a)。这通常是一种研究聚合物共混相行为的互补方法。BMI6421是一种包含预浸料、RTM、RFI的全功能型材料。图1.16(b)是在高压釜中处理的温度-时间曲线图[30]。

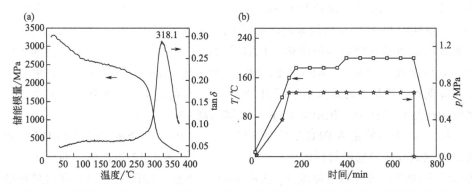

图1.16 BMI6421的DMTA曲线（a）和用于高压釜固化的温度-压力-时间曲线（b）

所使用的增韧剂仍然是多孔PEK-C膜。研究者设计了一种新的增韧膜变体[31]，它是将BMI和PEK-C以40:60的比例进行混合制备的。随后将两种成分溶解于THF中，以形成质量分数为5%的溶液，最后流铸成膜。层压BMI不同于其他增韧技术，它要进行再制造。手工进行交错在环氧树脂基体复合材料的制备和制造上不会出现任何问题。为了比较，还通过机械混合制备PEK-C-改性的BMI共混物。然后将共混树脂用于制造原位增韧复合材料样品的基质。表1.2中列出了在2J/mm的冲击后，CAI强度和脱层区域的实验结果。通过使用QMW样品[23]评价材料的冲击损害性能。

表1.2 CAI强度、C扫描、分层区的比较

样品号	基体树脂	CAI/MPa	C扫描结果	分层区/mm²
1	纯BMI基体,对照	180		544
2	质量分数为17.5%的PEK-C的整体韧化(原位)	199		408
3	纯的PEK-C交错的异地增韧	254		345
4	PEK-C和BMI(40:60)的共混交错的异地增韧	290		220

如表 1.2 所示，未增韧的 BMI 复合物（样品 1）的 CAI 强度接近 180MPa，而且所有增韧样品的 CAI 性能与对照组相比都得到了明显的改善。然而，CAI 强度在三种不同的增韧条件下有显著的区别。此外，这三种条件下材料的抗分层性比较差。整体增韧（即原位）BMI 的样品 2 样品 CAI 强度比对照组高出了 20%，单纯的 PEK-C 交错的异地增韧其 CAI 值提高了约 40%（样品 3），PEK-C 和 BMI 的共混交错的异地增韧其 CAI 值提高了 60% 以上（样品 4）。后两个样品的 CAI 强度分别为 254MPa 和 290MPa。相应地，增韧效率由 544mm² 的分层面积降低到了样品 4 的最高增韧面积 220mm²。目前还不清楚为什么用混合交错增韧的样品的 CAI 值会比用纯 PEK-C 交错的高 20%。

图 1.17 表示的是纯 BMI 基质复合体（a）和 BMI 复合体（b）用 PEK-C 和 BMI 的共混异地增韧后材料的玻璃化转变特性。在图 1.17 的正切 δ 曲线中（a）可以看出 BMI 的松弛峰值温度 T_g 接近 305℃，然而，在图 1.17(b) 经过异地增韧的 BMI 多相材料的 T_g 降低到约 296℃。

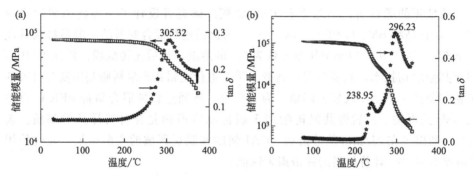

图 1.17　纯的 BMI 复合材料（a）和 BMI 与 PEK-C 交错异地增韧后的复合材料的 DMTA（b）的曲线[31]

与此相反的是 BMI 在复合材料中降低了这种作用，PEK-C 成分低的纯聚合物 T_g 为 230℃，富含 PEK-C 相的聚合物 T_g 约为 239℃。人们不能很好地理解为什么会出现这样的情况，但一种可能的解释是两种聚合物组分之间的相互作用。由此可以推出，富含 BMI 相中的可溶性 PEK-C 会降低 BMI 的 T_g，而富含 PEK-C 的相中的可溶性 BMI 会增加 PEK-C 的 T_g。在 PEI 改性 BMI[32] 的力学性能中也发现了类似的现象。对于 PEK-C 改性 BMI 的储能模量的相互影响作用在图 1.17 明显的表现出来。图 1.17(b) 中的两个特征峰分别代表着异地增韧中两相的形态。

图 1.18 展示了整齐交错的 PEK-C 异地增韧样品的 SEM 图，其中，0°和 45°的纤维方向上的部分表面露出。如图 1.18 所示，在层间空间大约有 2~3 根纤维的厚度，其连续结构的特性是可观察的。连续 PEK-C 相在扫描电镜检查前被清

除了。较高放大倍数[图 1.18(b)]显示时，连续的 BMI 粒状结构存在于整个分层结构中，这意味着在固化之前 BMI 扩散到了整个 PEK-C 层中。此后，在层间区域建立了 BMI 颗粒和结节形态的球状网络。

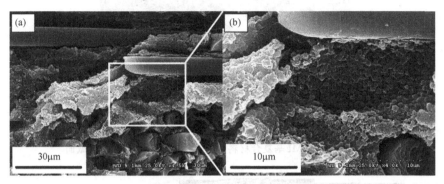

图 1.18　纯 PEK-C 与 BMI-石墨纤维层压板经过异地非原位增韧后的层间形态（a）和高倍率（b）

纯 PEK-C 的交错被 PEK-C 和 BMI 的混合交错所取代后，其层间相形态基本上不能被识别。代表性的 SEM 显微照片显示在图 1.19 中，用于与图 1.18 中显示的显微照片进行比较。同样为了比较，纯 BMI 基质复合材料样品的代表性横截面如图 1.20 所示。同样可以看出，0°/45°纤维方向看起来明显比单个交错更质密。为了解异地增韧对冲击损伤行为的影响，使用光学显微镜对样品截面的冲击和压力进行了测试。显微照片见图 1.21，这都是它们的局部放大图。很显然，未被增韧样品的裂纹扩展主要发生在富树脂层和碳层之间 [图 1.21(a)]进而导致了层间脱落和扭曲。这意味着该层间树脂保持着脆性并且每层之间的黏合强度比较弱。

图 1.21(b) 表明，PEK-C 和 BMI 的共混交错异地增韧样品脱层倾向是由于众多横向裂纹压迫碳层导致的。裂纹进行生长和聚结，随后不需要很多能量就可以形成分层，由于能量被连续粒状区域所吸收。因此，在裂纹路径中具有较高的抗裂纹扩展性被认为是异地增韧概念的主要机制。

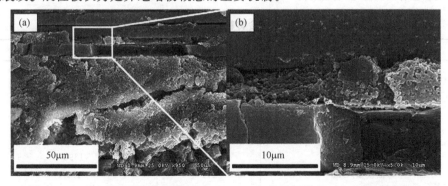

图 1.19　PEK-C 通过异地增韧 BMI（60∶40）的层间形态（a）和高倍率（b）

图 1.20　整齐 BMI 基复合材料（层方位 0°/45°）的代表横截面

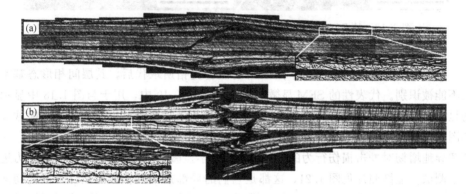

图 1.21　在 CAI 测试中，BMI 的代表横截面/石墨层压板的影响和
CAI 测试中的压缩加载（CAI 样品的厚度大约在 2mm）
(a) 非增韧 BMI 矩阵；(b) 异地增韧样品

表 1.3 中总结了 BMI 复合材料的其他重要的力学性能。其性能与纯 PEK-C 交错异地增韧几乎没有差别。

表 1.3　BMI 复合材料典型力学性能的比较

项目	纯 BMI	纯 PEK-C 的异地增韧
0°拉伸强度/MPa	2299	2116
0°拉伸模量/GPa	124	115
泊松比	0.316	0.294
0°压缩强度/MPa	1102	1089
0°压缩模量/GPa	120	115
弯曲强度/MPa	1914	1893
弯曲模量/GPa	111	101
层间剪切强度/MPa	103	100

1.2.3 技术规模化发展

在环氧树脂和 BMI 基复合材料进行异地增韧的基础上,已经可以确定在层压预浸系统中将多孔 PEK-C 膜放置在碳层之间是可行的。因此,在预浸机上开发了一个连续的过程,热塑性膜直接层压到预浸料的顶侧(图 1.22)。所得预浸料坯的外观无光泽(图 1.23),表明多孔增韧膜的存在。手工制造和机械制造的经验表明任何操作中都有一种易于加工的材料。使用表面装预浸料叠层复合材料改善了材料的力学性能,特别是之前在实验室规模调查中获得的冲击损伤性能。修改后的预浸料现在可用于测试和应用。

图 1.22 连续生产装载有 PEK-C 膜的预浸料

图 1.23 表面外观比较

(a) 预浸料表面装载有 PEK-C;(b) 表面装载材料;(c) 原预浸料

1.3　如何在RTM复合材料中实现层间增韧

航空航天部门一直在寻求以较低成本的生产工艺去制造具有适当生产速率并具备竞争力的复合结构。液体树脂浸液和RTM工艺的应用变得越来越广泛。同时压力可以改善液模制造的复合材料的冲击损伤，尤其是生产飞机上的相关薄片结构。最传统的增韧机制通过加入树脂来改善它的冲击损坏性能，但这会导致材料的黏度过高，因此它不适合用作预浸剂。

对于这种问题，学者们已经提出了一些富有想象力的方法。三菱制造的分层复合材料是将热塑性层加在加强层（EP1175998）之间。热塑性层一般为多孔膜、纤维、网、编织环。Cyter工业将一种特殊的热塑性增韧剂纤维添加到强化单元中（WO2006121961A1、EP1879947A1）。在工艺中热塑性纤维溶解在环氧基体中，并且它和确定的预浸料系统整体增韧基质具有相同的组分。类似（定性）方法是由Toray（EP1125728）开发的，其使用的是短纤维和/或同时包含低和高熔融聚合物的非织造物。我们开发了一种略有不同的方法[33]，将热塑性增韧剂粒子表面加载到增强织物上，采用精心设计的图案，以确保流动能力。实验结果在下面的章节介绍。

1.3.1　可RTM的环氧树脂基复合材料

在这个问题上的初步想法是将基于预浸料的异地增韧概念应用于这项工作，因为它很难在不牺牲流动能力和综合力学性能的基础上加入可RTM的环氧树脂。调查开始于中温环氧树脂，它结合了缩水甘油酯（A）的标准环氧树脂和间苯二酚二缩水甘油醚（B），并且以MHHPA作为固化剂（C）。它们的混合比例为A∶B∶C=50∶50∶100。这种基本组合物表示为3266。将单向（UD）碳纤维用稀释的碱性树脂预湿缠绕，单位面积质量约为$133g/m^2$，以预成型层压预制件的形式用于RTM工艺。使用的热塑性增韧组分是PEK-C。对于异地增韧的可RTM复合物，将大小约$100\mu m$的PEK-C粉末撒到除预制件顶端平面的每个碳层上，密度约$18g/m^2$。从视觉上来看该粉末分布是不连续的，即没有热塑性薄膜建立在碳层表面上。

VARTM的生产工艺是自行设计的[34]。它将金属模加热至30~50℃，抽真空到约90kPa。然后在约0.15MPa的压力下，在模具中注入碱性树脂，制造两种基本组成相同的对照样品（3266）和异地增韧样品（3266ES）。输注后，将样品在模具中以温度为80℃的条件下固化2h，随后在150℃下进行8h的后处理。

制造过程基本没有任何操作困难。

所有测试样品的具体尺寸均为 150mm×100mm×4mm。它们是准各向同性 4S 的［45/0/45/90］层序列。冲击破坏抗性是由波音的标准 CAI[12] 强度进行评估的。所使用的冲击能量为 6.6J/mm。还测量了标准力学性能。

表 1.4 表示了异地增韧（3266ES）层压板和没有增韧 RTM（3266）以及经过高压处理加入 PEK-C 膜的原位增韧材料的 CAI 强度。很明显，无论是通过高压釜（5288）的总体增韧还是 RTM（3266ES）的夹层增韧，PEK-C 改性都显著提高了层压板的韧性。然而，相对于原位增韧预浸料而言，异地增韧韧性提高的更为显著。

表 1.4 不同系统的 CAI 强度的比较研究

T700 碳纤维的样品	CAI/MPa	加工方法
纯环氧树脂层压板作为对照(3266)	170	RTM
PEK-C 预浸料的原位增韧(5288)	267	Autoclave
PEK-C 的异地增韧(3266ES)	293	RTM

特别值得注意的是，在传统 RTM 工艺中需要低黏度树脂系统以允许低温灌注，这极大地限制了与预浸料树脂相关的任何增韧技术的使用，而 3266ES 是通过标准 RTM 法制造的并且成功进行了增韧。此外，减少剥离面积的异地增韧样品与整体增韧样品（图 1.24）形成了鲜明的对比。

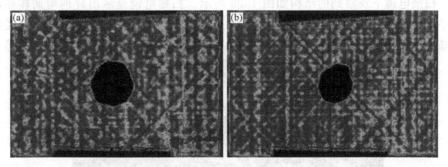

图 1.24　比较对照可控区域（a）和异地增韧区域（b）的损害区

表 1.5 是异地增韧 3266ES 和不进行增韧控制（3266）材料的其他重要力学性能的比较。虽然这只是初步评估，而不是系统的测试，但是可以鉴定出在性能上是没有差异的。

图 1.25 是由 DMTA 显示的 3266ES 复合材料的玻璃化转变性质。与 3266 碱性树脂的 119.5℃下的低温峰完全对应，而在高温 166.0℃时会在 PEK-C 膜和基底树脂间形成新的相结构。这意味着复合材料是一个两相结构。

表1.5 两个系统的一些典型性能比较

性能	T700碳纤维的样品	
	异地韧化的层压板(3266ES)	基本组分作为对照(3266)
0°弯曲强度/MPa	1513	1580
0°弯曲模量/GPa	110	103
层间剪切强度/MPa	89.4	85.3
纤维体积分数/%	55	55
PEK-C(质量分数)/%	10	0

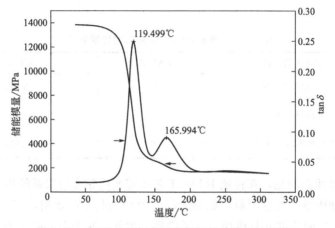

图1.25 3266ES的复合层压材料的玻璃化转变特性

扫描电镜下观察到的结构如图1.26所示。扫描电镜显示出异地增韧样品的水平（0°）和45°的纤维层。值得注意的是，层间仍然是粒状结构，其非常类似于基于预浸异地增韧的复合材料。由于在形态上的相似性，粒状结构被认为是由

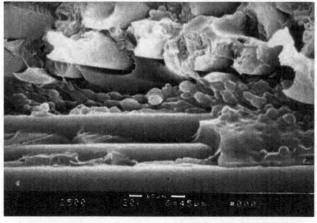

图1.26 样本3266ES中有代表性的夹层形态（PEK-C进行化学腐蚀。层间结构明确区分交联的颗粒，而每内层只有基本环氧树脂）

相同的机制诱导的,这是提高韧性的原因。结果表明,异地增韧的概念适用于 RTM 工艺,在提高了韧性的同时并没有牺牲其流动特性。

1.3.2 BMI 基复合材料

用于研究的 BMI 是 6421 系列中 RTM 工艺的一种。固化的 BMI 的典型力学性能列于表 1.6。G827 碳布（T300-3K,$160g/m^2 \pm 7g/m^2$,Hz）用作增强材料。增韧聚合物是 PEK-C。对于通过 RTM 异地增韧的环氧基复合材料,PEK-C 的粉末也表面负载于干碳布的一侧,装载水平在质量上变化量分别为 16.8% 和 20.2%。在视觉上,表面上的粉末分布无局部聚合,并且成膜也比较均匀。

表 1.6 BMI 树脂的典型力学性能

性能	BMI(6421)	性能	BMI(6421)
拉伸强度/MPa	67.6	弯曲强度/MPa	119.5
拉伸模量/GPa	2.28	弯曲模量/GPa	4.12
断裂伸长率/%	1.88	冲击强度/(kJ/m^2)	14.3

表面负载碳层后被放置在封闭的 RTM 模具内。然后在 120℃、0.2MPa 的环境下注入 BMI 树脂,目的是浸渍干燥和多孔的碳纤维织物。温度循环显示见图 1.27。该复合板的厚度控制在约（3.0 ± 0.1）mm,整体纤维体积分数约为 55%（±2%）。为了进行比较,对照样品进行同规格的制造。碳织物和制造条件与使用未涂覆的织物相同。

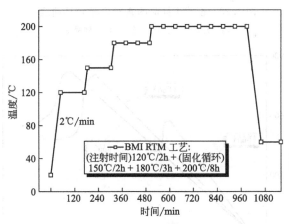

图 1.27 RTM 工艺的温度-时间循环

模式 Ⅰ 测试中样品的载荷-位移曲线如图 1.28 所示,其中每个三角形表示一个装载/卸载循环。图 1.29 示出了在模式 Ⅱ 试验中样品的载荷-位移曲线。G_{IC}、G_{IIC} 和变化系数（CV）列于表 1.7。BMI 基质复合体的 G_{IC} 和 G_{IIC} 分别为

215J/m² 和 510J/m²。这两个数字是含有高碳纤维的 BMI 复合材料的特性值。然而，在异地增韧后，复合材料的这两个值都有显著的上升，而且 PEK-C 负荷也在增加。质量分数为 16.8%PEK-C 的 G_{IC} 为 453J/m²，质量分数为 20.2%PEK-C 的 G_{IC} 为 627J/m²；两者都比对照组的两倍还高。G_{IIC} 也出现了显著的增加。因此，证实了异地增韧改善了加载 BMI 基质的 RTM 复合材料的层间断裂韧性。

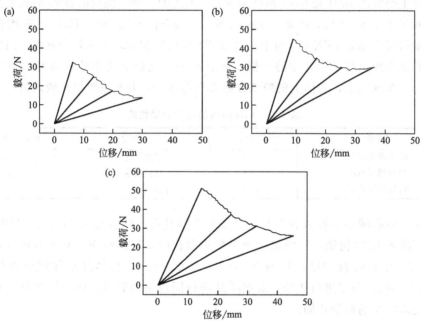

图 1.28　模式 I 样品的典型载荷-位移曲线
（a）样品 1；（b）样品 2；（c）样品 3

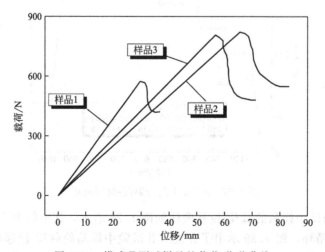

图 1.29　模式 II 测试样品的荷载-位移曲线

表 1.7 用 G827/BMI 碳布进行制造的复合材料的层间断裂韧性 G_{IC} 和 G_{IIC}

样品号	基体树脂	$(G_{IC}/CV)/[(J/m^2)/\%]$	$(G_{IIC}/CV)/[(J/m^2)/\%]$
1	纯 BMI,作为对照	215/11.6	510/2.75
2	质量分数为 16.8%PEK-C 的异地韧化	453/9.13	971/3.26
3	质量分数为 20.2%PEK-C 的异地韧化	627/3.19	905/5.37

通过 SEM 观察增韧样品的断裂面,见图 1.30～图 1.33。断裂表面看起来粗糙(图 1.30),可以观察到典型的粒状结构。富含 BMI 的颗粒被连续的富含 PEK-C 的相包围。其尺寸大小平均为 0.8μm。粒状相的空化或剥离和富 BMI 或富 PEK-C 相的塑性屈服被认为是增韧的机制。

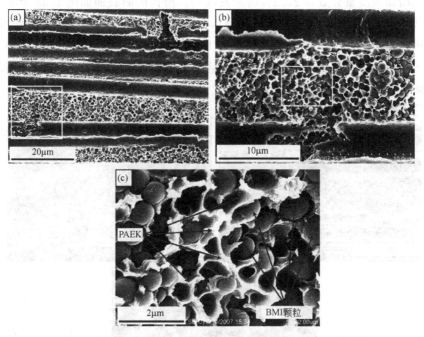

图 1.30 表 1.7 样品 2 在模式 I 下的断裂面的 SEM 图像(裂纹传播由左到右)
(a) 2000 倍;(b) 5000 倍;(c) 20000 倍

为了进一步探索增韧机理,人们开始通过 SEM 研究裂纹扩展,如图 1.31 所示。在 G_{IC} 测试中,裂纹扩展导致 BMI 颗粒发生了从球状变形成椭圆形状的塑性变形。BMI 颗粒的粗略取向与纤维成 45°角,这类似于在控制系统中的基质锯齿痕。BMI 颗粒的变形和塑性层撕裂的 PEK-C 相必然导致较高的抗分层性,这都是与 G_{IC} 的增加相关联的。

另外,PEK-C 含量越高,G_{IC} 值越高。这个趋势是 PEK-C 从质量分数为

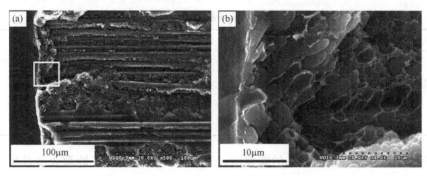

图 1.31 表 1.7 样品 2 裂纹扩展的 SEM 图像（裂纹传播由左到右）
(a) 500 倍；(b) 4000 倍

16.8%增加至质量分数为 20.2%时所发现的。所得的断裂面如图 1.32 所示。富含 BMI 的颗粒的尺寸从 0.8μm 减小到 0.4μm。粒径的减小与反应诱导相分离和粗化机制[17]一致。在拉伸载荷的条件下，裂缝通过不断丰富 PEK-C 相断裂。如表 1.7 中的样品 2 所示，越高裂纹能量越容易被这类 PEK-C 所吸收。断裂表面见图 1.33。断口形貌如图 1.31 所示。

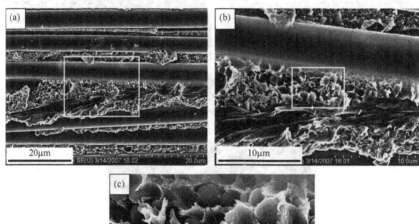

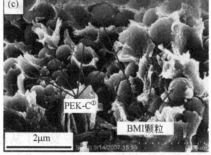

图 1.32 表 1.7 样品 3 在模式 Ⅰ 下的断裂面 SEM 图像（裂纹传播由右到左）
(a) 2000 倍；(b) 5000 倍；(c) 20000 倍

---

❶ 原版书此处为 PAEK，根据上下文推断应为 PEK-C，译者注。

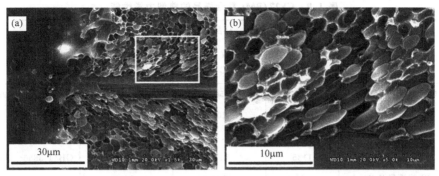

图 1.33 表 1.7 样品 3 在模式 I 下的裂纹扩展 SEM 图像（裂纹传播由左到右）
(a) 1500 倍；(b) 5000 倍

样品的冲击破坏特性根据波音 BSS7260 标准是在经过 4.45J/mm 的冲击之后进行表征的。结果列于表 1.8。扫描 C 的结果显示了生产出的复合材料样品具有良好的质量。在该表中，整齐的 BMI 复合材料的 CAI 强度约为 155MPa。质量分数为 16.8%PEK-C 异地增韧的复合材料的 CAI 强度增加到 155～254MPa。CAI 强度增加了约 65%。质量分数为 20.2%PEK-C 异地增韧样本中 CAI 强度接近 277MPa，CAI 强度增加了 80%。与此相对应，剥离面积从 1436mm^2 减小至 519mm^2。

表 1.8　G827/BMI 复合样品的 CAI 强度和 C 扫描

样品号	基体树脂	(CAI/MPa)/(CV/%)	分层/mm^2	C 扫描结果
1	纯 BMI，作为对照	155/2.42	1436	
2	质量分数为 16.8% PEK-C 的，异地 RTM 增韧	254/3.34	527	
3	质量分数为 20.2% PEK-C 的，异地 RTM 增韧	277/2.93	519	

测试复合材料的面内力学性能以评估在 RTM 工艺中应用的这种增韧概念的进展（表 1.9）。尽管总的纤维体积稍微降低了，但是大部分的力学性能如拉伸强度、拉伸模量、挠曲强度、挠曲模量都增加了，由于复合材料的厚度增加有限，因此认为层间剪切强度的增加归因于层间断裂韧性的改善。

表 1.9 G827/BMI 复合样品的典型力学性能

力学性能	样品 1 纯 BMI	样品 2 质量分数为 16.8% PEK-C 的韧化	样品 3 质量分数为 20.2% PEK-C 的韧化	测试标准
0°拉伸强度/MPa	1392	1500	1550	GB/T 3354—1999
0°拉伸模量/GPa	102	105	112	
泊松比	0.32	0.30	0.34	
0°压缩强度/MPa	1135	1117	1071	GB/T 3856—2005
0°压缩模量/GPa	101	104	110	
弯曲强度/MPa	1684	1806	1749	GB/T 3356—2005
弯曲模量/GPa	108	115	113	
层间剪切强度/MPa	103	108	104	GB/T 3357—2005

通过把所有的数据考虑在内，可以得出结论，对复合材料进行液态成型和注射的异地增韧技术，显著地改善了层间断裂韧性和 CAI 强度，却没有降低其他性能。

1.3.3 ES^{TM}-Fabrics 的预成型增韧技术

在对环氧树脂和 BMI 复合材料进行液态成型的预成型增韧实验规模研究后，表面加载技术已经从手工操作发展到机械加工。碳纤维织物被连续输送到一专门设计的机器（图 1.34），其中，热塑性粉末和/或热固性粉末作为黏合剂被机械地喷撒，然后热涂覆到织物的一个或两个表面上。该机器的进一步研发和制作保障了制造表面包覆织物的稳定性。

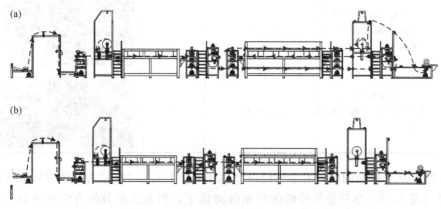

图 1.34 表面装机生产 ES^{TM}-Fabrics 的示意图
(a) 双面作业的表面装载；(b) 单面操作的表面装载

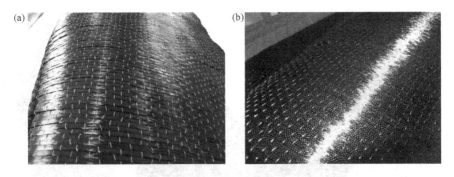

图1.35　比较G827碳布（a）和G827表面装有增韧剂和增黏剂（黏合剂）(b) 在 ES^{TM}-Fabrics 的外观

表面填充的粉末不仅包括增韧组分，而且有形成织物的增黏剂（黏合剂）。图1.35表示并比较了UD碳布（G827）操作前后的变化。通过表面加载的增黏剂进行预成型和增黏，明显改善了织物的完整性，虽然UD碳纤维比较硬而且容易出现结构失稳。通过使用增黏碳织物，即 ES^{TM}-Fabrics（G827），可以预先形成几何形状复杂的复合轮廓和结构（图1.36）。另一个例子也显示了使用其他碳织物具有良好的操控能力和预成型性能（图1.37）。

图1.36　ES^{TM}-Fabrics（G827）预成型的矩形结构（表现出良好的预成型的特点）

在已有的碳织物人工表面加载的基础上，对机械表面加载载荷后材料的力学性能进行了研究。为了进行比较，试验样品均含有BMI6421的RTM，并且具有相同的制造过程和测试条件。结果总结于表1.10中。很明显，碳织物G827和机械表面加载的复合材料的所有力学性能一致，而且CAI强度有显著的改善。

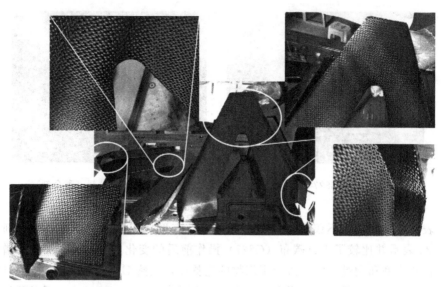

图 1.37 使用 ES^{TM}-Fabrics 预制的复合支撑结构

通过这些研究和测试，证实了该织物是一种具有脱黏性、预成型性和液体增韧成型的高性能复合材料。该专利试用产品现已注册为 ES^{TM}-Fabrics，可用于测试、评估和试用。

表 1.10 使用了 ES^{TM}-Fabrics 复合材料样品的典型力学性能

力学性能	G827/6412,无韧化	ES^{TM}-Fabrics/6421,异地增韧
0°拉伸强度/MPa	1392	1570
0°拉伸模量/GPa	102	117
泊松比	0.32	0.30
90°拉伸强度/MPa	51.7	40.8
90°拉伸模量/GPa	8.66	9.35
90°断裂伸长率/$\mu\varepsilon$	—	4483
0°压缩强度/MPa	1135	1221
0°压缩模量/GPa	101	107
90°压缩强度/MPa	214	215
90°压缩模量/GPa	9.39	9.27
90°断裂伸长率	—	23111
层间剪切强度/MPa	96.9	106
层间剪切模量/GPa	3.67	4.74
层间剪切断裂伸长率	—	13733
0°弯曲强度/MPa	1684	1599
0°弯曲模量/GPa	108	106
CAI/MPa	180	255

1.4 多功能化的夹层技术

随着结构复合材料增韧技术的发展，复合材料在飞机结构上的使用逐渐增加，多功能复合材料引起了广泛的研究。结构复合材料具有的重要功能之一是可以屏蔽 EMI 和避雷[6-9]，因为该聚合物基质材料与同样产品的金属物相比是绝缘的。飞机传统的雷击防护方法是直接在复合材料的表面上覆盖导电层，如金属网[6,35,36]。这种方法无疑是简单、廉价的，然而它增加了飞行器的整体质量，并且在许多复杂的零件上面不能存在金属附加物。

目前，已经报道了许多制备导电聚合物的方法，如将气相生长碳纤维、碳纳米管（CNT）、石墨烯或者纳米银线填充在聚合物基质[37-40]中都可以达到上述目的。然而，这些填充聚合物的电导率相当低，而且逾渗阈值比较低。此外，在这些纳米颗粒填充到聚合物后，常常增加了部分填料的黏性，从而使填料和基质粘住，这会对工艺条件和力学性能尤其是韧性产生不利的影响[41]。因此，在飞机上使用的结构碳纤维复合材料通常不填充其他功能颗粒。

显然，飞行器所用复合材料最显著的优势在于其既能承受冲击载荷，又能承受雷击。该研究的目标是开发至少具有双重功能的复合材料，使它们不仅能够传输电流，而且能在拥有良好韧性的同时具有同等的质量。为此，研究者制备了一种电能集成的分层，一方面它有良好的韧性，另一方面，纳米导电填料沉积到其表面，从而使中间层材料导电[42]。添加电导层后便制成了双功能复合材料。在以下章节中，两个例子将用来说明和演示这项创新型技术，即功能化夹层技术（FIT）[43]。

1.4.1 聚合物层间法[44]

本研究再次使用了航空航天级别的碳纤维环氧预浸材料（5228）。层间增韧聚合物是以多孔膜形式存在的 PEK-C。选择 5228 和 PEK-C 是为了更好地进行比较。PEK-C 膜的厚度约为 $50\mu m$，密度约为 $15g/m^2$。该膜进行穿孔后浸入纳米银线的浆液中，随后干燥后变形成为表面有加载物的聚合物膜。所使用的纳米银线的直径为 70nm，高宽比为 300~1000。图 1.38 显示了在薄膜表面加载纳米银线前后的 SEM 图。很明显[图 1.38(a)]该平面是光滑的，并且平面上有可见的孔。装载在薄膜的纳米银线的面密度为 $1.18g/m^2$。正如观察所得到的，密集且相互连接的纳米银线在膜表面上形成了导电性纤维网，形成的纤维网甚至在穿孔处穿过薄膜[图 1.38(b)]。经过测量，表面上填充膜的电渗透阈值约为 $0.3g/m^2$。通常，当电渗透阈值大于 $0.75g/m^2$ 时，表面电阻率通常低于 $4.2\Omega/sq$。

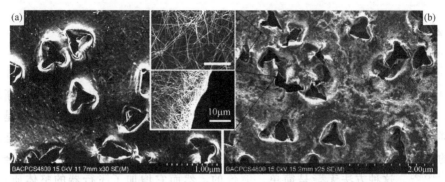

图1.38 PEK-C薄膜上填充纳米银线前（a）和后（b）的SEM图像［填充物的面密度为1.18g/m^2，插图为（b）中两个不同区域的放大图］

面密度为0.75g/m^{2}的纳米银线薄膜被放置在周期性交错的两个相邻薄片层之间，就好像我们先前制造的异地增韧复合层压板。随后将层压材料在高压釜中固化以制备具有UD碳纤维取向的测试样品。并根据预浸规范进行周期性固化。对照样品也用该方法进行制造。表1.11给出了测试结果，表中比较了所有样品在平面内的2维方向（R_x和R_y）和垂直厚度方向（R_z）的电导率。取垂直于纤维表面宽为10mm、长为100mm的样品进行测试。平行于纤维表面宽2～3mm和长50mm样品进行测定。垂直厚度方向用5mm^{2}的样品进行测定。对五个样品的各个方向进行测试。样品的边缘是银制的，并与铜板压紧组成电极。体积电阻可以分别用两点法和四点法[42]进行表征。

表1.11 层压样品三个方向体积电阻率

体积电阻率/Ω·cm	对照，非交织	与纯PEK-C膜交织	与AgNWs负载PEK-C膜交织
R_x,在平面内,沿着纤维方向	约0.004	约0.004	约0.004
R_y,在平面内,垂直纤维方向	4.68	5.5	0.067
R_z,垂直于24层的厚度方向	8.18	4400	67
复合层压板/mm	3.20	3.75	3.75

当存在PEK-C膜交错时，所有样品沿纤维方向（R_x）的电阻率是不受影响的，但在垂直于纤维方向的电阻率会稍微增加（R_y从4.68Ω·cm增加到5.5Ω·cm），垂直厚度的电阻率有显著的增加（R_z从8.18Ω·cm增加到4400Ω·cm）。电阻率增加显然是由于PEK-C膜周期性交替所造成的。对于填充了纳米银线的复合材料，其电阻率有明显的下降，如R_y方向的电阻率从4.68Ω·cm下降到0.067Ω·cm。出现下降主要是由于导电层可以被提供足够电流通路以保护该复合材料本体。

图1.39(b)是填充了纳米银线样品的截面图。碳层的平均厚度约为120～

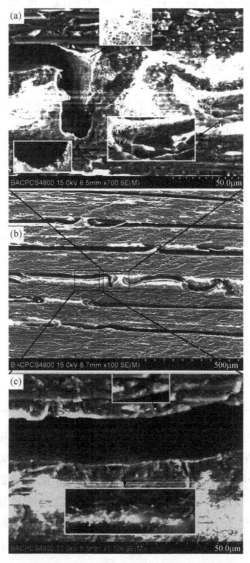

图 1.39 导电膜样品的 SEM 截面图（将样品进行化学蚀刻
除去 THF，其表面没有进行喷金处理）
(a) 导电路径为纳米银线形成的结构；(b) 一种全局视图；
(c) 导电路径是由被纳米银线填充的 PEK-C 膜和基质树脂结构形成的

$130\mu m$，而中间层的厚度为 $10\sim40\mu m$。使用 SEM 分析之前除去 PEK-C 相中的 THF，从而保留了层间区域中的槽，进而分离出碳层。这就是 R_z 方向上的电阻率从 $8.18\Omega\cdot cm$ 增加到 $4400\Omega\cdot cm$ 的原因（表 1.11）。然而，相邻的碳层是由通过的 PEK-C 膜孔的固化环氧树脂"连接器"进行连接的。从区域 A

可以观察到环氧连接器的表面上有密集的纳米银线［图1.39(a)］。在注入过程中，发现先前安装在膜表面的导电结构从PEK-C膜转移到环氧基体中，并随后固化［图1.39(c)］。该导电结构被认为是导致R_z方向上电阻率从整齐薄膜交错样本的$4400\Omega \cdot cm$减少到了填充了纳米银线的交错样本的$67\Omega \cdot cm$的原因（表1.11）。

同时，研究者还分别研究了在模式Ⅰ(G_{IC})和模式Ⅱ(G_{IIC})条件下的层间断裂韧性（表1.12）。正如所料，填充了PEK-C膜的层间复合材料的层间断裂韧性有明显的改善，特别是对于G_{IIC}。与对照样品相比，它的层间断裂韧性从$718J/m^2$增加到了$1344J/m^2$（性能改善了87%），那些填充了纳米银线的复合材料的断裂韧性为$1578J/m^2$（性能改善了120%）。

表1.12 复合材料样品在模式Ⅰ(G_{IC})和模式Ⅱ(G_{IIC})的断裂韧性

断裂韧性/(J/m^2)	对照，非交织	与一个纯的PEK-C膜交织	与一个AgNWs负载PEK-C膜交织
G_{IC}	306	414	396
G_{IC}标准差		33.5	8.8
G_{IIC}	718	1344	1576
G_{IIC}标准差		20	62
厚度24层复合层压板/mm	3.20	3.20	3.20

图1.40显示并比较了那些结构整齐并且填充了纳米银线的样本在模式Ⅰ和模式Ⅱ试验后的断裂表面。模式Ⅰ试验后的断裂面相对粗糙，观察不到纳米银线［图1.40(a)和(b)］。然而，在模式Ⅱ试验后的断裂表面上很容易观察到纳米银线［图1.40(c)和(d)］。这可能是纳米银线起协同作用的一个信号，那些填充了PEK-C膜的层间区域将能抵抗层间的剪切应力。这一假说可以解释为什么那些填充纳米银线的复合材料的G_{IIC}从$1344J/m^2$增加到了$1578J/m^2$。

这个初步调查结果表明，复合材料结构的异地增韧技术可以生产具有EMI屏蔽和雷击保护双重作用的导电复合材料。将纳米银线填充到多孔PEK-C膜中间是出现这种功能的原因。这种膜的作用一方面是之前在异地增韧中所提到的作为热塑性改性剂；另一方面它的作用是可以为纳米银线提供机械的表面支撑。这是FIT的主要特征。将薄膜填充到碳纤维叠层的复合材料中后，它的导电性和断裂韧性可同时提高，并且显著提高了垂直于碳纤维的方向上的平面传导率和模式Ⅱ的断裂韧性G_{IIC}。

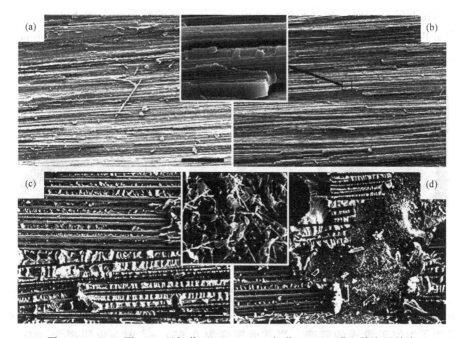

图 1.40 SEM 图 (a) 只加载 PEK-C；(b) 加载 PEK-C 膜上填充了纳米银线的样品在模式 I 测试下断裂截面的 SEM 图（测试条：250μm）；(c) 只加载 PEK-C 膜；(d) 装载 PEK-C 膜上填充纳米银线的样品在模式 II 测试下断裂截面的 SEM 图（测试条：100μm）

1.4.2 纤维纱层间法[45]

前文已经提到了加载 PEK-C 层的异地增韧可以改善层间断裂韧性和冲击损伤。另外还有一个概念也可以达到改善纤维复合板性能的方式就是使用轻量、非织面作为中间层[3,4,46]。在下面的研究中，将用尼龙制成的专有纺织面作中间层的材料。其中尼龙纤维的直径在 $10\sim18\mu m$。纺织面的厚度约为 $53\mu m$，其面密度约为 $16g/m^2$。首先研究纺织面交错的碳复合材料的冲击损伤特性，随后将电导特性整合到纺织面上使复合材料具有导电性。

所使用的导电性填料也是纳米银线。它的平均直径为 70nm，长度在 $20\sim80nm$。首先纳米银线被分散在异丙醇中，将混合液作为涂层浆料备用。然后在室温下将纺织面放在含有纳米银线的浆液中浸渍（5mg/mL 异丙醇）5s，接着在室温下进行干燥从而产生表面带有纳米银线的分层。该过程可以重复进行，从而改变了纳米银线在纺织面上的负载。制品重复两次该过程后面密度约为 $1.5g/m^2$。实验已经表明，这个过程很容易，并且很稳定，如图 1.41(a) 和 (b) 中展示的是填充纳米银线的纺织面,涂层面仍然保留大部分原有的性质。在图 1.41(c) 中可以看出其具有良好的悬垂性,尼龙面纱恰好垂直于碳纤维复合材料的 T 形接头。在文章中,表面加载不影响工艺条件,表面加载纺织面仍然是易于操作的。

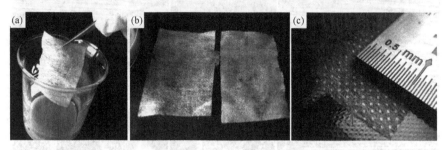

图 1.41　(a) 将尼龙纺织面浸入纳米银线中,使其填充纳米银线;
(b) 比较不填充纳米银线的纺织面(左)和填充纳米银线的纺织面(右);
(c) 在碳复合层上以 T 形插入填充的纺织面

图 1.42(a) 为纺织面的面密度与浸渍时间的关系图。据观察,所述面密度随着浸渍时间的增长而线性增加。图 1.42(b) 表示表面电阻率和面密度的关系。其发生了类似于渗透的转变。当其面密度为 0.65g/m^2 时,电阻率为 $33\Omega/\text{sq}$。当面密度为 1.5g/m^2 时,电阻率降低到了 $5\Omega/\text{sq}$。在曲线中,在 $2\Omega/\text{sq}$ 处减少趋势趋于平稳。当面密度高于 2g/m^2 时,表面电阻率变得非常小,通常小于 $2\Omega/\text{sq}$。填充了纳米银线的纺织面具有更好的导电性。

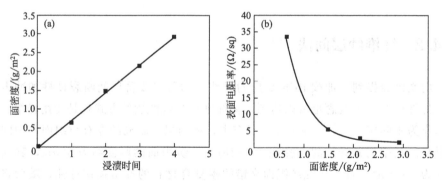

图 1.42　纺织面的面密度和在纳米银线浸渍时间的关系图(浸渍时间的单位是 min)
(a) 和填充纳米银线的面密度与表面电阻率的关系图 (b)

这种尼龙纺织面纱仍然是韧性好、柔软多孔的材料。图 1.43 分别显示填充纳米银线前后纺织面的 SEM 图像。填充之前 [图 1.43(a)] 纤维是杂乱无章的,并且以自立式框架进行连接,即通常的无纺布。从放大的图 1.43(a) 可以看出纤维表面是光滑的。处理之后 [图 1.43(b) 和 (c)],纳米银线沉积到纺织面的表面上,它们的结构看起来像"蜘蛛网"。图 1.43(b) 和 (c) 之间插入的放大

1.4 多功能化的夹层技术

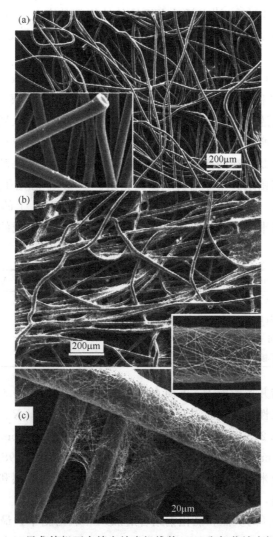

图 1.43 尼龙纺织面在填充纳米银线前（a）和加载纳米银线后
（b）和（c）的 SEM 图 ［插图（a）是尼龙纤维的放大图；
图（b）和（c）之间的插图是一个表面富有纳米银线的尼龙纤维］

图显示了在整个尼龙纤维的表面聚集了大量的纳米银线。

这意味着有两个分别共存于不同尺寸和特性的结构。首先，以亚毫米或微米尺度的尼龙面作为层间的框架进行增韧是必不可少的。其次，它为 AgNWs 浆料提供了足够的自由空间和在浸渍与沉积过程中通过的通道。因此，围绕每根尼龙纤维和一些纤维间隙中建立了纳米级的 3D 交联 AgNWs 网络。这个结构类似于爬山虎藤，这本身是一种"寄主植物"，即尼龙纤维提供了导电性。纺织面应该具有高孔隙率，从而使热固性树脂在浸渍期间与基质形成共连续结构,最终实现层间增韧。填充了纳米银线的纺织面的高灵活性为复合材料提供了良好的悬垂性［见图 1.43(c)］。因此,我们的下一步计划是使尼龙纺织面具有导电性。

本课题使用的是一种航空级的环氧预浸料 T800/5288。其分层厚度为 0.125mm。导电层和预浸料层相互交替形成层压板。碳纤维层的材料是 UD。按照预浸说明书中所述的将预成型件放在高压釜中进行固化。从复合材料上切出样品进行通电测试。所有固化的样品在测试之前均进行无损超声扫描(C 扫描)。

在此研究中有 3 组在同样条件下制备的基本样品,分别是对照组(无交错)、用普通的纺织面交错组和用导电纺织面交错组。表 1.13 总结了所有研究样品在水平面的两个方向(R_x 和 R_y)和在垂直厚度方向(R_z)上的体积电阻率。这些数据(无交错和平面交错)可以将对照组和填充了纳米银线的样品进行对比。

表 1.13 测试样品在三个方向上的体积电阻率

体积电阻率/Ω·cm	对照,无交错	普通的纺织面交错	AgNWs 加载的面交错
R_x,在平面内,沿纤维方向	约 0.004	约 0.004	约 0.004
R_y,在平面内,垂直于纤维方向	4.68	1.12	0.039
R_z,沿厚度方向	8.18	>108	0.722
厚度 24 层的复合层压板/mm	3.20	3.75	3.75

很明显,交错并不影响 R_x 方向上的电阻率。它们都是 0.004Ω·cm,保持碳纤维的固有导电性。然而,对于加载了纳米银线的样品,R_y 方向上的电阻率从 4.68Ω·cm(0.21S/cm)降低到了 0.039Ω·cm(25.6S/cm),R_z 方向上的电阻率从 8.18Ω·cm(0.12S/cm)降到了 0.722Ω·cm(1.39S/cm)。这显然是由于交错了填充纳米银线的纺织面具有高导电性。因为导电层和金属网都能够提供足够的电流通路,所以可以保护复合机体不受破坏。

据报道,将 3%的炭黑和氯化铜结合后加入环氧树脂中,最终制成的碳层在平面内垂直于纤维方向上的电阻率为 1.1Ω·cm,在垂直于厚度方向上的电阻率为 1.8Ω·cm[47]。质量分数在 2%的单壁碳纳米管在碳层厚度方向上[41] 提供了 0.018S/cm 的导电性。在碳纤维表面上撒上 4%的镀镍后,表面电阻率显示出较大的值,其值为 200~400Ω·cm[48]。原位生长碳纳米管的碳层在平面方向上和厚度方向上的电阻率都为 1~10Ω·cm[49]。相比于公开文献中的这些数据,我们研究的材料的电导率更好。

值得注意的是普通的纺织面在垂直厚度方向上的电阻率(R_z)从 8.18Ω·cm 增加到 108Ω·cm(0.2S/cm)。这显然是由于层间区域中尼龙纺织面的隔离效果。银纳米线复合材料质量分数为 0.6%,这表明其质量轻。图 1.44 展示的是交错了填充纳米银线的复合材料的 SEM 截面图。注意,在 SEM 观察前,用甲酸对尼龙纺织面进行化学处理,不对样品进行喷金处理。在图 1.44(a),可以清楚地看到周期性层间结构,其中,碳层与尼龙纺织面是平行的。

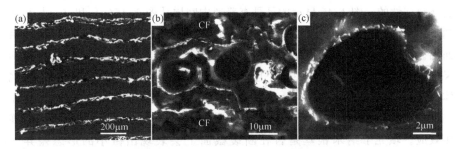

图 1.44　交错了填充纳米银线的复合材料的 SEM 截面图
(在 SEM 观察前,用甲酸对尼龙纺织面进行化学处理)
(a) 周期性层叠交错的纺织面;(b) 由碳层之间纳米银线形成导电路径;
(c) 纳米银线聚集在一个孔上,在孔处先前就有一根尼龙纤维

如图 1.44(b) 和（c）所示,对尼龙纤维进行化学蚀刻,从而使这些孔显现。在碳层和周围的孔之间,可以看见以纳米银线相互连接所形成的导电路径。它们被人为地由点线表示出来。在浸渍和随后的固化过程中,纳米银线明显地从纤维表面转移到了环氧层的表面。它既不是在制造流程中如树脂润湿、流动和固化等过程中损坏的,也不是在化学蚀刻和随后的洗涤样品中被损坏的,即使尼龙纤维被完全冲走时它也不会被损坏。这表明转移到环氧树脂表面上纳米银线结构仍然可以正常工作,而且表面结合是稳定的。

为了测量 G_{IC} 和 G_{IIC} 的数值,只有一个尼龙纺织面在层压板上,并且有一个传播的预制分层裂纹。这个预制分层裂纹是由在同一中间板中插入的一个 $25\mu m$ 厚的 PTFE 膜制成的。所有层压材料的最终厚度控制为 32mm,并且满足标准碳纤维的体积分数。这些样品在机械试验之前进行超声波扫描。测试结果显示在表 1.14 中。

表 1.14　有交错层压板和无交错层压板在模式 I 和模式 II 的断裂韧性

断裂韧性/(J/m²)	对照,无交错	与一个普通的纺织面交错	与一个 AgNWs 加载的面交错
G_{IC}	306	666	667
G_{IC} 标准差		37.2	111
G_{IIC}		2410	2345
G_{IIC} 标准差	718	95	86

正如许多先前的调查和本研究所预期的那样,交错极大地改善了材料的断裂韧性。与对照组相比,G_{IC} 提高到了 120%,而 G_{IIC} 提高到了 200%。详细数据是纯纺织面进行交错样品的 G_{IIC} 从 718J/m² 增加到了 2410J/m²。填充了纳米

银线的纺织面进行交错的样品的 G_{IIC} 增长到了 2345J/m² (表 1.14)。这些结果是令人高兴的,这也证明了填充纳米银线的层间增韧效果依旧存在,即表面负荷是不影响断裂韧性的。图 1.45 显示的是具有普通中间层 [图 1.45(a) 和 (c)] 和填充了纳米银线的中间层 [图 1.45(b) 和 (d)] 的层压材料在模式 I 断裂试验后的截面图。从图中发现如果松散的尼龙纤维平行于碳纤维层,它们将被分离出来,如果尼龙纤维被镶嵌在纤维层中并且与碳层基质呈 0°角,它将被拉出或者破裂。基体界面上纤维看起来足够多。我们可以从纤维表面观察到环氧残留物 [图 1.45(c)]。韧性的改善是由于中间层材料大规模的塑性变形、纤维拉出和小规模桥接效应。填充了纳米银丝是否在断裂截面上会表现出微小的形态差异 [图 1.45(a)、(b)]。因此,两个样品的 G_{IC} 存在部分差异就并不奇怪 (表 1.14)。其断裂故障是由相同的机理引起的。

同时我们要注意的是,如果尼龙纤维从环氧基体中分离,聚集的纳米银线将停留在断面或者基质上 [图 1.45(e)]。然而,在机械测试中很难在纤维表面上发现它们。这一观察结果再次表明,纳米银线被转移并黏结到环氧树脂上,甚至连机械测试都测试不到。

图 1.46 显示的是加载了普通纺织面的样品在模式 II 条件下的断裂面 [图 1.46(a) 和 (c)],以及填充了纳米银线的纺织面在模式 II 条件下的断裂面 [图

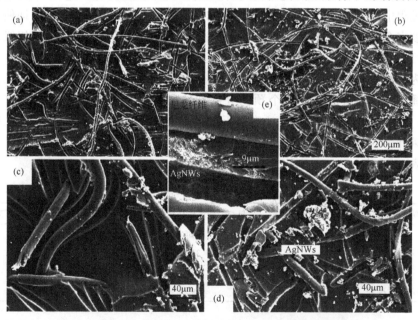

图 1.45 用纯纺织面交错成型的层压复合材料在模式 I 条件下断裂表面的 SEM 图 (a) 和 (c);填充纳米银线材料的 SEM 图 (b) 和 (d);尼龙纤维被从环氧基体分离后断面处的局部放大图 (e)

1.46(b) 和 (d)]。在这两种情况下 [图 1.46(a) 和 (b)]，胶黏失败主要发生在碳层和中间层之间，这是受裂纹程度和材料屈服强度的影响。与此相反，内聚破坏主导了模式Ⅰ的测试，即剥离断裂主要发生在层间（见图 1.45）。

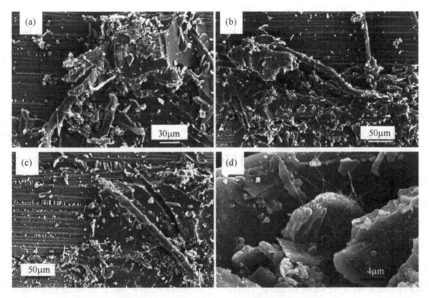

图 1.46 层叠样品的模式Ⅱ断裂面的 SEM 图像与普通面纱 (a) 和 (c) 以及加载 AgNWs 的面纱 (b) 与 (d) 交错 [偶尔观察到 AgNWs 聚集在 (d)]

黏合破坏断裂机理是因为在模式Ⅱ条件下纺织面的裂纹方向从一个截面偏转到另一个截面[图 1.46(a)~(c)]，从而增加了单位面积断裂裂纹。只是在模式Ⅱ条件下偶尔发现在端口处有聚集的纳米银线[图 1.46(d)]。

最后得出的一个新的概念，FIT 已经被提出并证明其可以改善电导率，同时碳纤维增强热固性树脂复合材料对飞机 EMI 屏蔽和雷击保护的抗冲击损伤性能优异。该技术的特点是在坚硬且多孔尼龙纺织面上填充纳米银线。纺织面具有双重作用，一方面它是层间增韧的中间层材料；另一方面像"宿主植物"一样作为机械载体用于在表面上填充银纳米线。由功能化材料交织成的碳纤维层压板，无论是断裂韧性还是电导率都同时得到提高。

1.5 概括和总结

碳纤维复合材料具有高的强度和刚度。然而，在设计飞机的复合材料结构时面对的主要问题之一是冲击损伤性，特别是由于低速影响，经常引起不可见的损伤。碳纤维复合材料增韧的标准方法有两种，第一种是将热塑性塑料分散或溶解到基体树脂中，而第二种是在层间加入离散层用来吸收冲击能量和/或转移损伤。第二种方法通常被称为层间增韧技术。与之类似的理念是使用轻量、非纺织面作为中间层制成碳纤维复合材料层压板。

在该章中，稍加修改的层间增韧技术，即所谓的通过实验研究成的异地增韧技术，它们的基质都是环氧树脂和 BMI。异地增韧技术的特点是在碳纤维预浸料层之间加入多孔的热塑性薄膜，随后发生相分离和倒置进而形成连续颗粒交织结构的固体。固化必须在较高的温度和压力下进行。在这种条件下，初始低分子量热固性组分可以从预浸料扩散到薄膜上，从而使得该层间变薄，并且溶解薄膜。在固化过程中，所述热塑性塑料是可区分的，并且它是由连续粒状溶解形成的薄内层而不是以前整齐、离散的热塑性薄膜。在同一时间，这两个组分的溶液可以稍微渗透入相邻碳层的表面层，从而在碳层上生成类似颗粒进而形成机械联锁。由于特定的连续粒状结构，任何裂纹尝试打开和横向生长，它必须变大、过度，并围绕每个颗粒，因此增加表面裂纹的数量必须增加单位长度上的横向裂纹。抑制损害的进一步扩大是通过防止模式Ⅰ裂纹在层间从一个碳层进入另一个碳层，并通过由连续颗粒组成的独立热塑性分层抑制这种裂纹进入。

我们已经了解了异地增韧技术中结构与性能的关系，基于预成型体的增韧技术有液态成型技术和注射技术。其主要的特征是将热塑性组分加载到干燥、多孔碳织物上。其中发展成型的专有制品为 ES^{TM}-Fabrics。使用纺织面、含有环氧树脂的 BMI、被制造的 RTM 复合材料都具有相同的相分离，并且在高压釜复合过程中形成了具有连续粒状的夹层结构，从而使复合材料具有更高的冲击损伤性能。异地增韧技术成功转变成液态成型和注射过程。ES^{TM}-Fabrics 不仅有增韧效果，还可以通过增黏剂（黏合剂）提高强度。出于这个原因，ES^{TM}-Fabrics 是双功能的材料。

为了满足多功能复合物的发展需要，特别是用于 EMI 屏蔽和雷击保护的具有导电结构复合材料的发展，一种通过将异地增韧技术变成增加材料多功能性的新技术已经被成功研究，它既可以提高导电性，又可以改善碳纤维热固性树脂的抗冲击性能。该技术的核心部件是一个多孔且具有导电功能的材料，其一方面提供显著增韧效果，另一方面它可以作为一个坚韧且柔性承载体，并且它的表面上可以填充纳米级别的导电材料，通常为银纳米线。并且周期性地将功能化材料加入碳层中，进而产生复合材料，无论是层间断裂韧性还是电导率都同时得到了显著的提高。在这一章，已经用两个例子解释了结构-多功能的关系，一个加入热塑性薄膜，另一个使用纺织面。在这两种情况中，观察到的整个中间层区域都是双层结构的，微米级结构是由连续颗粒或连续纤维与基质树脂制成的，其目的是增加韧性。纳米级结构是通过填充纳米银线制成的，其目的是增加导电性。将两种结构共存于一种复合材料中，便制成了双功能复合材料。

为了实现层间机构韧性的改善和/或功能的集成，在文章中有三个主要的阶段（表 1.15）。在第一阶段中是概念研究阶段，我们采用了异地增韧的概念显著提高层间断裂韧性和 CAI 强度，其中，在研究中我们是基于预浸料而不是基质树脂进行研究的。这种技术随后由基于预浸料研究的方向转变成了预成型研究方向，其目的是改善液模成型或注射成型复合材料的韧性。这一阶段和第二阶段的特点是通过机械操作进行表面填充。最后这种技术在第三阶段交错成型中被进一步开发，交错材料的功能化是由于表面填充的功能性成分导致的。所得复合材料是多功能的，例如，具有较高的导电性的结构复合物。它可以被合理地猜想，这一技术可能会制造出多功能集成的复合材料层压板，如同时具有热传导性、主动阻尼性、传感性和阻燃性。

表 1.15 技术发展的顺序

项目	属性主要集中项	加工特点
1. 概念研究	韧性改善主要在于预浸料材料	通过手动操作预浸料基（不是基体树脂基）
2. 技术拓展	提高韧性和预成型能力主要在干织物上液模成型	基于预制式机械表面加载操作
3. 进一步发展	提高韧性和功能，通常是导电性结构复合材料	基于交错的表面载荷的功能组件。过程是容易放大的

从表 1.15 中我们能很自然地看出，所有的方法都集中在富聚合物和主导聚合物的夹层上，其中微结构可以专门进行设计，以满足个人经济和工艺要求。在文中，这被叫作层间功能化。出于这个原因，该技术可以被概括成一个 FIT 概念，或者叫功能化插入技术，也可以叫作功能化交错技术。

致谢

感谢中国国家重点基础研究计划（973 计划）2003CB615604973 和 2010CB631100 和中国国家自然科学基金第 51103142 项目的资金支持。

参考文献

[1] Dzenis Y. Structural nanocomposites. Science 2008;319:419.
[2] Sun LY, Warren GL, Davis D, Sue HJ. Nylon toughened epoxy/SWCNT composites. J Mater Sci 2011;46:207.
[3] Palazzetti R, Zucchelli A, Gualandi C, Focarete ML, Donati L, Minak G, et al. Influence of electrospun Nylon 6,6 nanofibrous mats on the interlaminar properties of Gr–epoxy composite laminates. Compos Struct 2012;94:571.

[4] Hamer S, Leibovich H, Green A, Intrater R, Avrahami R, Zussman E, et al. Interlaminar fracture toughness of nylon 66 nanofibril mat interleaved carbon/epoxy laminates. Polym Compos 2011;32:1781.

[5] EADS Deutschland GmbH, Corporate Research Centre. The research requirements of the transport sectors to facilitate an increased usage of composites materials, Part I: The composite material research requirements of the aerospace industry. <www.compositn.net>; 2004.

[6] Fisher F, Plumer JA, Perala R. Lightning protection of aircraft, 2nd ed. Pittsfield, MA: Lightning Technologies Inc; 2004. 183–92.

[7] Gardiner G. Lightning strike protection for composite structure. High perform Compos 2006;July:44–50.

[8] Baldacim SA, Cristofani N, Junior JLF, Lautenschlager JR. Lightning effects in aircraft of the composite material. In: The 17th CBECIMat—Congresso Brasileiro de Engenharia e Ciencia dos Materials, Foz do Iguacu, Brasil; 2006.

[9] Boeing. Lightning strikes: Protection, inspection and repair. Aero Quarterly. QTR04 2012:18.

[10] HB 7402-96. Testing method for mode I interlaminar fracture toughness of carbon fiber reinforced plastics [in Chinese]; 1996.

[11] HB 7403-96. Testing method for mode II interlaminar fracture toughness of carbon fiber reinforced plastics [in Chinese]; 1996.

[12] Boeing Support Specification (BSS) 7260 Compression after impact test. Renton, WA: Boeing Commercial Airplane Group; 1992.

[13] Yi X-S. Theory and application of high-performance polymer matrix composites. Beijing, China: National Defence Industry Press; 2011.

[14] McLachlan DS, Blaszkiewicz M, Newnham RE. Electrical resistivity of composites. J Am Ceram Soc 1990;73(8):2187–203.

[15] Inoue T. Reaction-induced phase decomposition in polymer blends. Prog Polym Sci 1995;20:119–53.

[16] Cantwell WJ, Morton J. The impact resistance of composite materials—a review. Composites 1991;22(5):347–62.

[17] Ozdil F, Carlsson LA. Plastic zone estimation in mode I interlaminar fracture of interleaved composites. Eng Fract Mech 1992;41(5):645–58.

[18] Yi X-S, An X, Tang B, Zhang M. Chinese patent [in Chinese]. No. ZL 200610099381.9, PCT No. FP1060809P.

[19] Zhang M, An X, Tang B, Yi XS. *TTT* diagram and phase structure control of 2/4 functional epoxy blends used in advanced composites. Front Mater Sci China 2007;2(1):1–7.

[20] Yi XS, An X, Tang B, Pan Y. Ex-situ formation of periodic interlayer structure to improve significantly the impact damage resistance of carbon laminates. Adv Eng Mater 2003;5:729–32.

[21] Liu K., Zhang H., Chen T. One step to synthesize poly(ether sulfone) with a functional group of phenolphthalein, China, Patent No.CN85.101721, 1987.

[22] Zhang H., Chen T., Yuan Y. Synthesization of the new type of poly(ether ether ketone) with a functional group of phenolphthalein, China, Patent No. CN85.108751, 1987.

[23] Chen T., Yuan Y., XV JP. New Method to synthesize poly(ether ether ketone) with a functional group of phenolphthalein, China, Patent No.CN88102991.2, 1988.

[24] Hogg PJ, Prichard JC, Stone DL. A miniatured post-impact compression test. Priv Commun 1999.

[25] Anon ICI. ICI fiberite material handbook, ICI FIBERITE Technology Group (602) 730-2010. c/o Material Handbook, 2055 E. Technology Circle, Tempe, AZ 85284.

[26] Lou K, Li Y, Tang J, Chen X, Zhang F. Evaluation of PEEK thermoplastic composites. The 42nd International SAMPE Symposium, 1997; 455.

[27] Evans RE, Masters JE. Johnston NJ, editor. Toughened composites, ASTM STP 937. Philadelphia, PA: American Society for Testing and materials; 1987. p. 413.

[28] Sela N, Ishai O. Interlaminar fracture toughness and toughening of laminated composite materials: a review. Composites 1989;5:423.

[29] Cheng Q, Fang Z, Xu Y, Yi XS. Morphological and the spatial effects on toughness and impact damage resistance of PAEK-toughened BMI and the graphite fiber composite laminates. Chin J Aeronaut 2008;15(312):90.

[30] Cheng QF, Fang ZP, Xu YH, Yi XS. Improvement of the impact damage resistance of BMI/graphite laminates by ex-situ method. High Perform Polym 2006;18:907.

[31] Xv Y, Cheng Q, Yi XS, Chinese patent [in Chinese]. No ZL 200510000969.X; 2005.

[32] Cheng Q, Fang Z, Yi X-S, An X, Tang B, Xu Y. "Ex situ" concept for toughening the RTMable BMI matrix composites, Part I: Improving the interlaminar fracture toughness. J Appl Polym Sci 2008;109(3): 1625–34, and: Ex-situ concept for toughening the RTMable BMI matrix composites. II. Improving the compression after impact. J Appl Polym Sci 2008;108(4):2211–7.

[33] Yi XS, Cheng QF, Liu ZZ. Preform-based toughening technology for RTMable high-temperature aerospace composites. Sci China Technol Sci 2012;55:2255–63.

[34] Yi XS, An X. Effect of interleaf sequence on impact damage and residual strength in a graphite/epoxy laminate. J Mater Sci Lett 2004;22:3253–5.

[35] Kawakami H, Feraboli P. Lightning strike damage resistance and tolerance of scarf-repaired mesh-protected carbon fiber composites. Composites Part A 2011;42:1247.

[36] Feraboli P, Miller M. Damage resistance and tolerance of carbon/epoxy composite coupons subjected to simulated lightning strike. Composites Part A 2009;40:954.

[37] Diez-Pascual AM, Ashrafi B, Naffakh M, Gonzalez-Dominguez JM, Johnston A, Simard B, et al. Influence of carbon nanotubes on the thermal, electrical and mechanical properties of poly(ether ether ketone)/glass fiber laminates. Carbon 2011;49:2817.

[38] Kim HS, Hahn HT. Graphite nanoplatelets interlayered carbon/epoxy composites. AIAA J 2009;47:2779.

[39] Regev O, Elkati PNB, Loos J, Koning CE. Preparation of conductive nanotubepolymer composites using latex technology. Adv Mater 2004;16:248.

[40] Yun S, Niu XF, Yu ZB, Hu WL, Brochu P, Pei QB. Compliant silver nanowirepolymer composite electrodes for bistable large strain actuation. Adv Mater 2012;24:1321.

[41] Kim HS, Hahn HT. Graphite fiber composites interlayered with single-walled carbon nanotubes. J Compos Mater 2011;45:1109.

[42] Yi XS, Guo MC, Liu G, Zhao WM, Liu LP, Cui HC. A composite conductive thin layer and its preparation method and application. Chinese Patent, No. ZL 210251285.7 [in Chinese]; 2012.

[43] Ye L. Functionalized interleaf technology in carbon–fibre-reinforced composites for aircraft applications. Natl Sci Rev March 2014;1(1):7–8. first published online December 17, 2013. <http://dx.doi.org/10.1093/nsr/nwt005>.

[44] Guo M, Yi XS. The production of tough, electrically conductive carbon fiber composite laminates for use in airframes. Carbon 2013;58:38–51.

[45] Guo M, Yi XS, Liu G, Liu L. Simultaneously increasing the electrical conductivity and fracture toughness of carbon–fiber composites by using silver nanowires-loaded interleaves. Compos Sci Technol 2014;97:27–33.

[46] Tsotsis TK. Interlayer toughening of composite materials. Polym Compos 2009: 70–86.

[47] Zhang DH, He Y, Deng SQ, Zhang JN, Tang YH, Chen YF. CF/EP composite laminates with carbon black and copper chloride for improved electrical conductivity and interlaminar fracture toughness. Compos Sci Technol 2012;72:412.

[48] Chakravarthi DK, Khabashesku VN, Vaidyanathan R, Blaine J, Yarlagadda S, Roseman D, et al. Carbon fiber–bismaleimide composites filled with nickelcoated single-walled carbon nanotubes for lightning-strike protection. Adv Funct Mater 2011;21:2527.

[49] Garcia EJ, Wardle BL, Hart AJ, Yamamoto N. Fabrication and multifunctional properties of a hybrid laminate with aligned carbon nanotubes grown in situ. Compos Sci Technol 2008;68:2034.

第 2 章

轻质结构复合材料的电磁效应

Edson Cocchieri Botelho[1], Evandro Luís Nohara[2] 和 Mirabel Cerqueira Rezende[3]

[1] 圣保罗州立大学（UNESP），瓜拉丁瓜工程学院，材料和技术部，巴西，圣保罗
[2] Taubaté 大学（UNITAU），机械工程系，巴西，圣保罗
[3] 圣保罗联邦大学科学技术研究所（ICT-UNIFESP），巴西，圣保罗，圣多西坎波斯

2.1 引言

具有与轻量化相关的高力学性能的多功能复合材料是航空和空间工程领域研究的一部分。多功能需求包括具有理想的机械、热、化学和电磁特性的组件结构[1]。

由嵌入聚合物基体中的高强度、高模量和低密度连续纤维组成的先进复合材料比 40 年前更加可用。从那时起，复合材料飞机结构已从实验室制品转变为金属结构的低风险和轻质替代品。在军用和民用飞机上经常使用数千种飞行复合材料部件[2,3]。高性能复合结构的主要优点包括重量轻、高耐疲劳和腐蚀性。随着聚合物复合材料日渐增多的应用，需要越来越多的知识来更好地理解这些材料以及它们的许多力学性能该如何结合[2,3]。

增强复合材料的失效通常归因于在特定环境中的材料老化，这是由热、光、水和机械应力对材料的组合影响引起的。一些研究表明吸收的水和温度对复合材料的物理和力学性能的老化有着严重的影响[4,5]。在过去几年中，已经观察到，在预定温度上限和给定寿命以上，除简单扩散之外的其他机制也可在材料内发生，例如界面剥离，其诱导复合材料的降解，以及大分子链水解，这会导致低分子量链的形成和迁移。反过来说，这种形成倾向于通过基质的整体溶胀和塑化的发展增加水吸收的平衡。大多数时间，水解和亲水化阶段在吸附曲线中不能很好地分离。一些模型还要考虑到由于材料的亲水化而引起的水吸附的加速与由于水

解引起的水吸附的减少之间的竞争[6]。

除了与环境耐久性相关的复合材料的力学性能之外,这类材料与电磁波,特别是雷达波的相互作用已经受到特别关注,这在隐身技术领域相当重要[1,7]。雷达系统检测到目标的有效性主要取决于照射到目标的电磁能量中有多少被反射回雷达。这是通过目标的雷达截面(RCS)来测量的[8]。根据文献[1,7],玻璃纤维增强复合材料对微波范围内的电磁辐射是透明的,而碳纤维层压板是一种反射材料。在本章中,对玻璃纤维增强环氧树脂、碳纤维增强环氧树脂和聚芳酰胺增强环氧树脂层压板的力学和微波相互作用性能进行了评估,特别是在航空、电气、电信和医疗领域的潜在应用。复合层压板的结构性能、环境耐久性和微波相互作用的适当组合允许它们作为微波反射器或作为透明复合材料来进行结构上的设计和制造。

2.2 湿度对力学性能的影响

水分基本上会影响纤维增强塑料复合材料的性能[9]。水主要通过扩散过程进入复合材料。其他机制也是可能的,包括沿着纤维和界面的毛细作用以及通过微裂纹传输[10]。水分在不同程度上扩散到聚合物中取决于分子和微结构方面,例如极性、强化的性质和残余硬化剂的存在[10]。

吸水后可发生增塑和溶胀。除了降低 T_g(玻璃化转变温度)外,塑化还会引起塑性变形,而膨胀与由液体施加的膨胀力产生的微分应变有关,同时它会拉伸聚合物链[11]。此外,吸收的水可导致吸湿应力的累积,这可能导致聚合物复合材料的破裂和破坏。水吸附也可能引起水解和物理老化[11]。

水吸附的另一个可能的影响是在聚合物和水分子之间形成的特定类型的氢键而在聚合物基质中产生二次交联。这种现象取决于聚合物的化学结构、温度和暴露在水中的总时间[11]。

在化学反应和降解中发生的物理变化、水分相关的热老化也在其中起重要作用。化学反应包括未反应单体的氧化、交联和进一步反应,而物理变化是指黏弹性行为的典型改变[11]。有证据表明,在空气的热老化过程中,有机基体复合材料经历表面氧化,在不施加外部载荷的情况下导致"自发"裂纹[11]。在大分子规模上,链断裂和交联影响聚合物网络并因此改变氧化层的力学性能。在宏观层面,氧化层的受阻收缩导致了容易引发和扩展裂纹的应力梯度[11]。

图 2.1 显示温度对碳纤维、玻璃纤维和聚芳酰胺纤维增强的环氧树脂层压板在湿热室中调湿 2 个月(80℃和 90%)后的吸湿特性的影响。这些结果已经由作者得到。这些层压材料全部使用高压釜和平纹织物处理。每个层压板中的纤维

体积分数约为60%。根据制造商的固化周期，层压体在121℃的高压釜中分别在0.69MPa的压力和0.083MPa的真空下同时固化。复合层压材料由14个层压层片组成，对于两种定向图案，标称厚度为4.1mm。

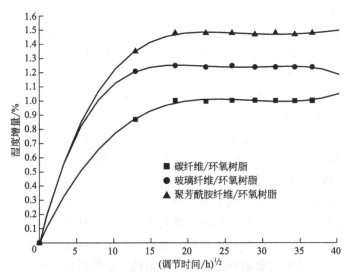

图2.1 碳纤维/环氧树脂、玻璃纤维/环氧树脂和聚芳酰胺纤维/环氧树脂层压板的吸湿性

为了评估环境变化的影响，将样品暴露于可以调节温度和湿度的环境调节室中。在机械测试之前基于ASTM标准D5229 M-92的程序B使样品处于饱和的条件。通过测量钢丝圈样品的质量直到其达到水分平衡状态，周期性地监测通过层压体获得的水分水平作为时间的函数。在调节期间，温度设定为80℃，并且室中的相对湿度设定为90%。温度必须保持远低于树脂玻璃化转变温度以避免不可逆损坏（膨胀和裂纹）的发生，否则会永久地改变材料的吸收特性。

从图2.1可以清楚地看出，在水吸收平衡时温度的升高会导致水吸附方面的增强。水扩散速率随着温度的升高而增加。这支持了温度激活扩散过程的事实。

在湿热调节的第一周，这些环氧树脂层压板的性能几乎是线性的。水饱和点在第20天左右达到。聚芳酰胺纤维/环氧树脂层压板出现最高的水吸收值，达到约1.5%的水分增加量。

水分吸收最常导致聚合物的塑化，因此除了降低T_g外，还会引起塑性变形[10,11]，这在具有极性的聚合物中特别常见。

树脂基质吸收的水分量明显不同于增强纤维吸收的水分量。这导致基质和纤维之间水分诱导的体积膨胀显著不匹配。这种行为导致纤维组合物中局部应力和应变场的演变[5]。几位作者[5,8-11]在吸湿过程中引用了许多可能的相互作用：基质组分的选择性吸附、结构效应、低分子量组分从纤维的扩散、聚合物分子渗透纤维表面以及纤维表面对聚合物基体的催化作用。

根据先前的研究和我们的实验结果发现，双向复合材料，特别是当用织物增强时，与单向增强复合材料相比吸湿率较低。这可能是由边缘效应导致的[5,8-11]。扩散过程的动力学取决于复合材料的温度和相对吸湿性。吸湿率越高，吸收速率越大。这种扩散过程可以通过菲克定律[5,8-11]来描述。

水分吸收不仅影响化合物材料的力学性能，而且会影响其与微波范围内的电磁辐射的相互作用，其主要范围是在 2~3GHz 之间。水-微波相互作用的现象是众所周知的，并且已经在不同的装置中商业化利用，微波炉是最常见的设备。微波炉通过微波源促进水分子的激发，从而将入射能量转化为热。同样，暴露于微波的聚合物复合物中的水分能够促进入射电磁辐射的吸收和热量转化（焦耳效应）。因此，除了对复合材料的力学性能在水分存在时的分析之外，还需要评估水分对这类材料的电磁性能的影响。

在一些情况下，当需要衰减电磁波时，水分的存在可能不会对复合材料的性能有害，因此可以忽略其存在。然而，在其他情况下，复合材料中含有水分是有害的，从而会削弱复合材料制品的性能。复合部件应当尽可能透明，例如，在飞机天线罩中入射或透射的辐射透过材料不会出现明显的损失。在这种情况下，湿气的存在会衰减雷达信号，从而降低雷达性能和飞机运行的安全性。

2.2.1 强度和硬度性质

浸渍机制、固结质量和产生的力学性能之间的关系先前已经在科学界进行了研究和报道[12]。评估复合材料最终性能所需的主要测试类型是拉伸、压缩和层间剪切测试[12-14]。

现在，通过相关的知识已经可以努力来改善影响界面性质的主要因素，以允许克服聚合物复合材料的固有弱点：层间裂纹扩展。考虑到标准碳纤维/环氧复合材料的特定情况，证实其主要弱点是由于其热固性基体的脆性而抗分层性差。玻璃纤维/环氧树脂层压板也是如此。鉴于此，已经进行了复合材料科学的研究，旨在生产出基体相具有更高韧性的复合体系。改性的热固性基体主要通过将橡胶相结合到树脂中而获得。通过使用更坚韧和更易延展的基体，最常使用的是热塑性材料，开发了新一代复合材料体系[12]。

复杂的压缩行为是织物增强复合材料的特征，可能是由材料浸渍和固结之前引起的初始材料变形（纱线卷曲）导致的。最初的纱线卷曲与制造引起的变形如纤维未对齐，发生在交织层[12]，并可能导致瞬时和灾难性的压缩故障。因此，在压缩加载期间发生在织物复合材料中的破坏机理的性质和顺序是难以观察到的，并且还没有被完全阐明[12]。

表 2.1 介绍了碳纤维/环氧树脂、玻璃纤维/环氧树脂和聚芳酰胺纤维/环氧树脂层压板（织物增强层压板）的拉伸、压缩和剪切性能的一些结果。进行这些测试以研究这些材料的弹性行为。一般来说，直到复合材料中的基体出现初始破裂，可以合理地假设纤维和基体两者都表现出弹性。根据 ASTM D2344、ASTM D3039 和 DIN EN 2850 标准分别进行层间剪切试验（短梁剪切试验）、拉伸试验和压缩试验。对每种类型的试验和堆叠序列测试 10 个试样，以评价环境条件对力学性能的影响。样品的尺寸为 24.0mm×6.35mm×4.10mm（长×宽×厚）。测试在 Instron 机械测试机中进行。

表 2.1　干燥和暴露于湿热条件下时碳纤维、玻璃纤维和聚芳酰胺纤维环氧树脂层压板的强度和刚度性能

性质	玻璃纤维干燥	玻璃纤维潮湿	碳纤维干燥	碳纤维潮湿	芳香族干燥	芳香族潮湿
密度/(g/cm^3)	1.74	1.77	1.54	1.56	1.37	1.41
拉力强度/MPa	592.4±23.4	576.1±39.1	955.1±18.3	899.7±28.8	643.3±23.2	631.1±41.2
拉力系数/GPa	30.8±1.7	29.3±1.9	69.5±3.7	68.1±3.1	38.7±2.1	37.7±2.8
压缩强度/MPa	438.1±33.1	411.7±31.4	851.2±37.2	841.6±31.4	587.7±39.8	541.3±47.1
层间剪切剪切强度	68.6±1.6	66.8±2.3	81.4±3.1	74.3±3.7	58.4±2.9	57.1±2.8

根据表 2.1，对于所研究的所有复合材料，观察到在湿热调节之后，发生了拉伸强度、拉伸模量、压缩强度和剪切性能的降低。这种行为可以归因于吸水，这导致了复合材料力学性能的降低。在这种情况下，由于与树脂增塑相关的纤维和基质之间的黏附力的降低引起了纤维-基质界面的弱化。

在压应力下，由于连续增强相对脆性（主要是碳纤维和玻璃纤维），断裂机制的发生和发展不容易被观察到，断裂是瞬时和灾难性的。当在受限区域（例如通过端部破碎的过早失效的试样的翼片区域）中发生初始失效时，就可以很容易地观察到。

初始失效：早期和可辨别的故障模式出现在将额外的剪切应力分量添加到直接压缩法向应力分量的区域中。在压缩载荷下，热固性复合材料通常具有广泛的和严重的分层效应[5,8-11]。

2.3　微波-吸收性质

RCS 是当目标被雷达波撞击时的等效有效面积。换句话说，RCS 是测量目标将雷达信号反射到雷达接收机的依据。雷达的使用基于窄波束中脉冲的发射和接收[13-21]。表 2.2 提供了几个目标的 RCS 值的示例[22]。

表 2.2 典型 RCS 值

目标	RCS/m²	目标	RCS/m²
大型航天飞机	100	小鸟	0.01
大型飞行器	5~6	昆虫	0.00001
小型飞行器	2~3	F117 飞行器	0.1
人	1	B-2 轰炸机	0.01

通过 RCS 可以在消声室（室内）或自由空间（室外）中进行反射率的测量。典型的 RCS 测量设置如图 2.2 所示。可以使用扫描模型 HP 83630B（Hewlett Packard）和光谱分析仪模型（HP 8593E）来测量幅度和相位响应。所应用的频率范围为 8~12GHz。通过测量例如铝板等金属板反射的功率量来校准实验装置。为了计算 RCS，必须考虑从自由空间中的目标传送回发射和接收雷达天线系统的功率，雷达天线是用于发射辐射的。目标的 RCS（由符号 σ 表示）是关于入射功率密度的传递函数，并能反映功率密度。较低 RCS 值对减小目标检测范围的影响可以通过式（2.1）计算。等式的最终项表示 RCS 和范围间的第四功率关系（关于目标和接收/发射天线之间的距离）[16,23]。

$$p_r = p_t \times \frac{G^2 \lambda^2}{4\pi^4} \times \frac{\sigma}{R^4} \tag{2.1}$$

式中，p_r 为接收能量 W；p_t 为发射能量，W；G 为天线增益，dBi；λ 为波长，m；σ 为 RCS，m²；R 为范围，m。

这种设置的优点是，它允许设备通过 0°~360°的旋转，一个接一个地对面板

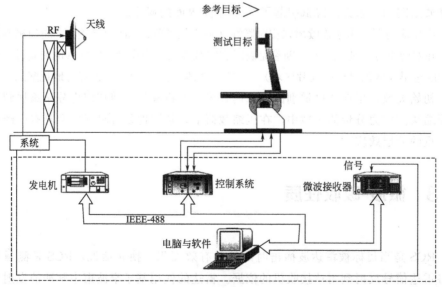

图 2.2 典型的 RCS 测量设置[24]

两侧的基准和雷达吸收材料进行评估。图 2.3 显示了位于巴西航空航天技术和科学部（DCTA）工业协会（IFI）的无回声室。对简单目标与发射器和受体天线的定位使用此程序，它可以在不同的频率范围内测量 RCS，还需要测试两个天线之间的距离，以便消除它们之间的辐射耦合。

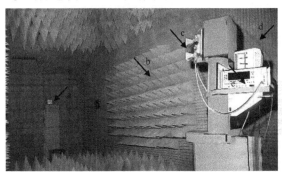

图 2.3　用于 RCS 测量的消声室（IFI/DCTA-Brazil）：
a—样品/目标定位器；b—消声室壁上的金字塔形吸收器；c—发射器和接收器天线；
d—低损耗电缆；e—用于传输的合成微波发生器[25]

2.3.1　插入天线

天线之间的插入方法是将两个天线相对，一个是发射机，另一个是接收机，可以在开放环境或消声室中进行测试，如图 2.4 所示。该信号通过从发射天线到接收天线的直接发射获得。被测试的材料位于接收器天线的前面或两个天线的中间。之后，继续进行测量。根据所获得的测量值，当层压板位于接收天线上时可以在某些条件下，通过比较当辐射直接照射在接收天线上时接收的信号与当层压板处于检测状态时检测到的信号来确定通过材料的辐射量。信号之间的差异是辐射信号的衰减值，其可以是吸收和/或反射的结果[16,23]。该方法用于评价诸如聚合物复合层压材料的透明度。

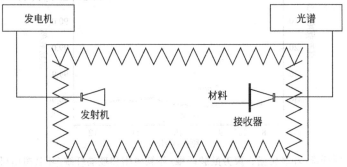

图 2.4　简化的天线之间插入测量方案[23]

2.3.2 薄片的发射率和透明度

图 2.5 展示了通过天线之间插入的方法在 8～12GHz（X 波段）的频率范围

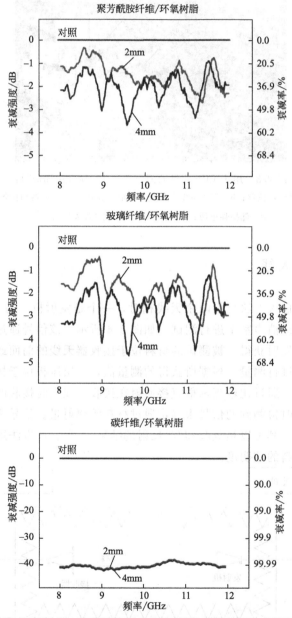

图 2.5　碳纤维/环氧树脂、聚芳酰胺纤维/环氧树脂和玻璃纤维/环氧树脂层压板在 8～12GHz 频率范围内的反射率曲线（使用天线之间插入的方法）[14,15,22]

内获得的聚芳酰胺纤维/环氧树脂、玻璃纤维/环氧树脂和碳纤维/环氧树脂层压板的反射率曲线。在所有情况下,使用厚度为 2mm 和 4mm 的层压体测量得到的结果为 30cm×30cm(宽度×长度)。该结果已由作者获得并在之前发表[14,15,22]。层压板位于接收天线上,如图 2.4 所示。图 2.5 中的黑线是对照(空气),表示反射率为 0% 或 100% 的透明度。该测量是在天线之间没有采样的情况下获得的,并且参考信号通过从发射天线到接收天线的直接发射获得。可以观察到,在所研究的三种层压材料中,聚芳酰胺纤维/环氧树脂和玻璃纤维/环氧树脂层压材料呈现最低的信号损失(-4.5~-0.5dB)。实际上,天线在各层压板方向上的所有发射信号都几乎没有损失地通过各自的材料。这种行为可归因于增强材料(玻璃和聚芳酰胺纤维)和环氧树脂基体的介电特性[22]。

这些曲线还表示出了层压板的厚度的影响。观察到较厚的层压体(4mm)的损耗增加了,即材料较不透明且更具反射性。考虑到层压体的两个面,也评价聚芳酰胺纤维/环氧树脂层压体不同面的影响,并没有观察到显著差异。

用碳纤维增强的层压材料作为反射器材料(约-40dB 的损耗)。这是因为连续碳纤维具有导电性,这就赋予了层压材料金属性能,在所测试的频率范围内的表现类似微波反射器。测试的不同两个厚度(2mm 和 4mm),观察到相同的行为。

比较这些数据可以得出结论:聚芳酰胺纤维/环氧树脂和玻璃纤维/环氧树脂层压材料可用于例如在飞机和导弹雷达罩中需要低 X 波段损失的应用中。另外,碳纤维/环氧树脂层压板可用于对微波反射器特性、低重量、刚度和形状精度具有严格要求的结构中,如雷达天线和波导。

图 2.6 显示了通过将样品定位在电波暗室中的支持物上所进行的 RCS 测定中获得的反射率曲线,如图 2.3 中点 "a" 所示。使用铝板(30cm×30cm)作为参考材料和 100% 反射器。该结果由作者获得,并在之前发表[14,15,22]。图 2.6(左侧)所示的 RCS 图是典型的平板,其在 0°(电磁波在板上的正交入射)处具有最大峰值,为 9.375GHz。铝板(图 2.6 的右侧)的 RCS 值约为 99.4m^2(参考 100% 反射器)。对于碳纤维/环氧树脂层压板,RCS 值降低至 85.8m^2,玻璃纤维/环氧树脂和聚芳酰胺纤维/环氧树脂层压板分别为 37.1m^2 和 27.8m^2。这些结果表明钢筋对电磁波反射的影响。聚合物纤维(聚芳酰胺)和玻璃纤维/环氧树脂层压板的反射率曲线显示,这些层压板的第一表面反射小于碳纤维/环氧树脂层,如图 2.5 所示。这些结果证实了碳纤维/环氧树脂层压板的反射器特性和其他两个前述层压板的较大透明度。

基于图 2.5(使用天线之间插入的方法),观察到聚芳酰胺纤维/环氧树脂层压板显示出 10%~60% 的衰减,而玻璃纤维/环氧树脂复合物呈现 10%~66% 的衰减值。碳纤维/环氧树脂层压板对入射辐射提供 99.99% 的衰减。这些衰减值表示入射波没有穿过材料的数值(材料透明度),以及发射器天线发射的波中有

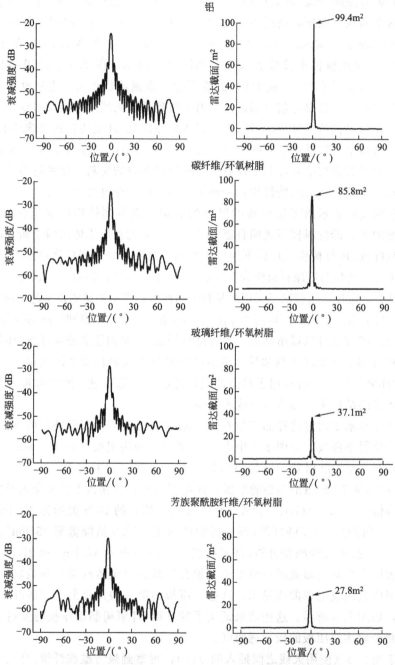

图 2.6 铝、玻璃纤维/环氧树脂、碳纤维/环氧树脂和聚芳酰胺纤维/
环氧树脂层压板（30cm×30cm）在 9.375GHz 的反射率曲线
（在消声室使用 RCS 方法[14,15,22]）

多少没有被接收天线检测到。在这种情况下，未由接收器天线测量的信号可能已被材料反射或吸收。另外，RCS 测量（图 2.6）展示出了目标（在这种情况下为平板）的典型反射率图，证明了由目标反射的波作为方位角的函数。数据的相关性表明在其制造过程中使用的增强材料功能的研究为层压材料的不同行为提供证据，使结构复合材料或多或少透明、或更多或更少反射微波。

2.4 结论

对由聚芳酰胺、玻璃和碳纤维与环氧树脂加工的多功能复合材料，特别是其与轻质和电磁性能相关的力学性能进行了评估。多功能材料不一定是复合材料，但是复合材料的使用的强劲增长已经受到多功能设计要求的极大影响。结构开发的传统方法是与其他功能要求分开，解决其负载承载功能，导致具有附加附件的次最佳承载结构，附加附件执行具有增加质量损失的非结构功能。然而，现在对具有整体非承重功能的承重材料和结构开发的兴趣日益增加。

通过在 8～12GHz 频率范围内的 RCS 和天线之间插入的方法成功地评估了碳、玻璃和聚芳酰胺/环氧树脂层压材料的性能。结果清楚地显示了这些层压板在被雷达波撞击时的不同行为。电磁反射率曲线显示，根据所使用的增强材料，层压材料表现为微波的透明或反射，支持它们在不同区域的应用。

根据上述结果，含有玻璃纤维和聚芳酰胺纤维的复合材料在 8～12GHz 的频率范围内显示出作为透明材料的良好性能，因为聚芳酰胺纤维/环氧树脂和玻璃纤维/环氧树脂层压材料的最低信号损失为 -4.5～-0.5dB。另外，碳纤维/环氧树脂层压板表现出反射器的性能，比较这些数据，可以得出结论，当需要低损耗时，例如在飞机和导弹雷达罩中，聚芳酰胺纤维/环氧树脂和玻璃纤维/环氧树脂层压材料表现更好，具有将良好的力学性能与微波透明性相关联的许多应用。碳纤维/环氧树脂层压材料在所研究的材料中显示出最高的比力学性能，并且还表现出微波反射器的特性。由于这些性质，碳层压体已经应用于多个领域，特别是在航空工业中。

致谢

作者感谢圣保罗研究基金会（FAPESP）、巴西国家科学技术发展委员会（CNPq）和巴西高等教育人才促进协调会（CAPES），以及感谢巴西国防部为这项研究提供资金。

参考文献

[1] Fan HL, Yang W, Chao ZM. Microwave absorbing composite lattice grids. Compos Sci Technol 2007;67:3472–9.

[2] Botelho EC, Mayer S, Rezende MC, Voorwald JC. Evaluation of fatigue behavior on repaired carbon fiber/epoxy composites. J Mater Sci 2008;43:3166–72.

[3] Mouzakis DE, Zoga H, Gagliotis C. Accelerated environmental aging study of polyester/glass fiber reinforced composites (GFRPCs). Composites Part B 2008;39:467–75.

[4] Batista NL, Iha K, Botelho EC. Evaluation of weather influence on mechanical and viscoelastic properties of PEI/carbon fiber composites. J Reinf Plast Compos 2013;32:863–74.

[5] Ray BC. Temperature effect during humid aging on interfaces of glass and carbon fibers reinforced epoxy composites. J Colloid Interface Sci 2006;298:111–17.

[6] Botelho EC, Rezende MC. Evaluation by free vibration method of moisture absorption effects in polyamide/carbon fiber laminates. J Thermoplast Compos Mater 2010;23:207–25.

[7] Miacci MAS, Nohara EL, Martin IM, Peixoto GG, Rezende MC. Indoor radar cross section measurements of single targets. J Aerosp Technol Manage 2012;4(1):25–32.

[8] Woo SC, Dai GL. Development of the composite RAS (radar absorbing structures) for the X-band frequency range. Compos Struct 2007;77:457–65.

[9] Faria MCM, Appezzato FC, Costa ML, Oliveira PC, Botelho EC. The effect of ocean water immersion and UV aging on viscoelastic properties of PPS/glass fiber laminates. J Reinf Plast Compos (Print) 2011;34:54–8.

[10] Tan KT, White CC, Benatti DJ, Hunston DL. Evaluating aging of coatings and sealants: mechanisms. Polym Degrad Stab 2008;93:648–56.

[11] Wang Y, Hahn TH. AFM characterization of the interfacial properties of carbon fiber reinforced polymer composites subjected to hygrothermal treatments. Compos Sci Technol 2007;67:92–101.

[12] Botelho EC, Lauke B, Figiel L, Rezende MC. Mechanical behavior of a carbon-fiber-reinforced polyamide composite. Compos Sci Technol 2003;63:1843–55.

[13] Rezende MC, Martin IM, Ferraz MA, Nohara EL, Miacci MA, Silva FS, et al. Efeito da Polarização de Antenas nas Medidas de Refletividade de Microondas pelo Método do Arco NRL. Revista de Física Aplicada e Instrumentação 1999;14:79–85.

[14] Rezende MC, Nohara EL, Martin IM, Miacci MAS. Radar cross section measurements (8–12 GHz) of flat plates painted with microwave absorbing materials. IEEE Microwave Guid Wave Lett 2001;1:263–7.

[15] Nohara EL, Miacci MAS, Peixoto GG, Martin IM, Rezende MC. Radar cross section reduction of dihedral and trihedral comer reflectors coated with radar absorbing materials (8–12 GHz). Proc IEEE 2003;1:479–84.

[16] Knott EF, Schaeffer JF, Tuley MT, editors. Radar cross section (2nd ed.). New York: Artech House, Inc.; 1993.

[17] Rezende MC, Nohara EL, Martin IM, Miacci MAS. Medidas de refletividade de materiais absorvedores de radiação eletromagnética usando as técnicas RCS e NRL. Revista de Física Aplicada e Instrumentação 2003;16:30–6.

[18] Miacci MAS, Martin IM, Rezende MC. Indoor and outdoor evaluation of missile prototype scattering diagrams. Proc IEEE 2005;1:566–9.

[19] Peixoto GG, Alves MA, Martin IM, Rezende MC. A medium open range radar cross section facility in Brazil. Proc IEEE 2009;5:381–4.

[20] Martin IM, Alves MA, Peixoto GG, Rezende MC. Radar cross section measurements and simulations of a model airplane in the X-band, 2009;5:377–80.

[21] Peixoto GG, Alves MA, Orlando AJF, Rezende MC. Measurements in an outdoor facility and numerical simulation of the radar cross section of targets at 10 GHz. J Aerosp Technol Manage 2011;3:73–8.

[22] Lee SM. International encyclopedia of composites. New York: VCH Publishers; 1991, vol. 6. p. 404–30.

[23] Silva FS. Obtenção de estruturas híbridas absorvedoras de radiação eletromagnética na faixa de microondas aplicadas no setor aeronáutico. MSc Dissertation, Instituto Tecnológico de Aeronáutica; 2000.

[24] Burgess LR, Berlekamp J. Understanding radar cross-section measurements. MSN CT—Microwaves Syst News Commun Technol 1988:54–61.

[25] Miacci MAS, Rezende MC. Basics on radar cross section reduction measurements of simple and complex targets using microwave absorbers. Applied Measurement Systems; 2012. Prof. Zahurul H (Ed.), ISBN: 978-953-51-0103-1, Ed.: InTech, Croatia, http://dx.doi.org/10.5772/37195. Available from: <http://www.intechopen.com/books/applied-measurement-systems/basics-on-radar-cross-section-reduction-measurements-of-simple-and-complex-targets-using-microwave-a>.

第3章

碳和金属纤维增强的机身结构

U. P. Breuer 和 S. Schmeer

凯泽斯劳滕大学,复合材料研究所(IVW GmbH),
德国,凯泽斯劳滕

3.1 引言

二十世纪初期,从开始载人航空交通运输的第一天起,工程师们必须要处理一项关于"如何提供一种质量小、承载能力强,而且还必须满足许多额外性能(经济性、可制造性、可修复性等)的机身"的艰难任务。

天然复合材料(如木材和亚麻)由于其耐用性和其他性能方面的不足,很快就被金属材料替代。

从二十世纪中期开始,随着科技的发展,制造技术逐步成熟起来,使一系列制造成本都降低了许多,让人可以负担得起。在结构性能进一步改进(也就是说,以更少的质量提供所需的结构功能)的需求的推动下,许多机身制造商开始使用人工复合材料(例如:玻璃纤维增强塑料、金属纤维混杂层合板、碳纤维增强塑料)。

如今,碳纤维增强塑料(CFRP)已成为承载机身结构的主要选择。尽管CFRP的轻量级优势超过了铝合金,但由于额外的金属元素和质量,以及需要提供重要的电气功能、接地、雷击保护和电磁屏障等,CFRP仍被严格地限制使用。另外,CFRP在断裂行为上表现为易碎,限制了它的损伤容限,尤其在冲击载荷工况下,对机身的冲撞会导致机身结构完整性的破坏。因此,接下来的任务就是改善CFRP性能,让额外的电气功能系统可以安装并达到现行损伤容限的最小标准。另外,必要的技术发展可以看作是改变未来机身材料成本价值的一个决定性因素。

3.1.1 机身重量与成本

在社会和政治双重挑战下的网络时代，航空交通运输要求苛刻，但是设计者却是信心满满、雄心勃勃的。欧盟委员会的高级专家小组的代表已经确定了主要的目标（"2020 计划"[1]，"2050 航运"[2]），其中包括安全运输、环境保护以及在竞争激烈的市场中的能源供应等。

- 在2020年有做特有的新型飞机的能力和在2050年大幅度减少排放的能力：
——65%感觉噪声；
——75%二氧化碳；
——90%氮氧化物。
- 降低成本使乘坐更经济。

为了向尖端科技方向发展，需要从空气动力学、系统、推进力和结构等方面进行改善。对于典型的单通道飞机，对最大起飞质量和功率影响最大的因素是结构，其次是发电机和系统（图3.1）。而且结构的质量直接影响燃油的消耗（产生排放的来源）以及后期的维护。在使用费用中，燃油消耗和后期维护的费用占很大比例（图3.2）。

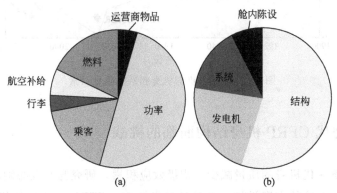

图 3.1 A320质量分配（a）和空载承质量（功率）（b）[3]

在过去的几十年里，在不同运输水平的民用飞机的机身结构质量（包括系统）的对比中，乍一看，似乎是很接近的；在现代飞机运输中把一个乘客运送1000km仅仅需要大约25kg的机身质量（图3.3）。然而，必须要强调，在同时期商用飞机的功能迅速地得到改善：只举一个例子，第一架运输机仅仅只有一个飞行员电台，而如今在飞行中为乘客提供了最先进的娱乐通信系统。同时，在社会中，大部分飞机运输变得越来越经济实惠。

第 3 章 碳和金属纤维增强的机身结构

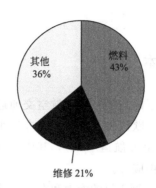

图 3.2 A320 运营成本分析（IATA2009，100％＝US＄3852/FH）[4]

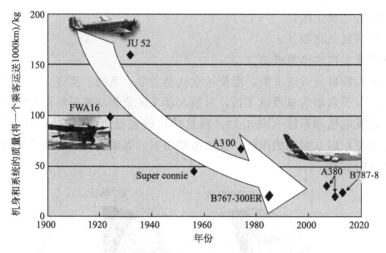

图 3.3 商用飞机的机身和系统质量因素

3.1.2 现代 CFRP 机身结构面临的挑战

为了使下一代机身的质量减少、积极效应积累，研究与开发必须转向于改善材料的性能和经济的方案设计。在最新的发展中，CFRP 一些性能优势超过铝，使其在使用中占据了越来越大的比重。

CFRP 优势如下：

- 高结构性能质量比；
- 利用各向异性量身定制强度、刚度和稳定性设计；
- 优良的耐疲劳性能；
- 优异的介质，耐腐蚀性优。

然而，相比于纤维-金属层压制品，铝镁钪或铝锂的铝合金材料仍然存在很重要的缺陷（如 Glare），限制了 CFRP 轻量设计的潜力，并导致需要更多的精力和花费以确保遵守相关的要求：

- 对于系统安装功能缺乏导电性；
- 较小的薄壁结构损伤容限；
- 较差的防撞击性和张力负载下的结构完整性。

为了能够优化 CFRP 的电导率，已经通过加入更多或更少的导电纳米颗粒（进行聚合物基质的修改）来进行尝试。参考文献中讨论了一些例子[5]。然而，尽管这种方法可以改善材料的性能，到目前为止，无法证明可以达到足够水平的导电性，这将保证改进的 CFRP 的电气功能集成类似于铝或眩光机身结构，因此不需要额外的屏蔽和导电装置，以及相关的质量和成本的损失。

聚合物增韧剂的加入已经逐渐改善了薄壁 CFRP 的冲击损伤容限。用不同预浸料方式在环氧基体系统中加入热塑性聚合物和橡胶颗粒，使断裂韧性和残余强度特性显著提升[6,7]。然而，使用目前市场上最新代的增韧预浸系统来制造 CFRP 机身结构，在损伤容限的可能影响因素中，驱动程序设计的限制要超过强度和稳定性的限制，仍然会导致其最小壁厚和后期的质量的叠加远高于具有竞争价值的金属和 Glare 结构[8]。

除了通过减小最小壁厚、增加薄壁 CFRP 结构的冲击损伤容限来允许进一步重量的减轻以外，提高耐撞性能也可以更高效地实现轻量化设计。一些经过相关载荷认证的民用飞机零部件，在碰撞事件后，结构的完整性对机身的整体结构起到了重要的作用。此外，增强复合材料的延展性，尤其是在张力载荷下，对于高能量的吸收是很有益处的。

3.2　CFRP-金属纤维复合材料

从不同的改性聚合物基质系统的研究中发现，通过金属纤维掺入的方法来使重要的复合材料的性能有所改善，可以使其电子功能一体化，所以这是一种很有发展前途的新方法。这种方法的基本思路是，允许 CFRP 材料密度的一定量增加，通过改变额外电气系统安装项目、壁厚、延性破坏特性优势、高强度能量吸收和金属纤维的高导电性来进行过度补偿（图 3.4）。

不同于先前的纤维金属薄片（如 Glare），半成品金属材料不能集成薄片或箔材，只能成为纤维无捻粗纱材料。这不仅在设计自由度（不同的纤维取向也可能有不同方式的混合等）方面，而且在制造效率方面都是有利的。通过技术手段，探索满足全自动化生产技术（如：自动铺丝、用于织造的非卷曲纤维制造、灌注工艺）来生产形状复杂的由金属和碳纤维粗纱制成的机身结构，该方法已适

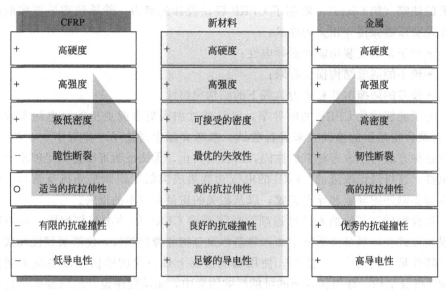

图 3.4　CFRP-金属纤维混合（+：好；○：普通；-：差）

用于 CFRP（但不适用于 Glare）。

适当的金属纤维选择标准：

- 成本；
- 密度；
- 强度；
- 破坏应变；
- 刚度；
- 电导率；
- 最大电流密度；
- 热导率；
- 耐腐蚀性；
- 直径；
- 表面几何形状；
- 可用性；
- 热膨胀性。

比较铝、铜和钢纤维（图 3.5）三种材料中，钢纤维在性能和成本之间提供了良好的折中。一个 $10\mu m$ 的市售不锈钢纤维对比于 $7\mu m$ 的碳纤维，电阻率要为原来的 $1/20$，同时，其破坏应变是碳纤维的 5 倍。

钢纤维通过不同的拉伸牵引过程，能形成不同的合金（主要有铬酸盐和镍）。如今已经可以制造很小的单丝（直径 $1.5\mu m$），它们大量地用于轮胎和传送带的

3.2 CFRP-金属纤维复合材料

	钽	铜	钢
密度	+	−	−
强度	○	−	+
破坏应变	+	+	+
热膨胀性	−	+	○
电导率	+	+	○
热导率	○	+	−
耐腐蚀性	−	○	+
纤维直径	+	+	+
成本	○	−	+

图 3.5　不同金属纤维材料的比较（+：好；○：普通；−：差）

制作。除此之外，这项技术还应用在导电纺丝品的制作，还用于在聚合物复合材料中加入短纤维，以此来提高带电官能团（例如电磁屏障）。除了钢纤维，铜或者是青铜纺织品也能混合在复合材料中。为了改善雷击期间电荷的放电过程，将金属织物应用于由 CFRP 制成的承载飞机结构的表面上，通过它们的高电导率来减少由于雷击导致的结构损坏。

3.2.1　碳纤维-金属纤维混杂试片的制备

为了研究碳纤维和钢纤维混合材料电气性能和力学性能的潜质，利用长丝卷绕技术来制造样品（图 3.6）。

钢纤维的干燥粗纱可以用碳纤维粗纱和纤维在平板上缠绕混合制成，其他试样可以通过碳纤维和钢纤维的层分离增强方法制成。准备不同堆叠序列的层压结

图 3.6　通过长丝卷绕制造碳纤维钢纤维混合材料

构和不同纤维体积分数的碳纤维和钢纤维（表3.1）。在随后的步骤中，把长丝缠绕于干的纺织品上，放在一个封闭的模具中通过树脂转移模浸渍在环氧基体中，维持180℃进行2h固化。最后从固化板剪下试样，为后面的测试做准备。

表3.1 层压结构和纤维体积分数测试

层压制件	叠层顺序	碳纤维体积分数/%	钢纤维体积分数/%	树脂体积分数/%
CFRP	$(0^C/90^C/0^C/90^C/0^C/\overline{90^C})_S$ ①	60	0	40
Hybrid1	$(0^S/90^S/0^C/90^C/0^C/\overline{90^C})_S$ ①	38	14	48
Hybrid2	$(0^S/90^S/0^C/90^C/0^C/\overline{90^C})_S$ ①,②	49	7	44

① C=碳纤维增强层，S=钢纤维增强层。
② 50%厚度的钢纤维增强层。

3.2.2 导电性能

利用四探针测量数字表测量层压板平面内电阻率的大小。2mm厚度的样品放置在80mm×25mm的空间里，并且嵌入在电绝缘性树脂中。

对于所有样品的电压测量，要在一个限定的接触压力下，在抛光的试样的两侧施加限定直流电流（试件条件：常温、干燥）。

具体体积电阻率 ρ 由式（3.1）计算得到。

$$\rho = \frac{\Delta U A}{I L} \tag{3.1}$$

式中，ρ 为具体体积电阻率，$\Omega \cdot m$；ΔU 为电压；A 为试样垂直于电流流动的横截面面积；I 为应用电流；L 为试样的长度。

比容传导率 $\sigma(S/m)$ 是由式（3.2）计算出来的。

$$\sigma = \frac{1}{\rho} \tag{3.2}$$

多向的 CFRP、Hybrid 1（堆叠序列见表3.1）、CFRP UD 和 Hybrid 1 UD（在0°的所有层）以及 MFRP 的电导率测量结果都展示于图3.7。

3.2.3 损伤容限与结构完整性

根据 DIN66031 进行渗透试验，样品大小 80mm×80mm，周向夹紧并撞击，直径为20mm，能级设定为穿透试样，典型力-位移图见图3.8。

力-位移曲线下方的面积表示吸收的能量，相比于金属纤维体积分数为7%的 CFRP，纯的 CFRP 混合材料样本要吸收超过它20%的能量。

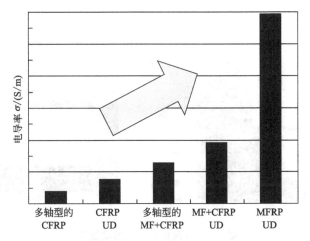

图 3.7　CFRP 和碳-金属纤维材料的电导率
UD—单向性的；CFRP—碳纤维；MF—金属纤维

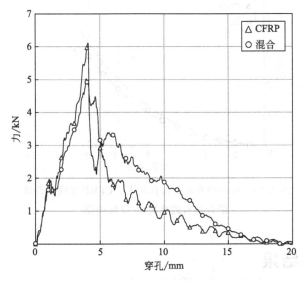

图 3.8　玻璃钢和碳金属纤维混合材料的力-位移图

材料的结构完整性是负载损坏区域和在试验期间必须保持不分开的所有部分的一项重要属性。这个属性依靠测试尺寸为 250mm×25mm 的样品内部的拉伸压缩试验来探究。为了达到这个目的，将试样在留有 150mm 的自由长度的自由边缘居中夹紧（图 3.9）。力-位移曲线被记录下，一个典例如图 3.10 所示。

用钢纤维含量为 7% 的混合材料实现一个自动防故障的效果：在混合材料内部，碳纤维第一次失效后，钢纤维由于其较高的破坏应变能够保持完好，而且力再增加也不会被破坏，其最终水平甚至超过了纯 CFRP 所能达到的值（两个试样的厚度是相似的）。

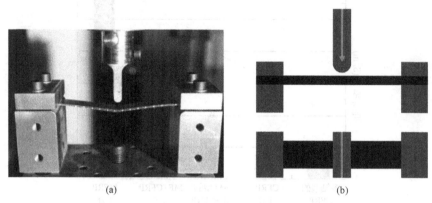

图 3.9 弯曲拉伸试验测试设置

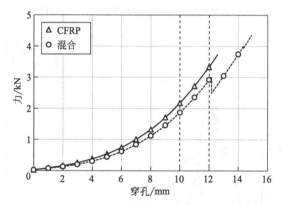

图 3.10 在拉伸弯曲载荷作用下,CFRP 和碳钢纤维
混合材料的典型力-位移图像

3.3 实验结果

通过碳纤维-钢纤维混合材料可以显著改善常规 CFRP(纤维体积分数 60%)的电导率。和纯的常规 CFRP 相比,含有钢纤维(14%)、碳纤维(38%)和环氧树脂(48%)的混合材料的电导率要比它高四倍以上。假设碳纤维和钢纤维的理论传导率的值分别为 6.25×10^4 S/m 和 1.25×10^6 S/m,忽略环氧树脂的电导率,该混合材料的理论电导率可以通过纤维量和相应的电导率计算出来,可以达到 1.98×10^5 S/m。而含有碳纤维 60% 的常规 CFRP 理论值在依旧忽略环氧树脂的电导率的情况下为 3.75×10^4 S/m。根据该理论方法,混合材料的电导率可达

纯的常规 CFRP 的五倍以上。随着钢纤维含量的增加，电导率可显著提高。然而，测量的值低于计算的理论值。用于检测的钢纤维束出现了波纹和扭曲，一些还偏离了绝对的 0°排列（图 3.11）。因此，在测量过程中，一部分在测量样本一侧电接触的钢纤维并未完全穿过全部样本到达另一边，即不是 100％的钢纤维接触两侧的表面是有可能的。另外，实际中特定的钢纤维的电导率可能低于假设的计算值。和大块材料的特性相比，尺寸的影响也应考虑。

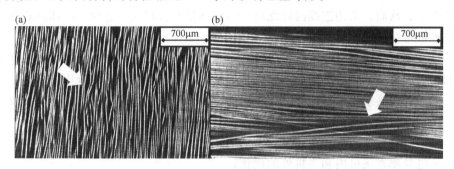

图 3.11　波纹
(a) 波动；(b) 失准

机械测试结果清楚地证明了掺入的钢纤维改善复合材料的断裂行为的潜力，尽管混合材料的总纤维体积分数仅为 56％，而 CFRP 纤维体积分数为 60％。鉴于局部的层压细节，这个结论还有相应的影响。钢纤维层含有的局部纤维明显少于 35％（CFRP 层含纤维 60％）并且在高负载的外层。然而，钢纤维的高传导性导致了在冲击和断裂中能量吸收的提高。典型的断裂层如图 3.12 所示。断裂钢纤维说明在伸展压力下的高程度的塑料变形。如在结合压力和弯曲的负载实例中，钢纤维也可最大程度地增加强度。然而，只要钢纤维的弯曲、波动和失准受到约束（图 3.11），这个潜能也会受到限制，因为这也限制了纤维含量不高于 35％。

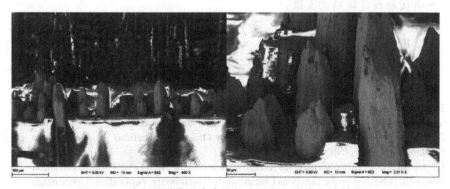

图 3.12　碳金属纤维混合高塑性变形的钢纤维试样断裂面

3.4 结论与展望

为改善下一代机体结构组成的性价比关系，必须注重于对电导率和损伤容限的提高上。纤维增强塑料的结合，即纤维金属层板，如 Glare 实现导电并能提高损伤容限。然而，采用连续的纤维增强塑料和薄膜材料完全自动匹配和高效制造大规模机体结构的过程是困难的。

电导率和损伤容限的改善可以说明与金属纤维相结合的碳纤维的潜能。高强度和高延展性的不锈钢在商业上可以大量获得并且具有较高的性价比。

然而，为高效制造复杂的机体应用的组成部分的碳纤维和钢纤维的混合技术还处于初期阶段，重要的课题还需在未来的研究中攻克：

(1) 材料发展
- 电导率在飞机内和飞机外的优化；
- 钢纤维强度的优化；
- 钢纤维矩阵相互作用的认知和优化；
- 疲劳性能的调查。

(2) 工艺发展
- 高效优化混合制造技术的发展；
- 优化编制技术的发展；
- 采用高沉积速率以构成复杂的弧形的结构纤维铺放的发展；
- 径直并且精准的纤维排列。

(3) 设计规则
- 电子性能积存的优化；
- 损伤容限积存的优化；
- 电接触设计规则的发展。

参考文献

[1] European Aeronautics: A Vision for 2020, Meeting society's needs and winning global leadership, Report of the Group of Personalities, January 2001, Published by the European Commission, Luxembourg, Office for Official Publications of the European Communities, 2001, ISBN 92-894-0559.

[2] Flightpath 2050, Europe's Vision for Aviation, Report of the High Level Group on Aviation Research, Published by the European Commission, Luxembourg, Publications Office of the European Union, 2011, ISBN 978-92-79-19724-6, <http://dx.doi.org/10.2777/50266>.

[3] Jackson P, Bushell S, Willis D, Munson K Lindsay Peacock: Jane's all the world's aircraft 2011–2012, published by Jane's information group, ISBN-10: 0710629559.
[4] US DOT Form 41 Airline Operational Cost Analysis Report, published by IATA (International Air Transport Association), Airline Operational Cost Task Force (AOCTF), March 2011, <http://www.iata.org/whatwedo/workgroups/Documents/aoctf-FY0809-form41-report.pdf>
[5] Noll A. Effektive multifunktionalität von monomodal, bimodal und multimodal mit kohlenstoff-nanoröhrchen, graphit und kurzen kohlenstofffasern gefülltem polyphenylensulfid, IVW schriftenreihe, band 98, institut für verbundwerkstoffe GmbH. Kaiserslautern, Germany: Institute for Composite Materials; 2012.
[6] Medina R. Rubber toughened and nanoparticle reinforced epoxy composites, IVW schriftenreihe, band 84, institut für verbundwerkstoffe GmbH. Kaiserslautern, Germany: Institute for Composite Materials; 2009.
[7] Garg CA, Mai Y-W. Failure mechanisms in toughened epoxy resins—a review. Compos Sci Technol 1988;31(3):179–223.
[8] <www.maaximus.eu>.

第4章

纳米石棉有机制动材料的多功能性

Jayashree Bijwe

印度理工学院，工业摩擦学机械动力与维护工程中心（ITMMEC），印度，新德里

4.1 引言

4.1.1 摩擦学的情况和摩擦磨损的作用

摩擦学是两个相互作用的表面以相对运动、环绕摩擦、磨损、润滑、摩擦和其他相关方式存在的科学。摩擦是两个物体抵抗运动的量度，是一种连接现象，可用一个联合摩擦系数（μ）量化。摩擦的主要后果是生成热量，进而导致混合涂料的进一步热变形、整体噪声、振动。这些后果引起了材料的磨损，因此会浪费能源和材料。

摩擦是当两个表面相对运动而产生相互滑动时质量的损失或维度的变化，这是一个联合现象。然而，它被表示为单个参数并用来量化磨损率或具体的每个表面的磨损率。摩擦后果如图4.1所示。

摩擦学的应用需要低摩擦系数和低磨损，这是一个普遍的误解。图4.2为在不同的应用中需要的两个摩擦参数的各种组合。其中，摩擦材料（FM）用于刹车和离合器领域，在这里需要适度降低摩擦系数和适当的耐磨性[1-7]。

4.1.2 刹车在汽车中的作用

它与人类生命和机器安全息息相关，"制动"是汽车、机车、空气-工艺品和

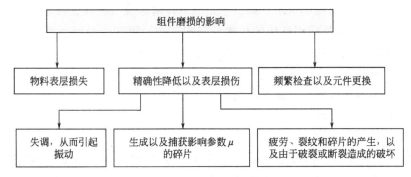

图 4.1 一个组件的磨损的后果

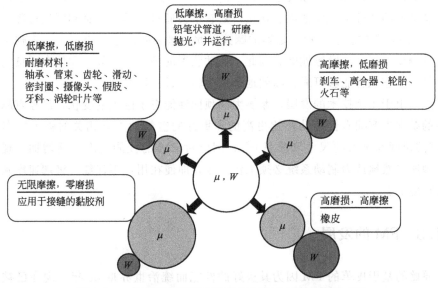

图 4.2 一定量的摩擦和磨损的良好结合的各种摩擦应用

其他移动机构中最重要的一个部分。一辆车的安全在于其速度与交通环境之间的有效连接。不同操作下制动系统的基本功能是：

- 在拥挤的交通环境下放慢速度，通常称为城市驾驶制动；
- 在紧急情况下完全停止车辆，通常被称为紧急制动；
- 将车辆静止在一座小山斜坡上。

刹车制动系统分为制动刹车和辅助刹车。制动刹车用于正常刹车。部分制动系统出现故障或静止运作时使用二级或紧急刹车[7]。典型的制动系统由能源系统、能源应用系统、能量传输系统和制动组件组成。第一个是能源系统（各种类型的肌肉驱动踏板力、制动提升辅助系统、能源刹车系统、脉动刹车、落锤刹车、电动刹车、弹簧制动），负责生产、存储和传输制动能量。第二个是能源应用系统，用于调节制动的水平。第三个是能量传输系统（机械、液压、气动、电气、混合等），用于从应用系统转移能量到刹车轮。第四个是制动组件，是用于生成制动车辆的运动的力量。关于刹车的重要事实有：
- 吞吐量最终取决于紧急刹车的距离（EBD）；
- 刹车应该尽可能少但是必要的；
- 刹车必须吸收能量；
- 停止的能力可给予自由速度。

FM是消耗部分，按压旋转组件（磁盘/鼓）是固定轮，制动摩擦过程将动能转化为热能，它的线性部分主要是应用于滑动部分（垫/鞋/块/条）。通过大气与相邻部件的对流辐射，在转子和定子的滑动界面（FM）产生热量并主要通过传导制动器的各种组件而消散。在接口处它也会通过化学、冶金和磨损过程被吸收。FM最重要的功能是提供足够的摩擦以此对垫表面产生最小损害，否则会影响连续制动过程中的摩擦性能。因此，制动装置的核心是调频，即使在不良的操作条件下，它也将能够可靠、高效地继续运转很长一段时间。

然而由于车辆技术的发展，摩擦力偶预期性能有了巨大的变化，已经有越来越多的要求生产拥有性能功率比更高的和更好的空气动力学相关的强大的车辆（更高的速度和更大的尺寸和质量）[8]，因此对FM的性能要求不断增加。现在人们理所当然地认为制动系统必须工作可靠，即使在用户不仔细、极端速度和不良的环境下。

4.1.3 FM的发展

原始的基于皮革的FM因为其极好的性能而统治世界近80年，现在已被烧结的金属所取代，其次是被石棉纤维复合材料加强后的材料所取代。然而，后来证实石棉危害健康，今天取而代之的是最受欢迎的纳米石棉有机（NAO）FM材料。环保的FM包含多种基于各种纤维类的材料，如陶瓷、矿物、金属、有机FM等，推动了其预期的优越性。

由于FM自身的优点和局限性，它包括多种类型（图4.3）。根据不同的性能和成本，每一种都有自己的应用领域。以石棉为基础的复合材料已过时，而半金属复合材料因为其存在的限制和问题，还没有成为首选材料，例如其性能上存在的批次间的差异。金属基复合材料用于高速列车，碳碳复合材料（非常昂贵）用于空气工艺和F1赛车。其中FM、NAO FMs（自20世纪80年代中期）在每辆车上几乎都有使用，性能明显优于以石棉为基础的材料或半金属材料[9-12]。配方是基于反复试验或相关专业知识而开发的。

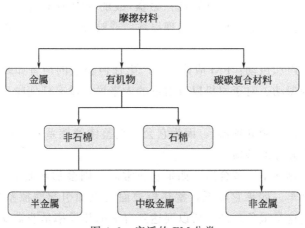

图 4.3 广泛的 FM 分类

4.1.4 FM 配方的多准则优化问题

FM 的独特功能性要求需要独特的材料特性，刹车必须在非润滑滑动接触下工作，同时摩擦系数必须相对稳定、完全"可靠"和相对较高；磨损必须相对温和，突发是不能接受的。这种组合的要求是需要一个材料具有多功能性、可靠性、可重复性，在 FM 这一领域的可服务性的 FM 有一个可接受的成本是至关重要的。摩擦性被认为是最需优化的问题，这主要依靠多目标决策（MODM）。其中的一些要求如下。

- 理想的摩擦系数所需的范围（通用的约为 0.35～0.45；跑车的约为 0.6）需要根据车辆类型选择，如果它较高，则突然锁死轮子车辆可能会被推翻。如果它较低，车辆停止在理想的位置会花太多时间，最终停车位置将会出错。

- 低灵敏度的摩擦系数对操作参数（载荷、速度、温度等）的影响：在温度升高时摩擦系数会减小，称为摩擦系数的褪色，同时由于负载的增加摩擦系数恶化，这称为压力消退。FM 的衰落趋势必须尽可能的低。由于目前 FM、NAO 是温敏性树脂，摩擦加热或操作压力的变化会增加温度，因此摩擦系数总是在一定程度减少，这主要取决于 FM 有机物含量的多少。当 FM 被冷却时摩擦系数的恢复被称为复苏。理想的 FM 应该褪色最小和恢复很快。

- 适度的耐磨性（WR）：WR 应该适当降低。在 FM 顶部工作层的原料的分解会导致性能恶化。由于树脂的炭化，这一代的碳质材料会褪色。FM 层的顶部表面必须慢慢清除并提高摩擦系数。否则由于积累烧焦的产品摩擦系数的褪色将是不可避免的。因此，必须不断存在一些合理的穿垫。然而，如果 WR 太低，需要频繁更换垫是不可取的。

- 配合端面良好性/转子兼容性：磁盘/鼓的 WR 应该很高，因为它更贵。此外由于 FM 的粗糙度其表面不应出现损坏，或被挠，因为它将影响整个摩擦系数 μ。
- 产生的噪声和振动：FM 应该不会产生任何类型的声音如蜂鸣、颤抖、蠕变、呻吟或低频振动。对于司机以及附近的人来说，没有任何噪声产生的刹车是至关重要的。
- 金属传感器（微处理器）：因为它会影响整体摩擦系数 μ 的连续制动，它不应该受到磁盘碎片的磨损。
- 热性能：热导率应该合适。如果它非常高，则会加热制动液并开始沸腾，导致"海绵"刹车。如果它较低，蓄热板表面会更加引起摩擦系数 μ 成分的降解，因此恶化，这是最危险的，所以要达到合适的热导率是非常复杂的任务。
- 热氧化调频的稳定性应该很高，因为摩擦垫流动温度高会降低有机成分并直接导致性能恶化以及分解热敏感材料如金属硫化物。
- 一致性：FM 的摩擦加热应该是统一的，虽然不受欢迎但是不可避免。因此接触点需均匀传播。垫应该符合磁盘，应该是低模量的。
- 力学性能：它应该有足够的强度和韧性来承载预期的负载。足够的压缩率和硬度也是必需的。如果太硬，用户将不能适当地刹车并且除了会产生不良方面的噪声、尖叫声等外，磨损也将可能低于预期值。如果太软，尽管制动的舒适度将会很高，但它可能容易产生变形并且磨损也会很高。
- 没有热疲劳或表面开裂。在 FM 摩擦过程中有三种类型的压力，即化学、热和机械，这可能导致垫表面恶化。摩擦热不应破坏磁盘。
- 重量：从节能的角度 FM 应该是轻量级的，特别是在飞机上。
- 适当的产量、高重复性和一致性。
- 应该是环境友好的，因此来自 FM 磨屑源会非常细小（包括纳米大小），在路上会直接被用户吸入体内。
- 成本可行性等。

在相互作用表面的成分，反过来被非常复杂的摩擦机理和 FM 本身成分所控制，导致了配方调整的极大复杂性。所以不用惊讶的是这个区域材料的发展仍被视为"黑艺术"或"魔法"而不是科学[13]。由于单一组分不足够满足性能的相关问题，因此复合材料是一种理想选择[9,10]。优化复合性能需要多个属性，如数量、大小和形状的正确组合。

- FM 中充足的摩擦系数 μ；
- 刚性足够抵抗所有类型的非齐次压力，而没有严格维持由摩擦对象引起的变形；
- 高疲劳强度；

- 低热容量；
- 高导热性和耗散度，摩擦表面的热量消散；
- 摩擦复合材料良好顺应性；
- 很高的耐磨性；
- 抗疲劳强度、热性能和力学性能很高；
- 没有任何开裂的倾向；
- 高热稳定性和轻量级；
- 良好的耐磨性；
- 易于生产。

圆桶一般采用 HB 170-280 布氏硬度的外渗铸铁。

4.1.5 NAO FM 成分的分类

以酚醛树脂为基础的纳米石棉低金属纤维增强复合材料（NALMFRP），目前几乎已用于道路上所有的车辆。到目前为止上千种的成分已经被尝试用于发展 NAO FM，如图 4.4 所示，主要分为四类，许多成分也可以有多功能性。

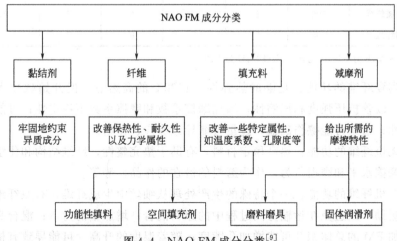

图 4.4 NAO FM 成分分类[9]

- 黏合剂：这些是高分子树脂（水溶性/油性液体/固体），一般为热固性（按质量添加到 6%～15%），被视为 FM 核心成分，这会凝结所有成分，有利于最终的性能提升。树脂也会导致摩擦、磨损和其他所有的性能属性。一般酚醛树脂及其改进形式如石油改性树脂（亚麻籽、蓖麻、大豆等）、腰果壳液（CNSL）树脂、弹性改进的树脂、甲苯基树脂等用于 FM。这些树脂比其他聚合物的摩擦系数 μ 高（0.6～0.7），并有较低的磨损率。在垫制造时热反应苯酚酚醛清漆的黏结剂系统导致跨连接成一个三维网络。在较宽的温度范围内完全跨黏合剂网络给垫一定的力。它依赖于制造条件，如固化温度、时间、压力、反应、后固化时间和温度等。最后将垫属性、不同种类/类型/树脂组合使用，在高温下，所有树脂降解导致褪色，因此它们的基体、力学、化学性能恶化。

- 纤维：冲击强度、耐磨性也影响热降解和热导率等其他性能属性，如孔隙度、磨损、摩擦、褪色、复苏等。纤维可以是陶瓷纤维、金属、无机或有机类型，最常使用的玻璃纤维、钢铁、聚芳酰胺、碳、岩石、玄武岩、纤维素等。冲击强度和耐磨性也对其他性能有影响，如热导率、孔隙度、磨损、摩擦、褪色和恢复。纤维选择中最重要的参数类型，比例、数量和组合将导致树脂的兼容性、均匀分布等，对混合过程将保留它的长度和灵活性。表4.1中给出了一些FM中比较常用的纤维的性质。

表4.1 在NAO材料中作为石棉替代物的纤维的一些性质

纤维	环境 $T/℃$	μ 趋势	复合强度	技术兼容性	费用	环境影响
玻璃纤维	750	G	G	G	G	G
碳纤维	550	F	F	F	P	U
陶瓷纤维	1650	G	F	F	P	U
聚芳酰胺纤维	500	F	G	F	F	U
石棉纤维	600	G	G	E	E	P

注：P为差，F为平均，G为好，E为极好，U为未知。

- 陶瓷纤维的功能：足够的热弹性（1430℃的高熔点，但开始软化大约在600℃）；改善抗压强度和压缩性；增加摩擦系数和摩擦系数不稳定性；可能会增加耐磨性；过量可能擦伤磁盘；过量可能导致噪声、振动。
- 无机纤维的功能：热高稳定材料，有助于垫完整性，纤维结构和化学性质会影响摩擦水平和磨损行为，作为磨料的潜在的作品，等等。
- 有机纤维的功能：一个特殊的生产处理从细丝中生成纤维，有原纤维的纤维提供援助，以避免在运输分离过程中的原料混合；增加垫的力量；混合高纤维含量增加FM的总体积并可能增加孔隙度；随着温度的升高，可能导致有机纤维降解并褪色等。
- 纤维素纤维的功能：更降噪的产品、加工助剂，可能提供更多的弹性，增加褪色和磨损，降低成本等。
- 短切碳纤维的功能：改善导热性和润滑性、耐磨性、强度等。
- 聚芳酰胺纤维/纸浆功能：很好的强度和耐热性，良好的刚度重量比；良好的加工性能、尺寸稳定性；停止混合后成分的分离；提高最终产品的强度，阻止裂缝，增加耐磨性；更好的摩擦稳定性；阻尼性能；减少噪声，影响其他属性的孔隙度、空隙率、密度等；不积极配合端面等。只有当与聚芳酰胺纤维/纸浆混合时玻璃纤维才能工作，等等。

• PAN（聚丙烯腈）纤维的功能：膜裂纤维；高表面积丙烯酸（PAN）纸浆用于混合均匀性和粗加工的强度，作为加工助剂；使用时以更低的成本提供与聚芳酰胺纸浆相似的摩擦稳定的性能等。

• 钛酸钾毛须纤维的功能：热弹性（高熔点≈1371℃）；很坚硬，可传输好的耐磨性等。

• 摩擦修饰符：这些被添加到 FM 传输所需的摩擦特性。这一类包括研磨物像氧化铝、二氧化硅、锆英石、氧化镁、氧化铬，以提高摩擦水平和清理正交表面膜上形成的配合端面，这对于提高 FM 的原始摩擦是至关重要的。FM 还包括石墨、二硫化钼和金属硫化物等润滑剂，以及缓和稳定环境或高温下的摩擦系数。

• 填料：填料有两种类型，包括空间填充物和功能性填料。空间填料添加的作用主要是降低成本和减轻重量，它们不会对性能有显著意义。用于惰性填料时通常使用重晶石（$BaSO_4$）和碳酸钙（$CaCO_3$）。功能性填料往往用来合成并提高一些具体特性。例如，添加蛭石来提高孔隙度，同时硅酸钙可以起到强化作用。一些功能改进物如腰果尘埃、黄铜木屑、铜粉、铝粉和锌粉还包括改善褪色和恢复性能。

填料的尺寸对于 FM 的属性有一些影响：

• 填料的尺寸对于表面积以及更多的是与树脂相关的问题（褪色等）。

• 较大的粒子在刹车过程中很容易被挖出，由于 FM 较高的强度很容易磨损。

• 最佳规模填料尺寸是所需性能的必要条件。然而纳米尺寸表现出良好的性能，因为提升了与基体和填料的黏附作用，除了配合端面上的改进，也有益于传改进输层的优秀能力[14]。

• 橡胶：典型的丁腈橡胶（NBR）、丁苯（SBR）、硅橡胶等。主要功能如下：在制造或不反应时（已经治愈）可以反应和交联；属于黏弹性材料，可以提高板基体的阻尼行为；在高温时，橡胶可能降解和褪色。

• 摩擦尘埃：从 CNSL 中制备，通过与多聚甲醛/乌洛托品/甲醛的反应来产生交联聚合物，然后在惰性环境中产生摩擦灰尘（更耐热硬粒子）。它是抗湿、低灰性弹性材料，并且不与其他成分黏附。这些在 FM 中增加的有机粒子在树脂中没有阻碍气流的问题。这些黑色粒子的颜色像可口可乐、石墨和轮胎皮的颜色，触感很硬。然而随着温度升高它会降解。它的主要功能是稳定摩擦水平；在温度变化很大的环境中协助 FM 展现高性能，影响垫压缩，提高耐磨性，产生的制动噪声低；可以提高抗滑性；有助于快速散热，抑制制动噪声等。

4.1.6　FM组成的复杂性

FM的组成结合了聚合物、碳质、金属和陶瓷[9,10]四类的成分。这样的多相复合材料的性能是由选择的成分（在正确的数量和组合的条件下）来决定的，例如它们的形状、大小、方向，并均匀分布在基体中。性能定义这样的异构材料的属性（PDA）需要在微机械分析的基础上预测，同时考虑要使设计变量达到一定水平上的准确性[11]。各种成分的比例选择要适合FM所需的性质。例如，由于不足的约束会导致过度磨损，所以树脂含量太少会降低其强度，而太多的相同树脂会导致摩擦消失[15-17]。同样太少的磨料包容使摩擦反应不足，而高温下相同的太多材料会导致转子不相容，产生严重的热弹性不稳定（TEI）[18,19]。因为这些成分和行为变化对应不同的操作、环境和热条件，有时说"FM只是作为人类行为的变量"[13]。在所有这些变量的组成和制造的情况下，一系列的材料可以生产所需的摩擦磨损性能。

运用在几种类型的车辆上的众多刹车设计会强迫制定FM另一个层面的复杂性。例如，赛车的盘垫需要承受硬度，在使用期间承受密集的应力但至少需要支撑完比赛，而煤矿提升机摩擦制动器将持续许多年，只在紧急情况下使用和操纵。同样，乘用车的摩擦要求在0.35～0.40的范围，而对于重型卡车（hcv）在0.3～0.35之间。因此，FM的发展，由于PDA内部的矛盾，试图改善一个期望的特性证明通常对其他是有害的。例如，FM应对一个稳定的摩擦系数μ和在高温下不会褪色。在理想材料中，由于在制动界面处的摩擦加热和冷却后接近100%恢复的摩擦系数μ，而期望它们在高温下具有抗褪色的能力，这是一种与理想材料性能标准相矛盾的方法。此外FM不需要很低的磨损率的轴承材料（anti-FMs）。相反，它们将有一个适当的表面磨损率，这样表面膜在制动过程中会被移除并且在新的表面生成并黏附，在刹车过程中通过添加研磨剂来清除这些膜[10,14]。然而，超过临界水平可能导致转子圆盘表面出现凹槽。同样，这些材料的热导率也应是适度的，如果过高会导致"海绵制动"，而过低时会在摩擦表面上积累热量，这是非常严重的并且会引起树脂降解甚至褪色。这样的微妙平衡的需求是极具挑战性的问题。

大多数填料的影响无法准确预测，不仅因为在多相（异类）组成中它们的影响模式的基础知识不足，也由于它们具有协同/拮抗作用的趋势，除了在盘上称为"摩擦膜"的第三体的非常重要的影响之外，其质量、组成、厚度和支持以转移的趋势板导致二级停滞，从而影响整体性能。此外，质量和类型膜还取决于包括成分和操作在内的几个参数的影响[18,19]。因为填料、纤维等非常复杂，大多数制动衬片的配方是需要反复尝试的。因此，对于这样的材料的性能，配方和成分发挥着决定性的作用。正是因为这些复杂性，FM 配方设计和开发更多地被认为是一种艺术而不是科学[13,20]。

除了这些日益增多的关于 FM 制造者和使用者的环境立法以外，还必须意识到成分的生态兼容性。这一直对制造者有一种持续的压力，第一个是石棉，然后是铅、锌等，现在铜也是需要避免的[21]。因此 FM 的发展是一个复杂的交互任务，独立性质的优化组合是需要追寻的。因此，FM 的性能被认为是多准则优化问题[11,20]，这进一步依赖于 MODM。有趣的是必须要有大部分材料和不断变化的摩擦表面之间的相关性，另外一个必要的要求是高效 FMs 的定制设计，这是非常艰巨的任务。

到目前为止的成功配方一直局限于摩擦工业。正是因为这一材料技术的商业敏感性，因此几十年来科学界对此仍然是隐蔽的。

4.1.7 FM 性能评价的复杂性

FM 主要性能评价的主题一般类似于其他材料，也就是说，实验室检测筛查潜在的缩尺标准首先是在更现实的条件下的测功器测试以及最终商业化之前的实地测试。然而，如果各种各样的标准添加到相关的研究中，会导致 FM 的混乱。许多研究人员想出了新的设置、钻井平台、方法和用于缩小测试规模的标准。然而当与功率计测试进行对比时发现没有观测到任何相关的性能。在测试方法中，追逐和摩擦评估及筛选测试（FAST）惯性测力计是最受欢迎的符合 SAE J 661 a 标准的测试方法。然而前者是以鼓线的形式来评价 FM 的。在详细的研究下，它已被接受[22]，追逐测力计的性能评估缺乏与 FAST 测功器的相关性，并且没有模拟道路、环境、高山、下坡等实际情况，因此最终结果与实际不匹配。随着现代快速移动车辆的出现，依照应用制动压力、速度、道路条件和环境等条件，FM 的需求变得更加复杂。因此，旧标准已经过时。根据新的车辆介绍引入了连续制动测试的新方法，同时也意识到更现实的条件对于评估是必要的。按照复杂的车辆动力学要求，JASOC406、欧洲、r-90（由联合国监管-90）和其他几个测试标准都出现了。

4.2 研究调查的重点

研究者实践了两种方法来研究 FM 的成分对性能的影响。一些喜欢开发非常简单的配方（二元、三元或四元）的研究者的观点是着重于选择性填料的性能，有的则认为这样的缩尺复合材料不能代表现实情况，无法考虑复杂的相互作用

（协同或拮抗），因此没有实际意义，因为他们更喜欢开发实际的配方和继续研究选定的配方中选定的成分系统性变化的作用。

在作者实验室所开展的综合性研究用于了解成分如何影响 FM 的性能，第二种方法是首选。同时在开发实际的 FM 中含有 10～15 种成分以及不同的主题，其选择如下：

- 结合纤维的影响，固定数量的有机纤维、岩棉纤维、PAN、碳纤维和纤维素纤维[23-26]；
- 各种研磨材料（如氧化铝、碳化硅、二氧化硅和氧化锆）在不同质量分数时（0%、2%、2%和0%）的影响[23]；
- 不同数量和研磨材料（氧化铝和二氧化硅）尺寸（微米和纳米）的影响[27]；
- 不同质量分数（10%、12.5%、15%）和不同类型的酚醛树脂（直链、烷基苯改性丁腈橡胶改性、亚麻籽油改性、改进的 CNSL）的影响[15-17]；
- 不同质量分数、类型（自然和合成）和石墨的大小的影响[28]；
- 不同质量分数、大小、形状和材料类型，如以短纤维的形式或粉末形式（微米和纳米尺寸）的金属如铜、黄铜、钢铁的影响[29-32]；
- 新合成树脂的影响等[33-36]。

在每种情况下，母体成分保持不变，只有可选择的成分改变。不同数量、不同成分通过添加等量重晶石（惰性填料）被补充。FM 是由一个特定的混合选择成分在选定时间通过剪切搅拌机然后在选定的温度和压力下以间歇呼吸驱逐挥发物，最后再经过固化和磨削操作压缩成型的刹车片的方式来发展。性能评估基于物理（密度）、化学（丙酮萃取调查未硫化的树脂）、机械（硬度、抗拉强度、抗弯强度等）和摩擦学的性能（缩尺模型、追逐机、克劳斯机和刹车惯性测功器按特定工业时间表）。

4.2.1 金属含量大小、形状和数量对 FM 的影响

金属，如铜、黄铜、钢铁和铝，以各种形式用于 FM：物理形式（粉末以及各种大小和形状的纤维）和化学形式（如金属或氧化物或硫化物），一切都会显著地影响性能属性。基本上通过添加这些材料来提高 FM 的热物理性质（热导率、扩散系数、比热容、热膨胀系数和长时间的耐磨性）。其中，尤其是铜和相应的高温合金，它可以用来提供润滑效果。很少有人调查过铜的大小、形状和数量对 FM 影响[14,29-32]：

a. 不同质量分数的铜粉（直径 $280\sim430\mu m$）：0%、10%和20%；

b. 不同形状的铜组件，比如微米大小的粉（直径 $280\sim430\mu m$）或短纤维（长度 $2\sim2.35mm$）；

c. 不同大小的铜粉、微米大小（280～430μm）或结合纳米尺寸（70～90nm）。

两个系列开发的复合材料如下。

系列 1 的复合材料包含：
- 0％、10％和20％的铜粉；
- 0％、10％和20％的铜纤维系列。

系列 2 的复合材料包含：
- 铜微粉 0％和10％；
- 0％、10％（2％纳米级＋8％微米级）铜粉。

改进的刹车片按照工业惯性测功器按 JASO406 标准来进行评估。结果本质如图 4.5 和图 4.6 所示。代表一系列含铜的 FM 的结果如图 4.5 所示，FM 含 20％铜粉显示出最低的磨损性，而含 20％铜纤维却显示出最高的磨损性。摩擦系数 μ 由于纤维的作用总是有高的波动（不良趋势）。理想材料应该显示为这些曲线平行于 X 轴，增加速度，μ 值应该有非常小的转变。证明纤维在所有这些方面作用很小。

基于有效性Ⅱ（在不同的压力和速度下的 FM 函数的衡量效率更加可靠）和 F&R 的研究（高光 μ，研究温度的影响）明确得出了如下的结论。

在 FM 中（添加铜粉和纤维）：
- μ-性能、抗褪色、μ-恢复和复合材料的耐磨性提高。
- 从形态的角度来看，在选定的性能特性中铜粉比铜纤维更好。
- 从质量分数的角度来看，10％的具有更好的摩擦，而20％的耐磨性更好。

经进一步的研究调查，显示出纳米铜粒子的作用，改进的 FM 含有 8％的微米级粉和 2％的纳米级粉并且将它们的性能与含有 0％和 10％的铜微米级粉进行对比。得出的结论是，以 2％的等质量分数的微纳米粒子进行取代，获得的材料的性能显著增加（图 4.6）。

而进行深入研究三种类型的金属，即铜、黄铜、钢铁（纤维状和粉状），开发的几种复合材料见表 4.2。

对这些复合材料进行详细评估得出了以下结论。
- 与纤维形态的填充物相比，包含金属填充物会使所有属性显著增强，而包含粉状填料会导致摩擦性能的显著改善。尽管纤维形式会提高强度，但一般情况下其摩擦磨损行为会显著恶化。力学性能与摩擦磨损性能无相关性。
- 在几乎所有的性能属性中，铜填充物是最好的，其次是黄铜，尽管两者不同的是末端。铁粉或钢纤维除了具有优越的恢复性能和良好的配合端面性能之外，其他方面都很差。铁粉是最便宜的金属填料，但它也不是正确的选择，因此在导热秩序方面的性能顺序是铜＞黄铜＞＞＞铁。性能优劣正好是成本的倒序。

第 4 章 纳米石棉有机制动材料的多功能性

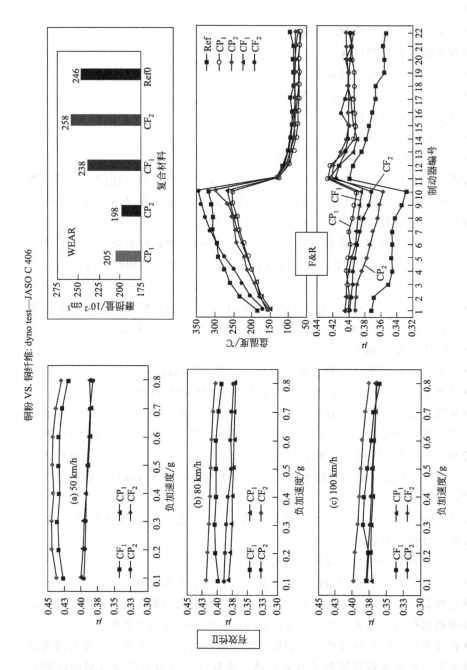

图 4.5 左列中的图表示对于压力和速度（测功试验中）的敏感性；右列中的图显示的是克劳斯测试磨损（顶部）和 μ 与温度（底部）的结果

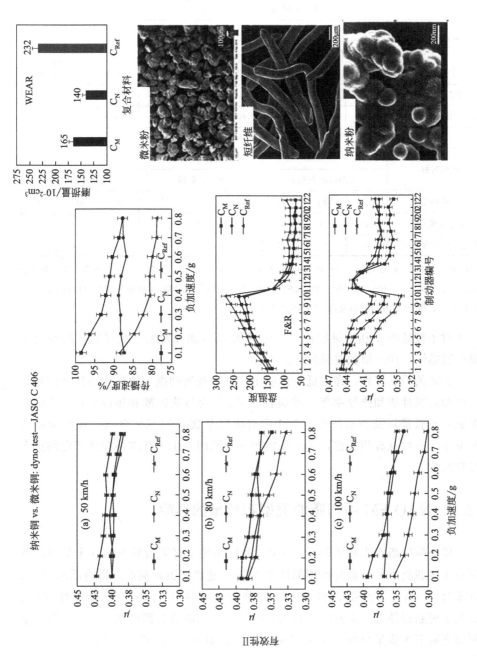

图 4.6 在NAO FM中不同含量（0% C_{Ref}和10% C_M）的微米和纳米尺寸（C_N含8%的微米级铜粒子和2%的纳米级铜粒子）的铜粉

表 4.2 基于金属粉末和纤维的系列配方设计

(a) 金属粉末(母配方 60%)

系列名称	粉末系列								
	黄铜(BP 系列)			铜(CP 系列)			铁(IP 系列)		
复合材料设计	BP_0	BP_1	BP_2	CP_0	CP_1	CP_2	IP_0	IP_1	IP_2
选定金属/%	0	10	20	0	10	20	0	10	20
重晶石(惰性填料)/%	40	30	20	40	30	20	40	30	20

(b) 金属粉末(母配方 60%)

系列名称	纤维系列								
	黄铜(BF 系列)			铜(CF 系列)			铁(IF 系列)		
复合材料设计	BF_0	BF_1	BF_2	CF_0	CF_1	CF_2	IF_0	IF_1	IF_2
选定金属/%	0	10	20	0	10	20	0	10	20
重晶石(惰性填料)/%	40	30	20	40	30	20	40	30	20

注:B—黄铜,C—铜,I—铁,S—钢,P—粉,F—纤维;下标 0、1 和 2 分别为复合材料中选定金属的质量分数为 0%、10%和 20%。BP_0、CP_0、IP_0、BF_0、CF_0 和 SF_0 是相同的复合材料,并且在所有复合材料之间进行比较时,对于这些 0%的复合材料使用了特殊的"对照"。

- 对于较低的 μ-压力灵敏度,实验证明 20%加载粉末是最好的。同时对于 μ-温度敏感性,10%加载效果最好。
- FM 的粉状填料,在很低的性能中也可以观测到统一的趋势和良好的相关性,例如磨损性能和热导率等一些属性;TL 行为与热扩散和压缩性;FM 中摩擦系数 μ 的性能以及类似条件下 FM 中有摩擦系数 μ 的其他金属。在纤维系列的研究中,一般没有相关性,其中可能的一个原因是由于纤维存在而产生的更多的异构结构。

4.2.2 NAO FM 中树脂的类型和数量的影响

一般酚醛树脂作为黏结剂用于 FM。我们采纳了这类材料中的几个品种,并且调查了树脂类型和数量对性能的研究[15-17]。选择了五种树脂,即直酚醛(S)、烷基苯改性(A)、CNSL 改性(C)、丁腈橡胶改性(N)和亚麻油改性(L),并且除了树脂以外五个系列的复合物含有所有相同的成分都得到了改进。每一个系列都含有三个质量分数相同的树脂,也就是 10%、12.5%和 15%。深入研究后得出以下结论。

- 没有 FM 在所有优先选择的性能参数中工作得最好或最差,例如性能 μ、%衰减,衰落 μ、磨损、圆盘温度升高、%恢复和恢复 μ。一般来说,12.5%

的数量会产生更好的结果并且其质量分数被证明是最优量。更高的数量会导致更多的褪色和很差的摩擦性能,同时导致更多的磨损。

• 烷基苯改性树脂在摩擦相关的参数中被证明是最好的。然而,虽然其强度性能最高,但其磨损性能最差。

• 相反,亚麻籽油改性的 FM 被证明最适合用于改善磨损性能,但是其强度和摩擦相关方面的性能最弱。

4.2.3 NAO FM 中纤维的类型和数量的影响

纤维对于替代 FM 中的石棉至关重要。有人开展了深入研究,以比较各种纤维的贡献,例如岩棉(lapinus)、PAN、聚芳酰胺浆、碳和纤维素[23-26]。

他们开发了一系列复合材料并进行摩擦评估,使所有成分(87%)[包括岩棉(10%)]保持恒定,并在每个 FM 中改变这四种纤维(3%)。结论是这些纤维的贡献程度如下:

• μ 的量级-纤维素>聚芳酰胺>PAN≥碳;
• μ 对压力的敏感性(越低越好):PAN>纤维素>聚芳酰胺>碳;
• 磨损:聚芳酰胺≥碳≥PAN>>>>纤维素;
• 耐褪色性能(越高越好):碳>>>PAN>聚芳酰胺>纤维素;
• 恢复性(越高越好):纤维素>PAN>碳>聚芳酰胺;
• 抗圆盘温升能力(越高越好):碳>PAN>聚芳酰胺>纤维素。

因此,没有纤维在提供所有这些性能参数方面被证实是最好的,总体来说,一个平衡的纤维组合可达到所需属性的微妙的平衡。

4.2.4 新开发的树脂在 NAO FM 中的影响

虽然它们与那些有关环境污染等严重的问题有关,但酚醛树脂总是被用于开发 FM。这些问题包括:

• 合成过程中必须使用难降解的化学物质作为催化剂,如氢氧化钠。
• 产品成型期间有害挥发物(氨、甲醛)的演变导致环境污染和模制产品中的空隙和裂缝。
• 在运输和储存中由于较短的保质期出现问题。
• 模具产品中会出现收缩。

鉴于此,我们开发了不具有上述缺陷的新型苯并噁嗪树脂。四种 FM 含有相同成分(90%)并且每一个 FM 在实验室开发四个不同树脂(10%)。第五代 FM 采用相同的成分开发,但基于传统树脂(直接酚醛树脂10%)。对含10%的

FM 的深度性能评价和比较得出的结论是，这些树脂在 FM 所有性能属性中都具有很大的优越性并且它们的表现明显优于传统树脂。表 4.3 提供了选定的 FM 的性能参数的研究的要点依据。基于新树脂的 FM 显示的所有属性比基于酚醛树脂的 FM 更好，并且更适于用作商业材料。

表 4.3　FM 的性能参数（实验室）和一种商业类型

性能	A-FM 基于新的树脂	P-FM 基于酚醛树脂	C-FM 商业刹车垫（知名公司）
μ 性能	0.389	0.386	0.430
μ 恢复	0.408	0.411	0.471
μ 褪色	0.357	0.329	0.379
％衰退	8	15	12
％恢复	105	106	109
磨损/$10^{-6} m^3$	5.3	6.9	8.8
磁盘温度上升/℃	387	456	439

4.3　结论

基于对各种尺寸、形状、数量以及 NAO FM 性能特性组合的多种成分同时影响的复杂性的详细阐述，可以得出的结论是，这类多功能材料对研究者和实践者仍然是一个挑战。尽管研究人员努力理解这些材料的运作机制，并已经积累了几十年，但也几乎没有任何值得称道的知识。这个研究领域仍然是一个薄弱环节，仍然有一些类型的"黑魔法"或者某种"艺术"而不是完全被揭示的科学。仍有垄断行业的从业人员或专家，他们知道按新要求的汽车技术创新成功的配方或改变车辆性能参数结果的诀窍。然而，在这一领域的持续研究工作可能会使这类材料的行为模式更加透明，这类材料可能使用数千种潜在成分中的大约 15～25 种。除了调查典型的组合材料与其他因素的相互作用，如粗糙度、在制动周期结构的不断变化会导致如膜的转移、支座的转移、支座与支座的转移、玻璃化、MPU、抓挠、刻痕等恶性事件，还需要更多系统的努力去调查它们的协作或者对抗的原因。

参考文献

[1] Friedrich K, editor. Advances in composite tribology, Composite materials series. Vol. 8. Elsevier Science Publishers, Amsterdam: The Netherlands; 1993.
[2] Zum Gahr K. Micro-structure and wear of materials, Tribology series, 10. Amsterdam: Elsevier Science Publishers; 1987.

[3] Bhushan B. Principles and applications of tribology. New York, NY: McGraw-Hill; 2000.
[4] Bayer RJ. Mechanical wear prediction and prevention. New York, NY: Marcel-Dekker; 1994.
[5] Stachowiak GW, Batchelor AW. Engineering tribology. Amsterdam: Elsevier; 1993.
[6] Halling J, editor. Principles of tribology. New York, NY: The Macmillan Press Ltd.; 1975.
[7] Orthwein WC. Clutches and brakes—design and selection. New York, NY: Marcel Dekker Inc.; 1986. 1–14.
[8] Moriarty P, Honnery D. Slower, smaller and lighter urban cars. J Automobile Eng Proc Instn Mech Engrs 1999;213(Part D):19–26.
[9] Nicholson G. Facts about friction. Winchester, VA: P & W Price Enterprises Inc., Gedoran America Limited; 1995.
[10] Bijwe J. Composites as friction materials: recent developments in non-asbestos fibre reinforced friction materials—a review. Polym Compos 1997;18(3):378–96.
[11] Elzey DM, Vancheeswaran R, Myers S, Mc Lellan R. Multi-criteria optimization in the design of composites for friction applications Intl. conf. on brakes 2000, automotive braking-technologies for the 21st century. UK: Leeds; 2000. 197–205.
[12] Chan D, Stachowiak GW. Review of automotive brake friction materials. Proc Instn Mech Engrs Part D: J Automobile Eng 2004;218:953–66.
[13] Smales H. Friction materials—black art or science? J Automobile Eng 1995;209(3):151–7.
[14] Sharma S, Bijwe J, Kumar M. Comparison between nano- and micro-sized copper particles as fillers in NAO friction materials. Nanomater Nanotechnol 2013;3:1–9.
[15] Dureja N, Bijwe J, Gurunath PV. Role of type and amount of resin on performance behavior of non-asbestos organic (NAO) friction materials. J Reinf Plast Compos 2009;28(4):489–97.
[16] Nidhi Bijwe J. NBR modified resin in fade and recovery module in non-asbestos organic (NAO) friction materials. Tribol Lett 2007;27(2):189–96.
[17] Nidhi B, Satapathy K, Bijwe J, Majumdar N. Influence of modified phenolic resins on the fade and recovery properties of the friction materials: supportive evidence multiple criteria decision-making method (MCDM). J Reinf Plast Compos 2006;25(13):1333–40.
[18] Dow TA. Thermoelastic effects in brakes. Wear 1980;59:213–21.
[19] Lee K, Barber JR. An experimental investigation of frictionally-excited thermoelastic instability in automotive disc brakes under a drag brake application. J Tribol 1994;116:409–14.
[20] Elzey DM, Vancheeswaran R, Myers SW, McLellan RG. Intelligent selection of materials for brake linings. SAE Paper No. 2000-01-2779, Society of Automotive Engineers; 2000. p. 181–192.
[21] http://www.leginfo.ca.gov/pub/09-10/bill/sen/sb_03010350/sb_346_bill_20100927_chaptered.pdf; 2014.
[22] Tsang PHS, Jacko MG, Rhee SK. Comparison of chase and inertial brake dynamometer testing of automotive friction materials. Wear 1985;103:217–32.
[23] Satapathy BK. Performance evaluation of non-asbestos fiber reinforced organic friction materials. Ph.D. Thesis. Delhi: Indian Institute of Technology; 2002.
[24] Satapathy BK, Bijwe J, Kolluri DK. Performance of composite friction materials based on fibre combinations: assessment of fibre contribution using grey relational analysis (GRA). J Compos Mater 2006;40(6):483–501.
[25] Satapathy BK, Bijwe J. Performance of friction materials based on variation in nature of organic fibers (Part-I): fade and recovery behavior. Wear 2004;257(5–6):573–84.
[26] Satapathy BK, Bijwe J. Performance of friction materials based on variation in nature of organic fibers (Part-II): optimization by balancing and ranking using multiple criteria decision model (MCDM). Wear 2004;257(5–6):585–9.
[27] Bijwe J, Aranganathan N, Sharma S, Dureja N, Kumar R. Nano-abrasives in friction materials—influence on tribological properties. Wear 2012;296:693–701.

[28] Kolluri D. Influence of graphite on performance properties of phenolic based friction composites. Ph.D. Thesis. Delhi: Indian Institute of Technology; 2009.
[29] Kumar M. Investigations on the influence of metal contents in friction composites on the performance properties. Ph.D. Thesis. Delhi: Indian Institute of Technology; 2009.
[30] Kumar M, Bijwe J. Non-asbestos organic (NAO) friction composites: role of copper; its shape and amount. Wear 2011;270:269–80.
[31] Kumar M, Boidin X, Desplanques Y, Bijwe J. Influence of various metallic fillers in friction materials on hot-spot appearance during stop braking. Wear 2011;270:371–81.
[32] Kumar M, Bijwe J. Optimized selection of metallic fillers for best combination of performance properties of friction materials. Wear 2013;303(1–2):569–83.
[33] Gurunath PV. Development & investigations of asbestos-free friction composites based on novel resins. Ph.D. Thesis. Delhi: Indian Institute of Technology; 2008.
[34] Gurunath PV, Bijwe J. Fade and recovery studies on newly developed resin based non-asbestos friction composites. Wear 2007;263:1212–19.
[35] Bijwe J, Gurunath PV. Solventless process for synthesis of benzoxazine. Indian Patent Application No. 1206/ DEL/2007.
[36] Bijwe J, Gurunath PV. Friction materials having resins therein incorporated & the process of producing the same. Indian Patent Application No. 1207/DEL/2007.

第 5 章

多功能高分子复合材料具有耐磨、增韧、自愈的功能

Nay Win Khun, He Zhang, Dawei Sun 和 Jinglei Yang
南洋理工大学，机械与航空航天工程学院，新加坡

5.1 引言

聚合物是最成功的材料之一，其具有成本相对低、处理简便、可回收和适用可持续材料等优点[1]。一般情况下，聚合物必须表现出良好的耐磨性，以适合于摩擦学应用。然而，聚合物在高速重载下的摩擦学应用中，其承载能力低，运行寿命短[2-4]。

目前，聚合物复合材料中的摩擦学应用如齿轮、凸轮、滚轮、轴承、密封件以及高耐磨、抗划伤的柔性立管，引起了科学界和工业界大量的兴趣。

这是因为根据传统的聚合物复合材料的具体的开发可以使得新材料具有新的结构和功能特性，使其优于其单一基质[5-9]。此外，聚合物复合材料可以实现出色的多功能特性，如热、光、电技术，力学和摩擦学性能只有在加入少量填料的聚合物中出现。高分子复合材料的制造并不总是能吸引人，因为用含填料高分子复合材料制造的模具的耐久性是有限的，由于其在高分子复合材料填充注射阶段会出现大量的磨损[10,11]。液体环氧树脂与颗粒或纤维形式的增强材料间表现出更好的混合和加工能力并且混合物的中间性质取决于复合材料中各组分的组合作用[12]。此外，环氧树脂是一类重要的聚体，它能够粘接多种基材，具有较高的抗拉、抗压、抗折强度、高化学、疲劳和腐蚀电阻性[13-15]。此外，它们的加工被低收缩和缺乏挥发性的副产品所简

化。由于应用的简易性和理想性，环氧树脂被广泛用在涂料、腐蚀剂、电子灌封胶、光纤面板、地板和黏合剂中[13-15]。

纤维增强材料和固体或液体润滑剂经常用于改善聚合物的耐磨性[16-20]。在大多数情况下，外部液体润滑剂可以进一步提高聚合物基复合材料与干滑动相比的摩擦学性能[21,22]。无论是干燥还是润滑条件下，滑动或滚动在长期接触反复摩擦下容易导致表面损伤，在这些材料的磨损表面形成深度裂纹，这可能给整体结构的安全性带来重大风险。表面裂纹萌生微裂纹并开始扩展，最后导致失效。

疲劳裂纹的萌生由划痕、凹陷及凹坑或在表面下的缺陷，如杂质、空隙和有助于应力集中的空腔等促成[19]。据报道，在短的碳纤维和石墨薄片增强聚醚醚酮（PEEK）复合材料的磨损轨迹上观察到微裂纹形成[7]。自愈是生物系统中一个很常见的过程，是指在生物体内由固有的生理机制控制的自主恢复过程。合成材料的自愈功能已经发展到可以自动修复其中的损伤，并使用系统固有的自愈剂来恢复材料的功能。目前的自愈系统之间，实现这一过程的主要方式是通过微胶囊化、空心管、微血管或各种具有潜在应用价值的分子设计[23-26]。考虑到摩擦学过程的时间依赖性，单部件自修复的概念，可能对材料在开放环境下的磨损问题有重要的贡献。液相二异氰酸酯与环境中的水和湿气发生反应，是一种潜在的单组分愈合剂。Yang等[27]在稳定的水乳状液中，通过界面聚合，进行了异佛尔酮二异氰酸酯（IPDI）的包封研究，为了实现即时愈合，开发出更具反应性的六亚甲基二异氰酸酯（HDI）填充聚氨酯微胶，并通过自愈功能纳入环氧基质，形成一种新的具有优良防腐性能的环氧复合涂料[28]。此外，Keller等[29]成功应用环氧树脂涂料与单组分异氰酸酯基愈合化学，来自我修复受到侵蚀损害的涂层。一部分自愈化学可以只适用于在水分或存在水的开放的环境中，这表明表面磨损或裂纹是最好的愈合目标。因此，有必要开发双组分自愈系统，因为双组分愈合化学通过两个表面和深入的裂纹可以使愈合更灵活，反应不依赖于环境中的任何元素。Zhang等[30]通过将环氧树脂微胶囊（EP-capsules）和具有氨基的中空玻璃气泡（AM-HGBs）与环氧树脂中的基质融合，成功研制出一种双组分的自愈系统，通过复合材料的一种有效的自愈实现环氧复合材料的断裂韧性的显著改善。

很明显，液体润滑剂或愈合剂的微胶囊化是实现聚合物复合材料的多功能性的有效方式，并且关注其摩擦学性质，理解微胶囊在聚合物复合材料中的掺入与其多功能性质，特别是摩擦学性能之间的相关性，对于成功的摩擦学应用是重要的。

5.2 具有自愈功能的环氧树脂复合材料的摩擦学性能

5.2.1 单组分自愈功能的环氧树脂复合材料的摩擦磨损性能

HDI 填充微胶囊通过在水包油乳状液的界面聚合开发并在环氧基质并入，以形成具有一部分自修复功能的新型耐磨损环氧复合材料。图 5.1(a) 显示近球形微胶囊的平均直径约 $104\mu m$。可以看出，微胶囊的外表面作为破裂的微胶囊的壳壁结构，是很光滑的 [图 5.1(b)]，约 $7\sim 8\mu m$ 大致均匀的厚度，在图 5.1(b) 的插图中展示出来。

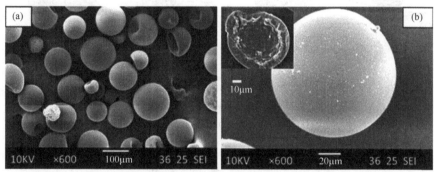

图 5.1　HDI 填充的微胶囊（a）和具有光滑外表面（插图：壳壁分布）的单个微胶囊（b）的 SEM 显微照片[31]

图 5.2 为环氧树脂复合材料在不同滑动速度和不同正常载荷下，对直径为 6mm 的钢球滑动约 170000 圈的摩擦系数。环氧树脂复合材料的平均摩擦系数的

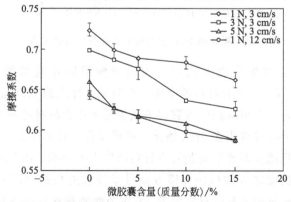

图 5.2　环氧树脂复合材料的摩擦系数在不同滑动速度和不同正常载荷下与微胶囊含量的关系曲线（在直径为 4mm 的圆形路径中直径为 6mm 的 Cr6 钢球滑动约 170000 圈）

滑动速度为3cm/s，在1N的正常载荷下以3cm/s的速度滑动的环氧树脂材料的平均摩擦系数从约0.72降至0.66，同时微胶囊质量分数从0%提高到15%。

如图5.3所示，钢球在一定的正常载荷下反复滑动，逐渐磨损环氧树脂复合材料表面并相应地破坏嵌入的HDI填充的微胶囊。然后，HDI的液体从破裂的微胶囊流入磨痕并覆盖它。固化前，释放的HDI液体润滑剂发挥作用，以减少该复合物的摩擦，因为它可作为润滑剂来润滑摩擦面和作为间隔物以防止钢球和复合材料之间的直接固-固接触[18,32-36]。随着时间的推移，复合材料和钢球的磨损轨道上的HDI液体与环境中的水分发生反应，产生新的聚脲材料[28]。HDI上的活性位点（—N=C=O）与水分的羟基（—OH）反应，产生了由方案5.1所示的反应的脲。

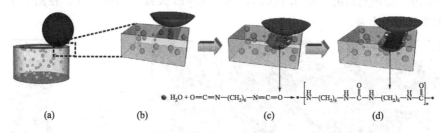

图 5.3 在磨损测试期间环氧复合材料的自愈机制
(a) 磁盘上的球；(b) 滑动磨损；(c) 释放和愈合；(d) 愈合的磨损轨迹

$$O=C=N-(CH_2)_6-N=C=O + H_2O \xrightarrow{慢} HO-\overset{\overset{O}{\|}}{C}-\overset{H}{N}-(CH_2)_6-NH-\overset{\overset{O}{\|}}{C}-OH$$

$$HO-\overset{\overset{O}{\|}}{C}-\overset{H}{N}-(CH_2)_6-NH-\overset{\overset{O}{\|}}{C}-OH \xrightarrow{快} H_2N-(CH_2)_6-NH_2 + CO_2$$

$$O=C=N-(CH_2)_6-N=C=OH + H_2N-(CH_2)_6-NH_2 \longrightarrow *\left[\overset{H}{N}-(CH_2)_6-\overset{H}{N}-\overset{\overset{O}{\|}}{C}-\overset{H}{N}-(CH_2)_6-\overset{H}{N}-\overset{\overset{O}{\|}}{C}\right]_n*$$

方案 5.1 释放的HDI和环境中的水分之间的反应[31]

因此据推测，摩擦表面上通过迅速形成脲层防止直接滑动钢球上的复合[33-36]，减小环氧树脂复合材料的摩擦。很明显，释放的HDI液体通过润滑摩擦表面和在摩擦表面上形成新的聚脲层来减少环氧复合材料的摩擦，因为增加的微胶囊含量导致通过释放更多HDI液体而降低复合材料的摩擦。

应考虑表面粗糙度对环氧树脂复合材料摩擦力的影响，因为较粗糙的表面在两个配合表面粗糙度之间的机械互锁方面可以提供更高的摩擦力[37-40]。图5.4显示了机械抛光环氧树脂复合材料的R_q值作为微胶囊含量的作用。随着微胶囊的含量的增加，环氧复合材料的R_q值显著增加，这表明更高的微胶囊含量给予了机械抛光过程中复合材料较高的表面粗糙度，所有样品均在相同条件下进行机械抛光。其原因是，机械抛光破裂的微胶囊通过表面的磨损在环氧树脂复合材料的表面留下单一的孔。由于表面上单孔的数量随着微胶囊含量的增加而增加，因此增加的微胶囊含量导致环氧复合材料的 R_q 值增加。

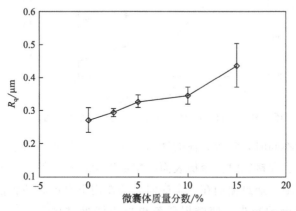

图 5.4 环氧复合材料的均方根表面粗糙度（R_q）与微胶囊含量的函数关系[31]

增加 R_q 值（图 5.4）和环氧复合材料摩擦减少（图 5.2）的无相关性，清楚地表明环氧复合材料的表面粗糙度不会对它们的摩擦产生显著影响。在机械抛光过程中由于微胶囊的破裂而留在表面上的单个孔导致环氧复合材料具有较高 R_q 值，但不能引起复合材料较高的摩擦在两个配合表面凹凸之间的机械联锁。因此，该环氧复合材料 R_q 值的增加与降低摩擦系数无关。另外，环氧复合材料增加表面粗糙度可以通过降低摩擦表面[37-40]之间的实际接触面积，这有助于减少它们之间的摩擦。通常，机械强度高的聚合物能防止磨损，并且在聚合物滑动过程中可以降低磨损[19,41]。因此，有必要诊断相对于微胶囊含量的环氧树脂复合材料的硬度和杨氏模量。图 5.5 表示的是环氧复合材料的硬度和杨氏模量与微胶囊含量的关系。微胶囊质量分数从 0 增加至 15% 时，硬度和环氧复合材料的杨氏模量从分别约 237.5MPa 和 4.6GPa 显著降低至约 172.2MPa 和 3.3GPa，这是非常低的硬度[27]。随着微胶囊含量的增加，环氧基树脂的硬度和弹性系数减小，复合材料的耐磨性增加进而增加复合材料的摩擦。然而，环氧基树脂复合材料的摩擦随着其力学强度的减小而减小，这清晰地表明：在这个研究中，因为有 HDI 溶液的释放使得复合材料具有自润滑和自愈的能力，所以环氧基树脂复合材料的力学强度对其摩擦力的影响并不像研究中那样明显。

在图 5.2 中，可以发现：随着微胶囊质量分数从 0% 增加到 15%，环氧基树脂复合材料受 3~5N 的标准载荷的作用并且以 3cm/s 的速度滑行时，环氧基树脂复合材料的平均摩擦系数也会分别从大约 0.7 和 0.66 降到 0.63 和 0.59。另

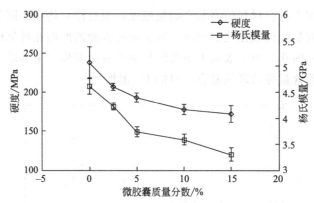

图 5.5　环氧复合材料的硬度和杨氏模量与微胶囊含量的函数关系[31]

外，微胶囊容量不同时，随着载荷的增加，环氧基树脂和环氧基树脂复合材料的摩擦系数会减小。在接触时，摩擦表面的粗糙度会通过它们之间更小的真实的接触而降低，同样地，通过他们在一个横向力的作用下自由滚动和自由滑动以及两个表面的直接接触的减少，使磨损残渣也可以降低摩擦[34-36,42,43]。可以假设：通过提高表面的粗糙度和磨损残渣的产量，载荷的增加会明显地使环氧基树脂和环氧基树脂复合材料的摩擦系数减小。

一个计数器球在一个聚合物上做反复的滑动可以产生高摩擦热，而这些摩擦热会反过来使聚合物产生局部的软化或者熔化，因此这些熔融材料会转移到计数器球的表面上从而形成一个转移层[44,45]。这样的转移的聚合物层可以通过阻止计数器球和聚合物之间的直接接触进而减少它们之间的摩擦。因此，正如在图5.2中展示的一样，这些随着载荷增大而增加的摩擦热说明了材料向计数器球的转移并且降低了环氧基树脂和环氧基树脂复合材料的摩擦。

在相同的滑动速度之下，增加正常负载可以通过从破裂的微胶囊中释放更多的HDI液体以产生更多的润滑剂和聚脲材料。另外，越高的正常负载会产生越高的摩擦热，而这些摩擦热反过来会引起更低的HDI液体速度和更快的治愈速度。当释放的HDI液体有较低的速度时，可能会使HDI液体分布到更多的地方并且能更好地润滑摩擦表面，从而使环氧基树脂复合材料的摩擦变得更低。通过加速能够减小金属球和复合材料的直接接触的聚脲层的形成，释放的HDI液体对于摩擦表面的更快的愈合速度可以有助于使环氧基树脂复合材料的摩擦变得更低。因此，正如在图5.2中所表示的那样，正常负载的增加会明显地降低环氧基树脂和环氧基树脂复合材料的摩擦。

在图5.2中当环氧基树脂和环氧基树脂复合材料在1N的正常负荷的作用并以更高的12cm/s的滑动速度进行滑动时，环氧基树脂和环氧基树脂复合材料的摩擦系数明显地低于当在同样的正常负载的作用下，但在较低的3cm/s的滑动速度下进行滑动时的摩擦系数。在这个磨损测试中,在更高的滑动速度下,金属球的滑动会经过滑动系统更高的振动而引起金属球和环氧基树脂复合材料之间的更大的接触并且会导致复合材料的更大的磨损[46]。因此,当环氧基树脂和环氧基树脂复合材料以 12cm/s 的滑动速度滑动时,通过表面的磨损和更多的磨损残渣的产生,环氧基树脂和环氧基树脂复合材料的更高的磨损会导致更小的摩擦。另外,随着更高的愈合速度以及材料更快地向计数器金属球转移,当在更高的滑动速度下滑动时,通过产生更小黏度的 HDI 液体,产生的摩擦热会有助于降低摩擦[43,47]。很容易推论出:正常负载和滑动速度对环氧基树脂和环氧基树脂复合材料的摩擦有显著的影响。

图 5.6(a) 和 (b) 分别表示了当在不同的滑动速度和不同的正常负载下阻止钢球滑动时,不同的微胶囊含量与环氧基树脂和环氧基树脂复合材料的磨损宽度和深度的关系。环氧基树脂复合材料的磨损的宽度和深度会随着微胶囊含量的

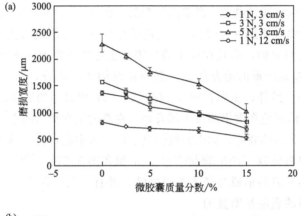

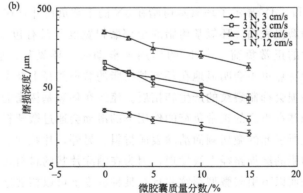

图 5.6 环氧基树脂复合材料的磨损宽度 (a) 和环氧基树脂复合材料的磨损深度 (b)(直径为 6mm 的 Cr6 钢球在不同的正常负荷的作用下并且在不同的滑动速度下滑动在直径为 4mm 的圆形轨迹上滑动大约 170000 圈,作为微胶囊含量的函数)

增加而有一个明显的减小，因为释放的 HDI 液体会作为磨损表面的润滑剂以降低复合材料的磨损；在磨损表面新形成的聚脲层可以通过释放的 HDI 液体与水的快速反应以及从金属与聚合物的摩擦模型到聚合物与聚合物的摩擦模型的转变从而降低复合材料的磨损[18,28,32-36]。可以发现：随着正常负荷的增加，复合材料的磨损也会增加，从而环氧基树脂和环氧基树脂复合材料的磨损的宽度和深度也会增加。尽管在受 1N 的正常负荷并且在更高的 12cm/s 的滑动速度下滑动时，环氧基树脂和环氧基树脂复合材料的摩擦系数要比在受相同的正常负荷并且以更低的 3cm/s 的滑动速度滑动时要明显得小很多，但是在更高的 12cm/s 的滑动速度下滑动时，环氧基树脂和环氧基树脂复合材料的磨损宽度和深度更大，这证明：更高的滑动速度可以通过更高的磨损从而降低环氧基树脂和环氧基树脂复合材料的摩擦系数。

经过摩擦学的测试之后，环氧基树脂和环氧基树脂复合材料的磨损表面和它们的计数器钢球可以通过电子显微镜进行观察。图 5.7(a) 和（b）显示了在 3cm/s 的滑动速度下滑动时并且在 1N 的正常负荷的作用下钢球滑动大约 170000 圈时的环氧基树脂的磨损表面，而且在这个磨损表面上可以清晰地发现磨损轨迹。在图 5.7(a) 中，磨损最严重的地方往往在磨损路线的中间部分，而且在这个地方接触应力是最高的。另外，正如在图 5.7(a) 和（b）中显示的那样，显著的电磁微波这一特点可以清晰地在磨损路线中间发现。在高的正常负荷的作用下，金属球的反复滑动会导致表面的疲劳，而表面疲劳又会反过来引起垂直于滑动方向的微小的裂纹并且还会向表面以下产生裂纹[48-50]。正如在图 5.7(b)[49,50] 中所发现的那样，微型裂纹的脉络的形成会产生电磁微波。并且，在磨损路线上由于摩擦表层的形成，较平滑的表层是明显的。

图 5.7(c) 和（d）显示了环氧基树脂在 5N 的正常负荷并且在 3cm/s 的滑动速度下滑动时的磨损表面。环氧基树脂的全部磨损宽度并没有包含到 SEM 图片中，因为在更大的正常负荷——5N 的作用下滑动时，环氧基树脂有更高的磨损。电磁微波的特点也不会明显地在环氧基树脂的磨损路径上被发现，因为环氧基树脂更高的磨损会抑制裂纹的产生和拓展。流经在环氧基树脂的磨损路径上的微塑料显示：钢球在更高的正常负荷的作用下的滑动会通过微塑料的变形和在钢球上的表面粗糙所引起的微切割而消除表面材料。另外，片状的表面材料的消除可以在环氧基树脂的磨损路径上被发现，因为在消除片状的材料之前，钢球的反复滑动可以在表面以下引起微型裂纹并且在某种程度上可以拓展这些裂纹到自由表面[18,48-50]。

环氧基树脂在 1N 的正常负荷作用下和更高的 12cm/s 的滑动速度下滑动时的磨损路径明显地大于在同样的正常负荷的作用下但以较低的 3cm/s 的滑动速度下滑动时的磨损路径，这证明了：钢球在较高的滑动速度下反复滑动时会引起

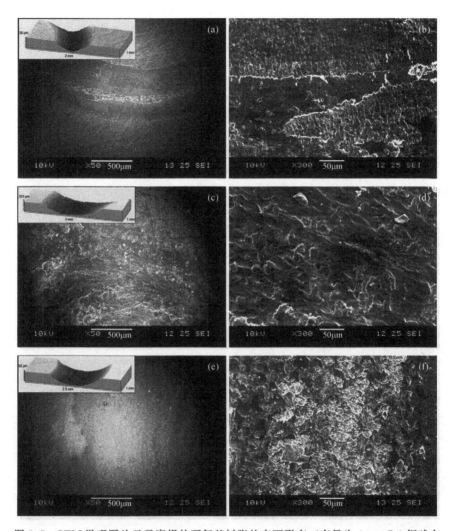

图 5.7 SEM 微观图片显示磨损的环氧基树脂的表面形态（直径为 6mm Cr6 钢球在不同的正常负荷的作用下并且在不同的滑动速度下滑动在直径为 4mm 的圆形轨迹上滑动大约 170000 圈）[（a）和（b）是 1N，3cm/s；（c）和（d）是 5N，3cm/s；（e）和（f）是 1N，12cm/s，在不同的放大倍率下观察。在（a）、（c）和（e）中的插图可以显示出：使用表面轮廓测定法测量的相同样品的表面形态][31]

更大的环氧基树脂磨损。

通过对图 5.7(b) 和 (f) 的比较可以清楚地显示出：当以较高的 12cm/s 的滑动速度滑动时，作为片状的表面材料的清除可以更清晰地在环氧基树脂的磨损路径上被发现，因为较高的滑动速度会通过更频繁的循环载荷来加速表面的疲劳磨损。图 5.8(a) 和 (b) 显示了含 15% 微胶囊的环氧基树脂复合材料的磨损表

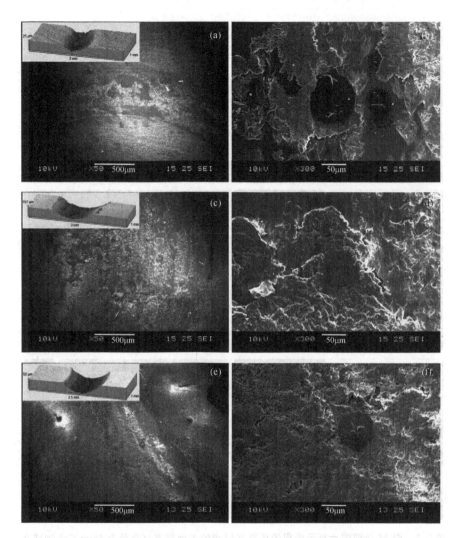

图 5.8　SEM 微观图片显示微胶囊质量分数为 15% 的磨损的环氧基树脂复合材料的表面形态（直径为 6mm Cr6 钢球在不同的正常负荷的作用下并且在不同的滑动速度下滑动在直径为 4mm 的圆形轨迹上滑动大约 170000 圈）(a) 和 (b) 是 1N，3cm/s；(c) 和 (d) 是 5N，3cm/s 并且 (e) 和 (f) 是 1N，12cm/s，在不同的放大倍率下观察。在 (a)、(c) 和 (e) 中的插图可以显示出：使用表面轮廓测定法测量的相同样品的表面形态

面，钢球在 3N 正常负荷的作用下并且在 3cm/s 的滑动速度下滑动。新的聚脲层的形成可以在环氧基树脂复合材料的磨损路径上被发现，尤其是在破裂的微型容器周围，这说明了环氧基树脂复合材料的磨损表面的自我复原。通过对图 5.7(c) 和图 5.8(c) 的比较可以得出：由于环氧基树脂复合材料在滑动时有自我复原能

力,15%微胶囊的融合使环氧基树脂复合材料在受5N的正常负荷下滑动时的磨损低于同样条件下的环氧基树脂的磨损。

环氧基树脂复合材料在较高的正常负荷5N的作用下滑动时的磨损路径要比在较低的正常负荷1N的作用下大,这表明:更高的正常负荷仍然可以增殖更高的环氧基树脂复合材料的磨损。

尽管通过图5.8(a)和(e)的比较可以显示出:15%的微胶囊的环氧基树脂复合材料在较高的12cm/s的滑动速度下滑动时的磨损更高,但是15%的微胶囊的融合会使环氧基树脂复合材料在较高的12cm/s的滑动速度下滑动时的磨损低于环氧基树脂的磨损,这表明:微胶囊HDI液体的融合可以有效地通过复合材料的自愈能力减少环氧基复合材料在高速滑动时的磨损。

正如在图5.8中所显示的那样,当环氧基树脂复合材料在不同的滑动速度和不同的正常负荷的作用下滑动时,微电磁波的形成和片状表面材料的消除不会很明显地在15%的微胶囊的环氧基树脂复合材料的磨损路径上被发现,因为释放HDI液体的环氧基树脂复合材料的自愈可以消除复合材料的疲劳。可以推断出:当环氧基树脂复合材料滑动时,通过新的聚脲层的形成,微胶囊HDI液体的融合能引起环氧基树脂复合材料的自愈能力,正因为如此,复合材料的表面疲劳磨损明显地得到抑制。

5.2.2 环氧复合材料具有两部分自愈合功能的热塑性能

双组分自修复系统是通过将环氧树脂包含的微胶囊和胺负载的GB以1:3的固定优化比率共同引入环氧基质中而开发的[30]。图5.9(a)和(b)显示内含环氧树脂溶液(Epolam5015用20%的乙酸苯乙酯稀释)的微胶囊和被腐蚀的GB的扫描电子显微镜(SEM)图。微胶囊和GB的平均直径分别为(250±40)μm和(67±8)μm。如图5.9(a)所示,内含环氧树脂的微胶囊拥有粗糙的外壁和光滑的内壁;从5.9(b)看出带有小通孔的刻蚀GB与参考文献中获得的相似[51]。从图5.9(b)的插图中可以看到微米级的典型小通孔。

也可以观察到,在刻蚀GB的外表面都点缀着许多小蚀刻纳米点,它可以提高融合的GB与环氧树脂基体的界面黏合性。图5.9(c)表示用质量分数为2.5%的微胶囊和在RT固化12h后两个玻璃载玻片之间7.5%GB的光学图像。大球是环氧树脂填充胶囊,而小的是装载胺溶液的GB(带有10%吸附剂邻苯二甲酸二甲酯30的二乙烯三胺)。可以清楚地观察到,这两个愈合剂的载体均匀地分散在环氧基体,并且所有的GB都几乎充满胺溶液。

对6mm的Cr6钢球在直径为4mm的环形轨道上并在不同常规载荷下以4cm/s的滑动速度转动约15万圈,从而研究不同的愈合剂载体含量的环氧树脂

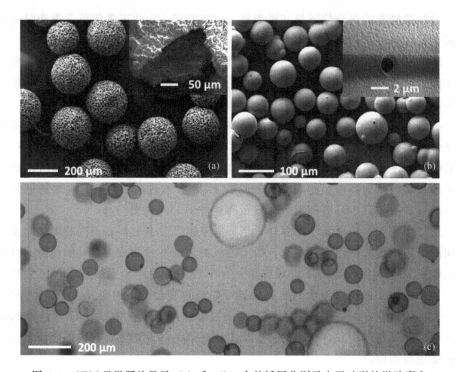

图 5.9　SEM 显微照片显示（a）和（b）中的插图分别示出了破裂的微胶囊和
具有通孔的玻璃壳的 SEM 图像
(a) 含有环氧树脂溶液的微胶囊；(b) 胺溶液侵蚀的 GB 的表面形态；
(c) 具有 10% 愈合剂载体的环氧复合物的光学图像

和环氧复合材料的摩擦学性能。不同的愈合剂载体含量的环氧树脂和环氧复合材料的摩擦系数在图 5.10 中被示出。纯环氧树脂的平均摩擦系数为钢球在正常负荷 2N 下滑动的摩擦系数，约为 0.671。当钢球在环氧树脂较高的正常负载为 5N 下滑动时，环氧表现出约 0.564 较低的摩擦系数。通常情况下，在接触的两个表面之间的黏合性可以通过在两个接触表面之间的有效界面剪切强度产生大的摩擦力[40]。表面粗糙化可通过减少两个接触表面之间的接触面积来降低界面剪切强度[52,53]。此外，释放到两接触表面的接口碎片可以通过减少它们和自由滚动或下一个横向力的滑动的间隔物以减少它们之间的界面剪切强度[52,53]。因此，可以理解，较高的正常负荷导致环氧树脂的较高的表面磨损而这又由于较高的表面粗糙化和大量的磨粒引起环氧树脂的低摩擦[52,53]。

10% 的愈合剂载体混合物在 2N 和 5N 的正常载荷下综合测试的环氧树脂复合材料的平均摩擦系数分别约为 0.641 和 0.445。在磨损试验中，钢球反复地滑动通过表面磨损和核心液体的随后释放导致愈合剂载体的破裂。因为释放核心液体固化以形成新的环氧材料需要一些时间，所述释放核心液体可以作为摩擦表面

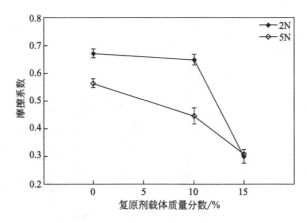

图 5.10 不同的愈合剂载体含量的环氧树脂和环氧复合材料在 2N 和 5N 的正常载荷作用下,以 4cm/s 的滑动速度,沿直径为 4mm 的圆形路径,在直径为 6mm 的 Cr6 钢球上滑动约 150000 圈,同一试样在 2N 和 5N 法向载荷作用下的摩擦系数与载体质量分数的关系

的润滑剂,并作为防止钢球和环氧复合材料之间的直接固-固接触间隔物[18,32-36]。另外,所释放的核心液体形成摩擦表面上新的环氧树脂层,从而改变从聚合物上的钢球到聚合物上的聚合物的摩擦模式。因此,10%的愈合剂的载体混合物降低环氧复合物的摩擦力,相比 2N 的负载,在 5N 的高负载下更多的液体从愈合剂载体中被释放。进一步增大愈合剂载体质量分数至 15%,在正常负载下的环氧树脂复合材料的平均摩擦系数分别降低大约 0.301 和 0.307。在这里,负载效应不再明显。

因为粗糙的表面可以通过两个配合表面凹凸之间的机械联锁产生一个高摩擦,表面粗糙度是影响该环氧树脂复合材料的摩擦的原因之一[37-40]。采用表面轮廓测量用 1200 粗砂纸机械抛光的环氧树脂及其混合物的 R_q 值。环氧树脂的 R_q 值为 (0.5±0.2) μm。带有 10% 愈合剂载体中的环氧树脂复合材料的 R_q 值是 (8.9±0.9) μm,这表明愈合剂载体的掺入导致环氧树脂混合材料的表面更加相对粗糙,因为机械抛光使愈合剂的载体破裂并且使表面上留下一些单孔。由于在机械抛光中有大量破裂的愈合剂载体,质量分数增加到 15% 的愈合剂载体会进一步将环氧树脂混合物的 R_q 值提高至 (10.7±1.6) μm。由图 5.11 可以很容易地观察到抛光的环氧树脂在其粗糙线上的表面形态。然而,环氧复合材料的表面 [图 5.11(b) 和 (c)] 显然被机械抛光过程中愈合剂载体破裂所留下的单个孔所覆盖。很显然,在表面上的单孔是环氧树脂复合材料 [图 5.11(a)] 比环氧树脂 [图 5.11(a)] 有更大的 R_q 值导致的。

具有增加的愈合剂载体含量的环氧复合材料(图 5.11)增大的 R_q 值与复合

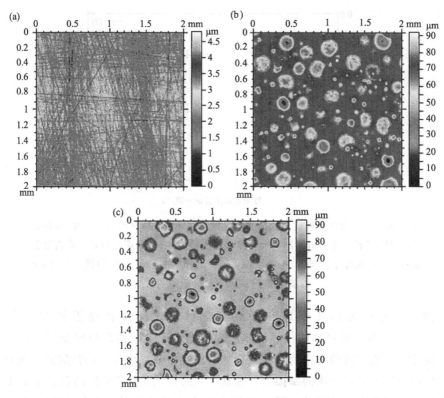

图 5.11 环氧树脂和环氧复合材料的表面形态（a），其中质量分数为10%（b）和质量分数为15%（c）的愈合剂载体含量使用1200粗砂纸

材料降低的摩擦力无关。这表明表面粗糙度对环氧复合材料而言，摩擦对机械联锁的影响是不显著的，因为在表面上的单孔是与环氧树脂复合的较大 R_q 值有关的。另外，表面上的单孔降低了钢球和环氧复合材料之间的接触面积，降低了复合材料的摩擦力。因此，可以推测增加的愈合剂载体含量通过钢球和复合材料之间减小的接触面积导致环氧复合材料减少摩擦力。

当考虑到聚合物的力学性能对钢球摩擦力的影响时发现，较低的强度值可以导致滑动期间材料表面高摩擦滑动，从而通过副产物和聚合物之间的大面积接触导致形成高摩擦力[19,41,54,55]。图 5.12 给出了不同的愈合剂载体含量的环氧树脂和环氧复合材料的硬度和杨氏模量。平滑的环氧树脂的硬度和杨氏模量分别约240.11MPa 和 3.83GPa。当掺入10%的愈合剂载体后，由于嵌入式微胶囊的较低的硬度和弹性模量，环氧树脂复合材料的硬度和杨氏模量分别减少到约140.28MPa 和 2.91GPa[27]。随着愈合载体质量分数增加到15%时，两种性能进一步降低到约 101.02MPa 和 2.4GPa。因此，随着愈合剂载体含量的增加使环氧树脂复合材料的硬度和杨氏模量降低，进而导致复合材料的摩擦力的增加。然而，环氧树脂复合材料的摩擦力随着愈合剂载体含量增加而降低（图5.10），可以很清楚地表明由于芯中液体释放过多的影响，在这个研究中力学性能对环氧树脂复合材料摩擦力的影响是不显著的。

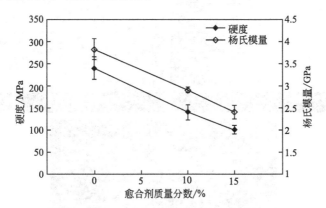

图5.12　不同的愈合剂载体含量的环氧树脂和环氧树脂
复合材料的硬度和杨氏模量

图5.13表明带有不同愈合剂含量的环氧树脂及其复合材料的磨损宽度和磨损深度。环氧树脂复合材料的磨损宽度和深度在正常载荷2N和5N下对钢球的滑动比环氧树脂作为环氧复合材料的磨损宽度和深度显著较小，增加愈合剂载体含量促进自润滑性和复合材料的自愈。虽然环氧树脂及其复合材料在较高的正常载荷5N下表现出较低的摩擦系数，它们具有较大的磨损宽度和深度，这证实环氧树脂及复合材料的高磨损导致低摩擦力[52,53]。很显然，愈合剂载流子的掺入是经由自润滑和复合材料的自愈，以减少环氧树脂复合材料的磨损的一个有效的方式。

利用扫描电镜研究了不同愈合剂载体含量的环氧树脂和环氧树脂复合材料的磨损形态。图5.14为摩擦测试之前观察到的抛光环氧树脂及其复合材料的表面形态。

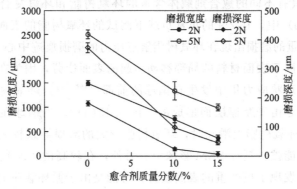

图5.13　不同的愈合剂载体含量的环氧树脂和环氧树脂复合材料
的磨损宽度和深度（滑动条件如图5.2所示）

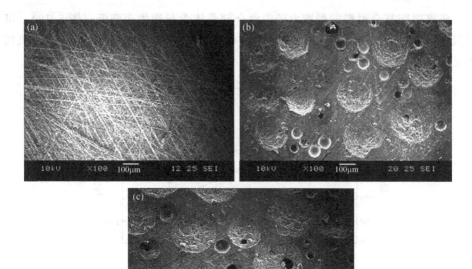

图 5.14　SEM 图像显示了使用 1200 粒度纸的抛光
(a) 环氧树脂和环氧复合材料的表面形态，其中愈合剂载体质量分数为 (b) 10% 和 (c) 15%

在图 5.14(a) 中，抛光环氧树脂的表面所造成的机械研磨表观磨料线相对平稳。然而，环氧树脂复合材料的表面明显被由机械抛光期间愈合剂载体的破裂左单个孔覆盖。很显然，在表面上的单孔导致环氧树脂复合材料比该环氧树脂有较大 R_q 值。然而，愈合载体引起的机械抛光载体的破裂大多不会导致表面上的深单个孔，因为释放核心液体已经填充和愈合裂痕，如图 5.14(b) 和 (c) 所示。

图 5.15 是具有不同的愈合剂载体含量的环氧树脂和环氧复合材料的磨损形态。在图 5.15(a) 中，在 2N 的正常负载下测试的环氧树脂的表面上发现明显的磨损痕迹。最严重的磨损出现在环氧树脂触点压力的磨损痕迹中心 [图 5.15(a)]，其粗磨损形态归因于表面材料的局部移动引起的表面疲劳，因为在循环载荷导致表面疲劳期间，环状应力集中发生在钢球的前部[18,48,49]。环氧树脂的磨损轨道上的平滑层明显是由于摩擦层而形成的 [图 5.15(a)]。当钢球在较高的正常载荷 5N 作用下在环氧树脂上滑动时，环氧树脂较大的磨损导致较大的磨痕，以至于使整个磨痕不能被包括在 SEM 影像中。另外，在较高的正常负荷测试下的环氧树脂的磨痕上发现了更严重的表面疲劳，可能是由于循环载荷的较大振幅，这是根据环氧树脂表面材料的显著移动发现的，如图 5.15(b) 所示[48,49]。

如图 5.15(c) 所示，钢球在含有 10% 愈合剂载体的环氧树脂复合材料上滑

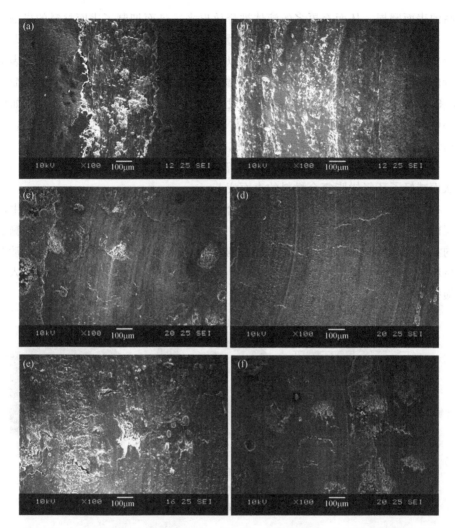

图 5.15 SEM 图像显示的是磨损 (a) 和 (b) 的表面形貌,(c) 环氧树脂和 (e) 环氧树脂复合材料以及愈合剂载体质量分数为 (d) 10% 和 (f) 15% 的材料的表面形态 [在 (a)、(c) 和 (e) 2N 以及 (b)、(d) 和 (f) 5N 的正常载荷下,直径为 6mm 的 Cr6 钢球以 4cm/s 的速度在直径为 4mm 的圆形路径上滑动约 150000 圈]

动,在垂直载荷为 2N 下释放芯中的液体,通过表面磨损和芯中液体的释放来填充破裂和磨损损伤并治愈它们。然而,长时间的钢球滑动诱导出表面疲劳,反过来导致表面材料的局部去除,其结果如图 5.15(c) 所示,这表明环氧树脂复合材料的磨损也归因于疲劳磨损。将含有 10% 愈合剂载体的环氧树脂复合材料在垂直载荷为 5N 下进行测试 [如图 5.15(d) 所示],结果显示相对于垂直载荷为 2N 的情况,更高的垂直载荷会产生更平滑的磨损形貌,这是因为芯中液体经过更高的表面磨损，从而有更多的液体被释放出来，进而抑制了表面材料的局部脱落。在含有10%愈合剂载体的环氧树脂复合材料中可以发现磨损的痕迹，即裂纹沿着垂直于滑动的方向扩展到了表面以下［如图5.15(d)所示］，这就是表面疲劳的一个结果。虽然含有15%愈合剂载体的环氧树脂复合材料在垂直载荷为2N和5N下进行测试后，很明显可以发现其表面疲劳引起的磨损痕迹［如图5.15(e)和（f）所示］，环氧树脂复合材料在更高的垂直载荷5N下测试后，其磨损形貌要比在较低垂直载荷2N下测试的复合材料平滑得多［如图5.15(e)所示］，这是因为环氧树脂复合材料经由更高效的自愈合后，释放出更多的芯中液体从而减轻了环氧树脂复合材料的表面疲劳。

在高垂直载荷测试下，环氧树脂复合材料的自愈合机制可以用图5.15中所发现的磨损形貌为基础进行解释。图5.16显示的是环氧树脂聚合物在磨损测试时的自愈机理及其结构原理图。在磨损测试中，钢珠在高垂直载荷下反复滑动会使材料表面产生一条很明显的磨损裂纹，相反地也会使愈合剂载体破裂并嵌入到磨损裂纹中间［如图5.16(a)和（b）所示］。

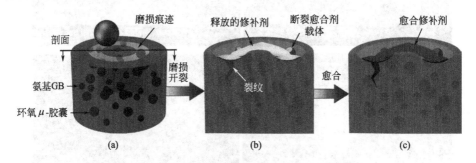

图5.16　环氧复合材料在磨损试验中的自愈机理
(a) 摩擦学测试的示意性配置；(b) 用破裂的修补剂载体填充磨损轨迹和释放的芯液体；
(c) 用新形成的环氧材料修复磨损轨道和裂纹

此外，在钢球前面发生的循环应力集中引发并使垂直于滑动方向的裂缝传播到地下，同时裂缝在地下开始并在一定程度上平行于自由表面传播，最终以小板脱落的形式去除表面材料［图5.16(b)］。因此，在高垂直载荷的测试下，表面的疲劳磨损痕迹会使环氧树脂复合材料的磨损形态变粗糙［如图5.15(e)和（f）所示］。如图5.16(c)所示，愈合剂载体破裂后释放出的芯中溶液从磨损裂纹中溢出，并且形成了覆盖在裂纹上的新环氧树脂复合材料［如图5.16(c)所示］。结果显示，含量更高的愈合剂载体会让环氧树脂产生更高效的自愈合效果，这是因为通过释放出更多的芯中液体可以使复合材料产生更加平滑的磨损形态。在不同的垂直载荷下，愈合剂载体的含量对环氧树脂的摩擦性能具有很显著的影响。

5.3 两部分自愈合系统的增强及可恢复断裂韧性

除上述提到的摩擦性能外,合并的微胶囊和 GB 同样可以提高脆弱的环氧树脂基体的断裂韧性。我们使用测试锥形双悬臂梁(TDCB)试样[56]的模式Ⅰ型断裂韧性的方法,测量纯环氧树脂和含有不同含量的两种愈合剂载体的环氧树脂复合材料的断裂韧性。由于 TDCB 试样的几何结构,断裂韧性与载荷位移曲线的临界峰值载荷成正比[56]。图 5.17(a) 显示的是当微胶囊与 GB 的比例固定在优化比例值 1∶3 时,原始临界峰值载荷相对于愈合剂载体含量的变化趋势[30]。人们发现愈合剂载体质量分数增加至 10% 的过程中会逐步和稳定地增大环氧树脂复合材料的断裂韧性。而当愈合剂载体质量分数进一步增加到大于 10% 时,由于愈合剂载体的增韧效果[57] 和 GB 外的黏附胺引起的主体基体的化学计量不匹配[57,58],会显著地并以指数方式提高环氧树脂复合材料的断裂韧性。

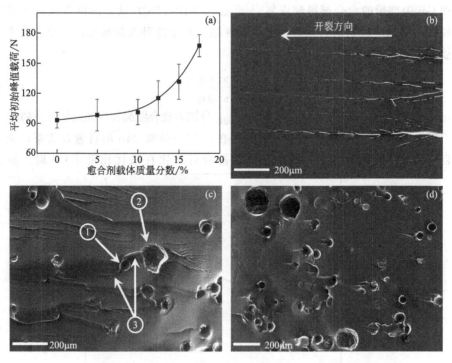

图 5.17 环氧树脂和环氧复合材料与愈合剂载体的平均初始峰值载荷(a)和 SEM 图像显示(b)及纯环氧树脂和环氧复合材料的断裂表面,其中愈合剂载体质量分数为(c)5% 和(d)15% [(c)和(d)中的样品的裂纹方向与(b)中的相同]

通常，自愈合试样的断裂韧性强烈依赖于愈合剂载体的尺寸和含量，并且含量更高尺寸更小的愈合剂载体展现出更出色的韧性效果[57,58]。环氧树脂基体的增韧归功于增强的梳理标志。图 5.17(b)~(d) 分别显示的是，含有 5% 和 15% 愈合剂载体的环氧树脂及环氧树脂复合材料的断裂表面。箭头 1 和 2 分别指示的是断裂后的 GB 和微胶囊。在纯环氧树脂中发现了伴有少量梳理标志的镜像断裂表面。然而，许多裂纹尾部在自愈合环氧树脂复合材料中被发现，尤其是在小 GB 中[59]。除此之外，更高的愈合剂载体含量会导致在断裂表面有更多的裂纹尾部产生，由此引起断裂韧性的增加。

另外，基体中环氧树脂与胺固化剂之间的化学计算也会影响复合材料的断裂韧性。要实现环氧树脂复合材料更高的断裂韧性，关键不在于环氧树脂与胺固化剂之间的化学计量比例，而在于被加入的胺要适度过量[58]。在这个自愈合系统中，在环氧树脂基体中多余的胺也会有利于环氧树脂复合材料在愈合之后的断裂韧性，这是因为在 GB 外面有一些剩余胺溶液。

更重要的是，这些自愈合环氧树脂复合材料的断裂韧性同样可以通过在微胶囊和 GB 中携带的愈合剂得到恢复[51]。通过使用 TDCB 试样的恢复模式 I 的断裂韧性，对这些材料的自愈合性能进行评估。基于这种几何模型，自愈合效率可以被如下定义[60]：

$$\eta = \frac{K_{IC,愈合}}{K_{IC,原始}} \tag{5.1}$$

式中，η 为愈合效率；$K_{IC,愈合}$ 和 $K_{IC,原始}$ 分别为愈合断裂韧性和原始断裂韧性。

图 5.18 显示的是环氧树脂复合材料在 50℃下持续 24h 的自愈合效率，至于其自愈合载体的含量为当微胶囊与 GB 混合后之比在最优比例 1:3 时。从图

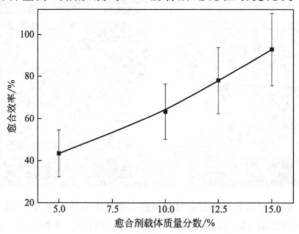

图 5.18 含愈合剂载体的环氧树脂及环氧树脂复合材料的愈合效率[30]

5.18中可以看到,愈合效率随着愈合剂含量的增加而增大。

在环氧基体中掺入的15%愈合剂载体会引起约93%的平均愈合效率的增加。自愈合效率的增加可以由以下两个理由得到解释:首先,更高含量的自愈合剂载体会在断裂表面释放出更多的愈合剂,根据被释放的愈合剂(M)的面密度公式[30]:

$$\overline{m} = \rho_s d_c \phi_c \omega_c \tag{5.2}$$

式中,ρ_s 为集体的密度;d_c、ϕ_c 和 ω_c 分别为直径、浓度和愈合剂的载体的核心百分比。

正如图5.19所发现的那样,通过SEM图像证实了断裂表面。图5.19(a)~(c)分别显示的是只含有5%微胶囊和含有质量分数为5%、10%和15%的处于最优化比例1:3的两种愈合剂载体的环氧树脂复合材料的断裂表面。没有包含GB的胺,在断裂表面就不能形成新的环氧树脂层以此来黏合两种表面,正如图5.19(a)所示。然而,在含有10%愈合剂载体的环氧树脂复合材料的断裂表面可以发现新形成的环氧树脂层,如图5.19(c)中箭头所指示的位置。此外,更高的愈合剂含量会更多地增加断裂表面的表面积。其次,考虑到两种愈合剂的化学计量问题,它们可以更好地混合。通常情况下,最长的扩散距离与载体含量的

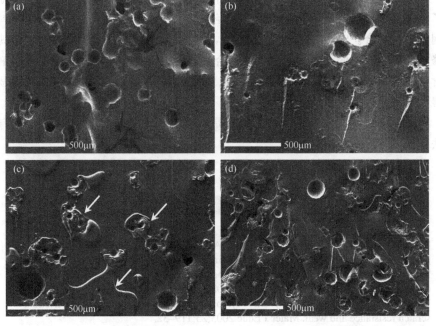

图5.19 具有不同的愈合剂载体质量分数的环氧复合材料的断裂表面的SEM图像
(a) 含环氧树脂的微胶囊;(b) 5%;(c) 10%;(d) 15%
[(c)中的箭头表示在断裂面上新形成的环氧树脂层[30]]

三次方成反比，它适用于微胶囊和 GB[30]。在较高的含量、更短的扩散距离下，更好的混合即更好的化学计量，可以实现愈合性能的改善。

5.4 结论

通过结合微胶囊化的 HDI 芯液研制出单组分自愈功能的环氧树脂复合材料。含有微胶囊和加载 GB 的胺共同掺入到环氧基体的环氧树脂中，开发出具有双组分自愈功能的环氧复合材料。对单组分和双组分自愈功能的环氧复合材料的摩擦性能进行了系统的研究，结论如下：

伴随着微胶囊的含量减少，用 HDI 填充的微胶囊的环氧树脂复合材料的摩擦增加，这是因为所释放的 HDI 液体通过复合材料的表面磨损作为润滑剂来润滑摩擦面，并作为间隔物来防止钢球与复合材料的直接接触。此外，释放出的含水 HDI 液体在摩擦表面上快速反应并形成了新的聚脲层，通过防止钢球在复合材料上的直接滑动来减小环氧复合材料的摩擦。由于提升后的自愈性能在磨损轨道上产生了全新的聚脲材料，微胶囊含量增加的环氧复合材料的磨损显著下降。

对于具有两组分的自愈功能环氧复合材料，愈合剂载体含量的增加明显地降低了环氧复合材料的摩擦和磨损，这是经由芯中释放的液体来实现了复合材料的自润滑和自愈合。SEM 的观察结果表明，较高的愈合剂载体含量可以通过其自我修复与释放芯中的液体来减少环氧复合材料的表面疲劳。此外，随着愈合剂载体含量的增加，两组分自愈功能的环氧复合材料也显示出其断裂韧性的显著改善。

可以得出结论，愈合剂载体的结合是实现环氧复合材料的多功能性的有效方法。

参考文献

[1] El-Sayed AA, El-Sherbiny MG, Abo-El-Ezz AS, Aggag GA. Friction and wear properties of polymeric composite materials for bearing applications. Wear 1995;184(1):45–53.

[2] Lin A-D, Kuang JH. Dynamic interaction between contact loads and tooth wear of engaged plastic gear pairs. Int J Mech Sci 2008;50(2):205–13.

[3] Brostow JLD, Jaklewicz M, Olszynski P. Tribology with emphasis on polymers: friction, scratch resistance and wear. Mater J Educ 2003;25:119–32.

[4] Brostow VK, Vrsaljko D, Whitworth J. Tribology of polymers and polymer based composites. Mater J Educ 2010;32:273–90.

[5] Friedrich K, Zhang Z, Schlarb AK. Effects of various fillers on the sliding wear of polymer composites. Compos Sci Technol 2005;65(15–16):2329–43.

[6] Khun NW, Liu E. Thermal, mechanical and tribological properties of polycarbonate/acrylonitrile-butadiene-styrene blends. J Polym Eng 2013:535.
[7] Ajayan PM, Schadler LS, Giannaris C, Rubio A. Single-walled carbon nanotube–polymer composites: strength and weakness. Adv Mater 2000;12(10):750–3.
[8] Thostenson ET, Ren Z, Chou TW. Advances in the science and technology of carbon nanotubes and their composites: a review. Compos Sci Technol 2001;61(13):1899–912.
[9] Bilyeu B, Brostow W, Menard KP. Separation of gelation from vitrification in curing of a fiber-reinforced epoxy composite. Polym Compos 2002;23(6):1111–19.
[10] Bhattacharya SK. Metal filled polymers. New York, USA: Marcel Dekker Inc. 1986.
[11] Matějka L. Amine cured epoxide networks: formation, structure, and properties. Macromolecules 2000;33(10):3611–19.
[12] Khun NW, Zhang He, Lim LH, Yue CY, Hu X, Yang JL. Tribological properties of short carbon fiber reinforced epoxy composites. Friction 2014;2(3):226–39.
[13] Bilyeu WB, Menard KP. Epoxy thermosets and their applications. I. Chemical structures. J Mater Educ 1999;21(5&6):281–6.
[14] Bilyeu WB, Menard KP. Epoxy thermosets and their applications. II. Thermal analysis. J Mater Educ 2000;22(4–6):107–29.
[15] Bilyeu WB, Menard KP. Epoxy thermosets and their applications. III. Kinetic equations and models. J Mater Educ 2001;23(4–6):189–204.
[16] Bonfield W, Edwards BC, Markham AJ, White JR. Wear transfer films formed by carbon fibre reinforced epoxy resin sliding on stainless steel. Wear 1976;37(1):113–21.
[17] Hokao M, Hironaka S, Suda Y, Yamamoto Y. Friction and wear properties of graphite/glassy carbon composites. Wear 2000;237(1):54–62.
[18] Khun NW, Liu E. Tribological behavior of polyurethane immersed in acidic solution. Tribol Trans 2012;55(4):401–8.
[19] Bahadur S, Gong D. The action of fillers in the modification of the tribological behavior of polymers. Wear 1992;158(1–2):41–59.
[20] Nogales A, Broza G, Roslaniec Z, Schulte K, Šics I, Hsiao BS, et al. Low percolation threshold in nanocomposites based on oxidized single wall carbon nanotubes and poly(butylene terephthalate). Macromolecules 2004;37(20):7669–72.
[21] Zhang Z-Z, Liu WM, Xue QJ. Effects of various kinds of fillers on the tribological behavior of polytetrafluoroethylene composites under dry and oil-lubricated conditions. J Appl Polym Sci 2001;80(11):1891–7.
[22] Wan YZ, Luo HL, Wang YL, Huang Y, Li QY, Zhou FG, et al. Friction and wear behavior of three-dimensional braided carbon fiber/epoxy composites under lubricated sliding conditions. J Mater Sci 2005;40(17):4475–81.
[23] White SR, Geubelle PH, Moore JS, Kessler MR, Sriram SR, Brown EN, et al. Autonomic healing of polymer composites. Nature 2001;409:794–7.
[24] Wu DY, Meure S, Solomon D. Self-healing polymeric materials: a review of recent developments. Prog Polym Sci 2008;33(5):479–522.
[25] Wool RP. Self-healing materials: a review. Soft Matter 2008;4(3):400–18.
[26] Blaiszik BJ, Kramer SLB, Olugebefola SC, Moore JS, Sottos NR. White SR. Self-healing polymers and composites. Annu Rev Mater Res 2010;40:179–211.
[27] Yang JL, Keller MW, Moore JS, White SR, Sottos NR. Microencapsulation of isocyanates for self-healing polymers. Macromolecules 2008;41(24):9650–5.
[28] Huang M, Yang JL. Facile microencapsulation of HDI for self-healing anticorrosion coatings. J Mater Chem 2011;21(30):11123–30.
[29] Keller MW, Hampton K, McLaury B. Self-healing of erosion damage in a polymer coating. Wear 2013;307(1–2):218–25.

[30] Zhang H, Yang JL. Development of self-healing polymers via amine–epoxy chemistry: II. Systematic evaluation of self-healing performance. Smart Mater Struct 2014;23(6):065004.
[31] Khun NW, Wei SD, Huang MX, Yang JL, Yue CY. Wear resistant epoxy composites with diisocyanate-based self-healing functionality. Wear 2014;303(1–2):19–28.
[32] Guo QB, Lau KT, Zheng BF, Rong MZ, Zhang MQ. Imparting ultra-low friction and wear rate to epoxy by the incorporation of microencapsulated lubricant? Macromol Mater Eng 2009;294(1):20–4.
[33] Khun NW, Zhang H, Yang JL, Liu E. Tribological performance of silicone composite coatings filled with wax-containing microcapsules. Wear 2012;296(1–2):575–82.
[34] Chen WXL, Han F, Xia G, Wang JB, Tu LY, Xu JP. Tribological behavior of carbon-nanotube-filled PTFE composites. Tribol Lett 2003;15(3):275–8.
[35] Zhang LC, Zarudi I, Xiao KQ. Novel behaviour of friction and wear of epoxy composites reinforced by carbon nanotubes. Wear 2006;261(7–8):806–11.
[36] Li C, Chou TW. Elastic moduli of multi-walled carbon nanotubes and the effect of van der Waals forces. Compos Sci Technol 2003;63(11):1517–24.
[37] Svahn F, Kassman-Rudolphi A, Wallén E. The influence of surface roughness on friction and wear of machine element coatings. Wear 2003;254(11):1092–8.
[38] Menezes PL, Kishore Kailas SV. Influence of surface texture and roughness parameters on friction and transfer layer formation during sliding of aluminium pin on steel plate. Wear 2009;267(9–10):1534–49.
[39] Barrett TS, Stachowiak GW, Batchelor AW. Effect of roughness and sliding speed on the wear and friction of ultra-high molecular weight polyethylene. Wear 1992;153(2):331–50.
[40] Clerico M, Patierno V. Sliding wear of polymeric composites. Wear 1979;53(2):279–301.
[41] Thorp JM. Abrasive wear of some commercial polymers. Tribol Int 1982;15(2):59–68.
[42] Mylvaganam K, Zhang LC, Cheong WCD. The effect of interface chemical bonds on the behaviour of nanotube–polyethylene composites under nano-particle impacts. J Comput Theor Nanosci 2007;4(1):122–6.
[43] Ashby MF, Abulawi J, Kong HS. Temperature maps for frictional heating in dry sliding. Tribol Trans 1991;34(4):577–87.
[44] Chang LZ, Zhong YL, Friedrich K. Tribological properties of epoxy nanocomposites: III. Characteristics of transfer films. Wear 2007;262(5–6):699–706.
[45] Archard JF. The temperature of rubbing surfaces. Wear 1959;2(6):438–55.
[46] Spector AA, Batra RC. Rolling/sliding of a vibrating elastic body on an elastic substrate. J Tribol 1996;118(1):147–52.
[47] Montgomery RS. Friction and wear at high sliding speeds. Wear 1976;36(3):275–98.
[48] Durand JM, Vardavoulias M, Jeandin M. Role of reinforcing ceramic particles in the wear behaviour of polymer-based model composites. Wear 1995;181–3:833–9.
[49] Wang YL, Luo S, Xu JL, Zhang H. Tribological and corrosion behaviors of Al_2O_3/polymer nanocomposite coatings. Wear 2006;260(9–10):976–83.
[50] Khun NW, Zhang H, Yang JL, Liu E. Mechanical and tribological properties of epoxy matrix composites modified with microencapsulated mixture of wax lubricant and multi-walled carbon nanotubes. Friction 2013;1(4):341–9.
[51] Zhang H, Yang JL. Etched glass bubbles as robust micro-containers for self-healing materials. J Mater Chem A 2013;1(41):12715–20.
[52] Blau PJ. Friction science and technology. New York, NY: Marcel Dekker; 1996.
[53] Bhushan B. Tribology and mechanics of magnetic storage device, 2nd ed. New York, NY: Springer-Verleg; 1996.

[54] Raju BR, Swamy RP, Bharath KN. The effect of silicon-dioxide filler on the wear resistance of glass fabric reinforced epoxy composites. Int J Adv Polym Sci Technol 2012;2(4):51–7.
[55] Myshkin NK, Petrokovets MI, Kovalev AV. Tribology of polymers: adhesion, friction, wear, and mass-transfer. Tribol Int 2005;38(11–12):910–21.
[56] Mostovoy S, Ripling EJ. Use of crack-line loaded specimens for measuring plain-strain fracture toughness. J Mater 1967;2:661–81.
[57] Brown EN, White SR, Sottos NR. Microcapsule induced toughening in a self-healing polymer composite. J Mater Sci 2004;39(5):1703–10.
[58] Selby K, Miller LE. Fracture toughness and mechanical behaviour of an epoxy resin. J Mater Sci 1975;10(1):12–24.
[59] Zhang H, Wang P, Yang JL. Self-healing epoxy via epoxy–amine chemistry in dual hollow glass bubbles. Compos Sci Technol 2014;94(0):23–9.
[60] Brown EN, Sottos NR, White SR. Fracture testing of a self-healing polymer composite. Exp Mech 2002;42(4):372–9.

第6章

多功能结构电池和超级电容器复合材料

Leif E. Asp[1,2], Emile S. Greenhalgh[3]
[1] 斯威雷亚西科姆公司,瑞典,默恩达尔
[2] 查尔姆斯理工大学,瑞典,哥德堡
[3] 帝国理工学院,复合中心,英国,伦敦

6.1 引言

6.1.1 结构能源的概念

复合材料应用研究的重点是最大限度地提高材料的性能。然而最近研究的重点已经发生了转变,变成了利用耦合材料各自的力学性能和二次物理性能从而提高高分子复合材料的多功能性[1,2]。本章的重点是阐述复合材料的结构和存储电量的能力。

在大多数的工程应用中,设计机器的最小质量或者最小体积都是评判设计人员的设计水平的标准,常规设计的方法是使每个独立的子系统最优化,例如原动机的设计。但是这种独立考虑子系统的常规设计方法能节约的成本比较有限,并且得出的最终数据也是折中的参数,例如,寿命、成本和性能。一种更加全面的考量方法应运而生,那就是考虑机器的多功能结构[3-9]。这种方法就是把不同的功能结合在一起进行的优化设计,例如,在复合材料层压板中嵌入薄膜电池[3]。这种结构类似于三明治的结构,其本质就是在外形设计中通过形状的优化从而增强物体的结构性能。有报道称,即使在低机械载荷下这种装置也能够正常运转[3,4,6,7],但是,这种方法节约的成本依旧有限并且受限于设备的分层结构。详细的有关多功能结构的介绍可以参考文献 [4]。

本章的重点是介绍一种可以同时执行两个或两个以上功能[10-12]的多功能材料。本章提出的实例是一种既可以承受机械载荷，同时还可以存储（和提供）电能的聚合物复合材料。它的多功能复合成分可以提供结构所需的能量，同时存储电化学能。这将是一个非常大的挑战，因为在具有这样功能的系统中，材料的最优化和结构的最优化通常是相矛盾的。这意味着不仅要优化材料的成分（纤维/电极和基质/电解质），而且要优化复合体系的结构。但是，开发出这样的材料的益处也是巨大的，即在减轻系统质量的同时，减小了系统的体积，这具有非常重大的意义。这一理念使建立一个既可以含有剩余量同时又可以减轻质量分布的平台成为可能。事实上，这种多功能材料在工业设计上也有非常大的作用。并且这种材料在其他方面也有非常广泛的应用，特别是在航天航空、电力、地面混合输送、便携式电子设备、延长电池寿命和电源的管理等受制性领域。尤其是，这种材料可以为未来零排放的电动汽车的能源存储的研究提供新的方法[13,14]。

对于动力结构复合材料，碳纤维是一个很好的研究起点，因为碳纤维通常被用作电极和高性能结构材料的加固。尽管传统上很多不同形式的碳已经被广泛使用，但是，如果我们把它们都统一起来，并对这些纤维进行适当的改进就可以得到一些碳的新形式。同样，聚合物可以作为结构中的基体或者电解质，但是，同时执行这两个功能就存在着相当大的技术挑战。最后，我们将电能存储设备的复合材料与复合结构相结合就可以产生一种非常强烈的协同作用。

本章的目的是介绍动力结构复合材料，包括对它的性能的期望以及它的最新的研究进展。其中，还特别强调了它们在不同类型工程问题中的应用。本章最后还讨论和确定了这种材料的研究目前面临的重要的技术挑战以及解决这些问题的潜在方法。

6.1.2 结构超级电容器、电池及其混合电源

存储电能的传统方法有，用电池存储、用超级电容器存储或者用电容器的介质存储。如图6.1所示，考虑的关键参数是能量密度（即存储了多少能量）和功率密度（即存储能量的速度）。如表6.1所示，电池具有大的能量密度，应用动力学的知识可知其中存在着比较缓慢的氧化还原反应，所以只能有适度的功率密度。

含电介质的电容器有大的功率密度，但是因为电子只能在充电/放电过程中运输，所以只能提供有限的能量密度。超级电容器在电池和介电电容器之间提供了一种折中的选择，这两者的典型能量和功率密度分别约为3～10kW/kg和3kW/kg。但是，目前新的超级电容器和电池的混合设备以及不对称的设备正在研究，研究里面涉及（伪电容器和混合电容器的）静电过程和电化学过程[17]。

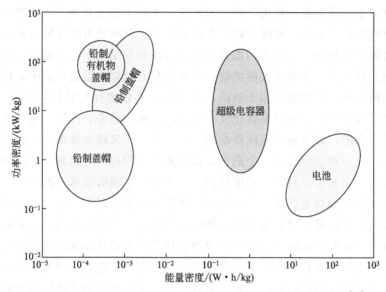

图 6.1　多种常规的能源存储设备的能量密度与功率密度的关系[15]

表 6.1　常规储能装置的不同临界参数的比较[16]

临界参数	电容器	超级电容器	电池
能量密度/(W·h/kg)	0.1	3~10	100
功率密度/(W/kg)	10^7	3000	1000
充电时间/s	10^{-6}~10^{-3}	0.3~30	>1000
放电时间/s	10^{-6}~10^{-3}	0.3~30	1000~10000
循环特性	10^{10}	106	1000
通常寿命/年	30	30	5
效率/%	>95	85~98	70~85

　　结构材料就是一种可以广泛储存、可回收/可转化能量的多功能材料。因此，本章只对超级电容器和电池的结构提供一个简单易懂的概述。一些研究人员，尤其是 Wetzel 以及他的同事[18-22] 和 Carlson 以及他的同事[23-26] 承担起了研究静电电容器的重任，但是这些设备仅限于能量武器等军事方面的应用。同样，Wetzel[22] 研究了具有极高的能量密度的结构燃料电池，但这些设备基本上受限于液体需求，并不是一个真正适合的多功能结构材料。

　　传统的超级电容器需要使能量密度和功率密度之间达到一个完美的平衡，并且进行一系列的应用。从研究结构功率的角度来看，超级电容器提供的"轻易实现的"自储能过程是一个完全的物理过程，而且使用的是具有较好的机械特性的材料，从而使研究者得到了一个更强大的设备。由于超级电容器的电荷在大的表面积电极上被收集，所以超级电容器不会产生任何固体的氧化还原反应（即，只有亥姆霍兹层)。因此,超级电容器是十分适合于短期存储和作为高功率密度的能源。但是,当与电池一起用时,超级电容器的作用是使负载平衡,提供峰值功率,并且减少对电池具有破坏性的负载或者有损电池寿命的负载[27]。

如图 6.2 所示,电容器是由两个电极、隔膜和电解液组成的[28]。两个电极一般是用可以提供高比表面积的活性炭制成的[29],而且它们一般是被一层可以利用离子导电但是与电子绝缘的隔膜分离。能量一般储存在电极和电解质之间界面处积累的电荷上,这是因为这些电荷的纳米级的分离产生了高电容。能量储存空间的大小决定了可用电极表面的功能,即离子大小和浓度以及电解质的稳定氧化还原反应,后者限制了两个电极之间的电压,使其相差几伏(通常是4V)。

电池可能是最重要的储存电能的方法,它可以提供最高的能量密度。因此,电池材料可以结构重组,即可以充电。电池可以由多种化学反应制成。其中,锂离子电池的设计是实现这种新型结构电池的新目标。除了

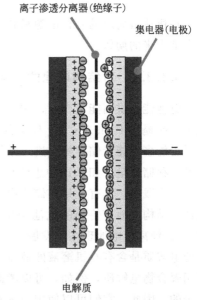

图 6.2 传统的超级电容器[28]

具有高的比电能,这种电池还具有较高的工作电压,存在着缓慢的自放电和没有记忆效应的优点[30]。一个电池,拿超级电容器来说,一般包括两个电极,分别是阳极和阴极,由透水性隔离层隔开,而且电极和隔离层都浸泡在含有锂离子的导电电解质中。电池的研究还存在着很多挑战。这些挑战主要与电池的电化学氧化还原反应相关,但是也涉及电池材料的功率密度和能量密度。电池利用氧化还原反应将化学能转化为电能。在一个这样的电池中,氧化还原反应如下,其中 MO_2 表示金属氧化物[31]:

阳极反应:

$$LiMO_2 \underset{放电}{\overset{充电}{\rightleftharpoons}} Li_{1-x}MO_2 + xLi^+ + xe^- \tag{6.1}$$

阴极反应:

$$C + xLi^+ + xe^- \underset{放电}{\overset{充电}{\rightleftharpoons}} Li_xC \tag{6.2}$$

总反应:

$$LiMO_2 + C \underset{放电}{\overset{充电}{\rightleftharpoons}} Li_xC + Li_{1-x}MO_2 \tag{6.3}$$

充电时,锂离子从正极迁移到负极,与此同时碳接收一个电子。当放电时,

锂离子进入正极材料中，从而使电路中产生电流。

6.1.3 对结构电源材料的期望

在概述最先进的结构电源材料之前，有必要了解一下研究者对结构电池和超级电池未来的期望。

6.1.3.1 对结构电池的期望

电池能提供高能量密度，这一点非常引人注目。甚至有的结构电池具有适应能力，能提供 $100mA·h/g$ 以上的电流，这将彻底改变便携式电子设备，可以使尽可能多的能量储存模块进入结构，例如，利用轿车的白色车身或笔记本电脑的外壳存储能量，如果这种想法成功实现，这样将会降低整个系统的质量和体积。在实践中，具有能量存储适应性功能的结构电池可以提供一些安全改进的可能性。结构电池与传统的电池相比有更低的能量密度，预计将减少热失控的风险[32]。锂离子电池现在的发展方向是寻找一种安全的电解质。目前我们普遍采用的电解质是含有有机溶液的液体，这种电解质易燃烧。解决这个问题的关键是利用聚合物电解质，例如，可以考虑结构电池。所有固态的结构电池的本质都是安全的，因此，它们可以使用一种有效的手段来解决有关易燃方面的安全问题，这也将成为锂离子电池的研究的一个焦点。固态电池，例如，利用具有针对性的结构电池复合材料可以为未来的电动汽车碰撞区的能量储存提供一种新的解决途径。

在结构电池的研究中，碳纤维电极的尺寸稳定性、聚合物电解质的种类以及正极材料的选取都十分重要。在充电和放电过程中，电极的膨胀和收缩取决于锂离子浓度（$\varepsilon>10\%$）。在结构复合材料中，上面所述的现象将直接导致复合成分在内部应力场中累积和再分配，这可能会对材料造成损伤。因此，结构电池材料应该寻求一种本身结构稳定的电极材料以延长电池的安全寿命。

已经有实验证明，在结构电池材料完全充满电的情况下，碳纤维电极表现出了良好的力学性能。因此，在提高复合电池的力学性能方面把重点放在了发展具有多功能的基体材料方面。与那些传统的复合材料相比，多功能基体材料的力学性能的提高主要依赖于提高纵向的压缩、提高面内的剪切强度以及提高层间的韧性。

最后注意一点，结构电池复合材料的处理必须在一个干燥的环境中。因此，现有的复合材料加工工艺流程必须进行改进，并且也必须允许这些新的工艺流程可以进行工业化生产。

6.1.3.2 理想结构的超级电容器

超级电容器使用的原动机分别与电容器以及电池比较，吸收的能量更多，也具有更大的功率密度。在现有的应用中，结构超级电容器取代常规设备时，它们也能提供相同的平衡性能。希望超级电容器的这些性能能够接近传统的设备。然而，超级电容器的结构（以及它们之间的接口）在提高电气和力学性能方面依然存在着相互矛盾的地方。因此，由于传统的设备在最大限度地提高电气性能方面进行了优化，而多功能设备进行了双性能（即电气和机械）的优化，但是，期望它们像传统的设备那样运转也依然是不现实的。此外，值得一提的是，在提高传统的超级电容器性能方面，特别是基于石墨烯器件的利用率方面，最近已经有报道称他们制出的超级电容器的能量密度已经接近 $30W·h/kg$[33]。最后一点，结构超级电容器应该要有与常规设备类似的耐久性和寿命（表 6.1）。

就如 6.3.2 描述的那样，电极在机械方面的开发方法应该不与纤维的力学性能相矛盾，这是十分重要的一点，尤其是强度。此外，基体中用以提高电性能而增加的成分可能会导致碳纤维体积分数的减少，从而使复合材料的弹性性能与传统机械系统的材料的弹性性能相比更低。

如 6.3.4 描述的那样，多功能的基体更柔顺，比单官能团的结构树脂更不易黏附到纤维上。因此，"以基体为主"的材料的复合性能是会受到影响的。例如，包括关键设计参数如纵向压缩强度（这取决于纤维中防止纤维微屈曲的横向支撑的基体）、平面剪切刚度和强度（这是由基体的刚度以及纤维/基体的剪切强度决定的）和层间韧性（这是由纤维/基体的界面性能决定的）。显然，如果这些多功能材料的特性与传统的单功能材料的特性接近的话，那么，这些多功能材料将会得到广泛使用。

使用聚合物复合材料的一个特点是加工工艺的加工条件。然而，对于结构的超级电容器来说，它的加工工艺中需要有干燥装置。就目前的聚合物复合材料而言，还需要一个非比寻常的处理理念。这个问题与电池的干燥问题（如 6.1.3.1）相比没那么急切，因为任何水分的引入可以在电气性能不损耗的情况下永久脱除。但是，这样的要求会对材料有放大的影响（或者对单位成本有影响）。

最后，多功能结构的超级电容器将会面临新的挑战。应该尽可能地使这些设备足够耐用，以方便后续的工艺（如钻孔、切割）和喷漆。它们应该可以与传统的复合材料相容，这样，多功能结构复合材料与传统的复合材料就可以在没有电解质浸出的情况下，用电隔离开而使它们进行混合得到新的材料。

6.1.4 最新观点介绍

如在前面的章节所介绍的，结构电池和超级电容器有着高度的共性。特别是，它们都依赖于电极之间的离子的移动，这个过程在采不采用碳元素的情况下都可以进行。因此，迄今为止，很多关于结构超级电容器和电池的研究都是相关的,例如有关基体的发展、碳纤维的导电性、电连接器的设计等等。并且,它们的很多特定问题也已经得到了解决,例如,电池电极的离子插层问题和超级电容器的高电极表面问题。

之后的两个部分分别对先进结构动力电池和超级电容器进行了简要的介绍。基础科学研究在其他地方已经有一个全面介绍[34]。本文主要对工程研究中的相关的材料进行详细介绍。

6.2 结构电池的简要综述

6.2.1 引言

结构电池复合材料已经研究了近十年。然而,只有少数的研究已经实现了真正的多功能材料,即,结构电池复合材料。第一次有关的研究是韦特泽尔和他的团队在美国陆军研究实验室(简称 ARL)做的[22,35-37]。如图 6.3 所示,他们做出了第一个结构电池复合材料示意图。

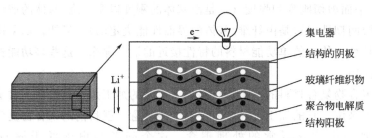

图 6.3　ARL 定义的叠层电池的概念[35,38]

两端电极采用了不同的增强材料(阳极用的是碳纤维,阴极材料是金属基板)并且在一个普通的聚合物电解质基体中放了一个玻璃织物分离器[36]。结构的电池材料表现出较好的力学性能,但是因为它的电气绝缘性差,所以电方面的性能不好。后来 Liu 等[39]设计了一种短纤维增强结构的电池电极和固体聚合物电解质(SPE)的基体材料。但是,他们依旧不能够制造出一般纤维增强的电极,也不能够制造出具有足够多的离子导电性的固体电解质。与这相反,他们采用了更强大的凝胶电解质。这导致在一个工作电池的力学性能很差。在这个基础上,Ekstedt 等[40]进行了工作结构采用碳纤维加固的凝胶电解质作为电池阳极,玻璃织物分离器和 LiFePO$_4$/铝纤维材料作为阴极。含 Li$_x$C$_6$ 和 LiFePO$_4$ 的结构电池已经打开 3.3V 的电池电压(OCP)。

最近,Carlson 是建立在欧盟 FP7 存储项目研究的工作层压结构电池复合的基础上，如图 6.4 和图 6.5 所示。整个结构超级电容器由伦敦大学帝国理工学院开发，它的阳极采用 IMS65 碳纤维织的面料，电解质含有离子液体（IL），并且是一个连续多功能聚合物电解质，阴极由 LiFePO$_4$ 包覆金属箔制成。电池的阳极和阴极分别有铜和铝的连接器。大约在 20 世纪 70 年代，瑞典 Swerea SICOMP 研究所发现复合材料层结构电池中储存的能量能够使发光二极管（LED）发光。

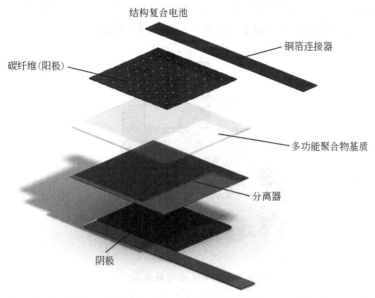

图 6.4　Swerea SICOMP 叠层存储电池示意图[41]

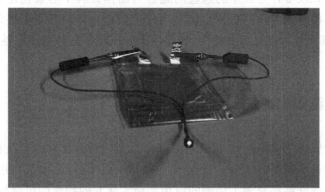

图 6.5　Swerea SICOMP 研究的动力电池的叠层结构[41]

最后，英国的 BAe 系统公司声称依靠于镍的化学反应做出可以工作的结构电池，但作者之前并没有在科学文献中的任何出版物中看到过关于他们的技术。但是，实际上，BAe 系统公司已经申请了三个关于结构电池材料的专利，他们做的电极是由掺杂了活性物质,例如,氢氧化镍、氧化锌和炭黑等的导电碳纤维,以及分散在含有多孔环氧树脂基体的玻璃织物分离器的层状的复合材料组成的[42-44]。

最近,Carlson[45]和Asp等[46,47]提出了一种全新的概念,采用单独的碳纤维作为结构电池的电极。电池是由含有大约一千根碳纤维的涂层与SPE中常用的掺杂基质材料的阴极制成。电池的原理图如图6.6所示。通过这种方法证明结构电池能量密度为10W·h/kg。此外,通过这种方法,改善了分散的正极(即阴极),使能量密度提高到了175W·h/kg,剪切模量达到了1GPa。

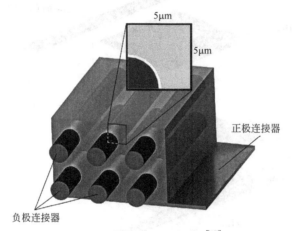

图6.6 三维电池的截面图[45]

在这些先驱的结构电池复合材料的研究中,发现有大量值得进一步研究的问题。在一种方式或多种方式中的这些问题都与固体材料中的氧化还原反应有关。如果要制成结构电池的材料,为了使锂-离子迁移顺利同时保持材料的承重性能,一定要使锂-离子层插在电极和电极之间。下文的内容是对结构电池研究的简要介绍。

6.2.2 最新研究的简要介绍

可充电的锂离子电池已经可以采用多种类型的石墨化碳作为负极[48,49]。石墨的理论容量是$372mA·h/g$[50]。石墨的结构示意图如图6.7(a)所示。

商业级的碳纤维都是为了结构的应用而最大化它的特殊的机械特性。纤维中的碳是一种化合的石墨结构,如图6.7(b)所示。碳纤维中的含碳的微观结构,使含Li的反应可逆[53]。这种碳纤维结合了高的特殊的力学性质和可以使含锂离子的反应可逆的能力,所以它可以作为结构电池复合材料中使电极加固的部分。美国的ARL研究团队[54]以及瑞典皇家学院的研究小组[50]对这种商业级的碳

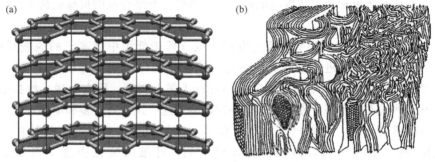

图 6.7 石墨结构[51]（a）和化合的石墨结构（b）[52]

纤维的电化学性能进行了表征和分析。他们研究发现碳纤维电极在高、中级模量聚丙烯腈（PAN）中，纤维提供的具体的能力与抗拉强度的关系是最好的。基于以上发现，Kjell 等[50]研究了几个不同等级的商用 PAN 纤维的电化学性能。在表 6.2 中展现了 Kjell 等实验中最好的纤维的电化学容量（测量电流为 100mA/g 的碳纤维）的测量结果。

表 6.2 第一和第十个充电周期测量的电化学容量[50]

级别	含锂电容/(mA·h/g)		不含锂电容/(mA·h/g)	
	第一个周期	第十个周期	第一个周期	第十个周期
T300	170	91	79	87
T300 未分级	350	130	150	130
T800	170	98	88	97
T800 未分级	194	112	128	110
IMS65	166	108	109	108
IMS65 未分级	360	177	228	177

Kjell 等[55]最近一项研究发现，第一次充电周期后的纤维束有很高的下降容量（50%）（在第一和第十个充电周期的储容量分别为 360mA·h/g 和 177 mA·h/g），部分原因是其本身的管束结构。那是因为在对单根纤维的可逆容量测试中，相比第一个周期只减少了 25%（单根纤维电极测量的可逆容量是 250mA·h/g，而由表 6.2 可知碳纤维束电极的可逆容量为 177mA·h/g）。Kjell 等还发现单根纤维电极的收取比纤维束电极快得多。因此，在电池中采用单根纤维会有很大的好处。

一些关于 PAN 碳纤维具有很好的力学性能的研究表明，具有这些纤维结构的电池可能具有非常高的比能量。事实上，基于这一点，采用单根 IMS65 碳纤维制成的新型电池的能量密度和功率密度（即充电/放电率）都优于常规电池。

然而，要正确认识和利用结构电池材料，必须保证纤维在高的机械载荷下，仍然具有很好的力学性能。

Jacques 等[56-59]对影响电极充电和放电（即碳纤维中锂离子的脱嵌反应）的碳纤维的力学性能进行了研究。他们对碳纤维 IMS65 和碳纤维 T800 进行了 1000 次充电的电化学循环周期后，分别进行了张力测试。研究发现，抗拉刚度并没有受到插入的锂离子和电化学循环的影响。这一发现对许多驱动结构的刚度设计是非常有用的，例如汽车结构。在第一次的脱锂反应中纤维的抗拉强度（UTS）减少了约 20%，但在锂化反应期间，纤维的抗拉强度又恢复了一部分[56]。

Jacques 等[57]对碳纤维的轴向拉伸和压缩进行了随后的研究。他们发现，碳纤维在锂化反应中拉伸和在脱锂反应中压缩。轴向拉伸达到了 1%，与无损伤测量的石墨中的锂离子的理论极限 372mA·h/g 非常接近[50]。这些结果对结构电池复合材料的发展非常有用，因为在电循环过程中要求纤维尺寸具有一定的稳定性。例如，可逆容量为 168mA·h/g 的 IMS65 纤维 1h（即 1C）内完全充电造成约 0.3% 的可逆轴向拉伸[57]。

此外，他们还研究了机械载荷对碳纤维电化学性能的影响。Jacques 等[59]研究了机械载荷对 IMS65 纤维电极和 T800 纤维电极的电化学容量的影响，发现应变并不会影响碳纤维的具体的性能。

要制成结构电池，研究还需要重点确定具有高机械刚度和高锂离子电导率的聚合物系统的陈列方式[60]。Snyder 等[37,61]、Wysocki 等[62] 和 Willgert 等[63,64]对在聚合物网络中进行了热固化处理的含氧化乙烷（EO）基团的嵌段共聚物进行了研究。通过改变与环氧乙烷基团有关的交联密度，他们就可以调整 SPE 的电导率比刚度。图 6.8 展示了两个单体系统在高导电性的交联密度下嫁接到结构聚合物网络上产生的变异。

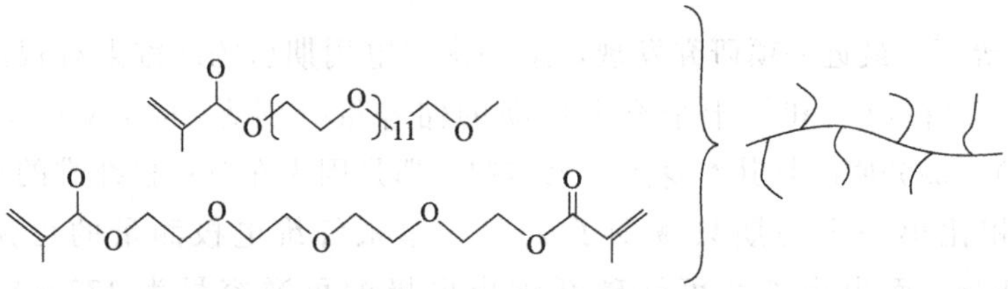

图 6.8 共聚的聚乙二醇（60）二甲基丙烯酸酯和甲氧基聚乙二醇（550）甲基丙烯酸酯[65]

单体的混合比例对聚合物电解质的多功能性能的影响，即交联的锂离子的电导率和刚度的关系，见图 6.9，说明了所有共聚物的多功能性能相对于基线都有一定程度的增强。

SPE 的多功能性能可以显著提高通过嫁接交联在聚合物网络上的单体结构

6.2 结构电池的简要综述 | 125

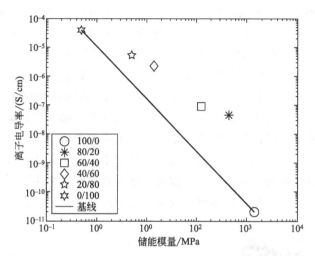

图 6.9 室温下不同比例混合 SR209/CD552 的离子电导率与储能模量的关系图[62]

的高传导性，但是离子电导率仍然很低。Leijonmarck 等[66] 最近提出了一种由甲基丙烯酸酯单体制出薄的 SPE 的碳纤维（以上提到的）涂覆在纤维上的方法。通过这种方法，他们制出了约 5nm 厚无瑕疵的 SPE 涂层。因此，此方法可以通过大量减少离子运输的距离而使 SPE 的低的离子电导率得到补偿[66]。图 6.10 展现了未知大小，没有涂层的 IMS65 纤维到涂层 IMS65 纤维的过程。这些涂层纤维用来建立三维碳纤维电池见图 6.6 以及下文也将进行进一步的讨论。

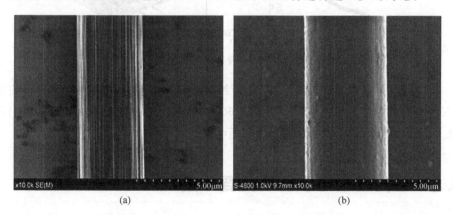

图 6.10 没涂层 IMS65 纤维（a）和共聚物包覆 SPE 的 IMS65 纤维（b）

Carlson[45] 制成的半结构三维碳纤维电池单元，如图 6.6 所示，它是粗纺大约 1000 根碳纤维得到的。由 Leijonmarck 等[66] 描述的过程可知，粗纺首先经过涂层和烘干。这个涂层离开嫁接在纤维上的聚合物链，用沙多玛公司的单功能的 SR550 单体在聚四氟乙烯（PTFE）钻机上聚合。然后，在氩气中，组成一个包含电极材料、电流收集器和一个薄隔板的电池。这个钻机将含有涂层的碳纤维连接到一个铝片（即电流收集器）上，通过这个方式，使涂覆的碳纤维与金属接触。在 DMF 中把 LiFePO$_4$ 浆料：超导碳：PVDF 以 54：34：12（质量）的比例应用到碳纤维上；在 DMF 蒸发之后，涂层碳纤维和铝制电流收集器将一直在正极上接触。图 6.11 展现的是 SPE 涂层碳纤维三维电池材料的制造过程，制造步骤为从左下图转 1 圈到右下图：第 1 步，一束 IMS65 碳纤维。第 2 步，用铜制电流收集器将碳纤维束附着在聚四氟乙烯装置上。第 3 步，碳纤维束的电涂层。第 4 步，将涂层碳纤维束附着在铝片（正电流收集器）上，之后将正电极黏合剂烘干。第 5 步，加入液体电池电解质。第 6 步，密封成品电池并且循环以上步骤。目前的方法的规模不易放大，因为涂层过程是在一个小箱子里以一个固定的过程中完成的。在小箱子中也将完成后续的装配和密封过程。

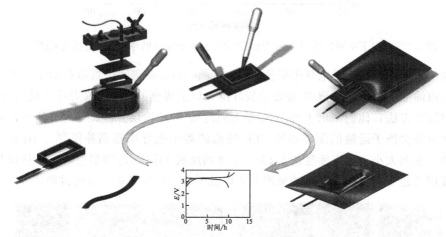

图 6.11　3D 电池生产过程（图片来自 Carlson[45]）

电气循环可以在碳纤维 C/5 的碳纤维 3D 电池中进行。这种电池，在使用 LiFePO$_4$ 时具有最高的效率，可达到 60%（即 102mA·h/g，理论上是 170mA·h/g），这表明对这种电池的研究还可以更进一步。

6.3　结构超级电容器的简要综述

6.3.1　引言

在电池方面，一些研究者研究了常规或特殊的超级电容器中的多功能结构在包装过程中[67]以及在智能纺织品集成过程中[68]的力学性能的持久性。虽然已经证实了力学性能有所改进，但是结构的超级电容器的效果更好，这是因为结构材料本身具有电子活性。在这一领域大部分的工作都是由伦敦大学帝国理工学院的工作队在 STORAGE 集团支持下进行的[41]。

一个结构的超级电容器的构造可以见图 6.12。两个碳纤维电极的组成可以见 6.3.2；因为纤维是在预处理前进行的分层，这些通常都是编织的椎板结构。这些电极夹层的分离层（见 6.3.3）应该都是有一定的结构作用，否则它只会增加结构的质量。这层注入了可以提供支撑力和离子运输通道的多功能基体（见 6.3.4）。这种材料的特点是在电和机械方面（见 6.3.5），后者主要集中在基质部分控制力学性能。此外，该层压板具有电连接器，使得它可以集成在一个平台上的系统中（见 6.4）。详细的细节和与基体相关联的科学细节可以参考其他文献[34]，本章的重点在于制作复合材料。

图 6.12 结构电容器的构造[69]

6.3.2 增强体/电极研究进展

与传统的超级电容器相比，增加钢筋的面积已经是公认的实现高电容的方法，但是在加固的同时必须保证良好的力学性能。研究者在这方面用了一系列不同的方法进行了大量的工作。最近有结构碳纤维的纺织品用于这个方面，但是力学性能很差[69]，这是因为它的表面积非常低（约 $0.1 m^2/g$）。值得关注的是，虽然市面上销售的活性纤维[70]有非常大的表面面积，但是它们的力学性能非常差，因此是不适合作为多功能结构的电极。目前我们面临的主要问题是在不影响其力学性能前提下，增加碳纤维的表面面积。方法包括活化纤维的化学性能[69,71,72]，在碳纤维位置上生长碳纳米管（CNTs）[41,73]和在碳纤维上进行碳纳米管的施胶[41]。最近，碳气凝胶（CAG）的方法已经被用在这个方面[74-76]。这些不同的加固方法可以见图 6.13，显示了在不同的方法下的表面面积和电容（在液体电解质中）。应该指出的是，这些方法都不会导致任何纤维的力学性能的显著减少。在发展结构超级电容器的方面，CAG 加固是最好的和最合适的方式。

图 6.13　结构超级电容器的加固方法的摘要[76]

6.3.3　隔膜研究进展

分离部分是传统的超级电容器的关键组成部分，因为它需要对电绝缘但可以传输离子，而且越轻薄越好。因此，传统的超级电容器用多孔聚丙烯（PP）膜（如 Celgard[77]），20μm 厚。这么低的厚度是为了最大限度地减少离子的扩散距离，从而保证功率密度。然而，对于结构的超级电容器，还有一些额外的要求关于需要一些支撑载荷的能力（即没有结构负担），以及更重要的是要求电容器在机械载荷作用下不会促进碳纤维电极之间分层。后面的这个要求决定了其不能使用传统的聚合物膜电极，因为传统的聚合物膜电极在粘连电极方面很差。另外一个问题是需要足够强大的承载来处理（如凝固压力和蒸气压力等情况）使隔膜不被碳纤维电极刺穿。如果碳电极的编织太过松散，它会促进上述的穿透隔膜过程发生从而造成短路[41,78]。鉴于这些先决条件，不同类型的隔膜（滤纸、玻璃纤维织物和聚丙烯膜）被用来作为分离膜进行测试。初步实验采用滤纸作为参考电容的测定[79,80]，最近的研究[69] 集中在编织玻璃纤维织物作为分隔膜。然而，如果玻璃织物太薄，就会使纤维束的尺寸减小，形成一个稀疏的结构，从而造成短路。最终，玻璃织物需要在力学性能和电气性能之间形成一个调和方案。

6.3.4　多功能基体研究进展

多功能基体也许是在结构的超级电容器发展中的最具挑战性的研究方面。如

6.1.3.2 部分描述的：聚合物基体必须有足够的刚性，以承受机械载荷，而且可以进行离子间的运动。研究者已经采取了各种方法来生产合适的基体。早期的研究工作[79]主要是使用结构相形成双连续相基体，双酚 A 二缩水甘油醚（DGEBA）与电解液相一起，聚（乙二醇）二缩水甘油醚（PEGDGE）与双（三氟甲磺酰）亚胺锂（LiTFSI）一起，并且改变这些成分的比例进行实验。另一种方法是不使用结构成分[69,81]但交联 PEGDGE 来作为提高力学性能的一种手段。除了锂盐（LiTFSI）、1-乙基-3-甲基咪唑双（三氟甲磺酰）亚胺（EMIMTFSI）也可以添加到基体中来提高锂盐的溶解度和提供额外的电荷载体。直接加入交联的 PEGDGE 并不能改善电气性能，但将 IL 和 PEGDGE 一起加入却是公认的增强电气性能的手段。进一步研究[82]重点发现一起使用 PEGDGE 和 IL 从电气的角度来看，是十分合理并且很好的，但是它的力学性能总是很差。随后，结构超级电容器的多功能基质的主体研究工作[41,83-87]的重点一直在结合 IL 与航空航天结构的环氧树脂生产双连续相织物上。

一些系统导致双连续相结构［图 6.14(a)］，其中尺寸受到的配方组成。其他树脂体系导致了更复杂的微观结构［图 6.14(b)］，由部分环氧树脂形成的连续聚合物相组成，该环氧树脂在硅基电解质中溶解性差，被球状结节包围，由环氧树脂的可溶解部分形成。格林[41,87,88]等已广泛对加工性能、结构、结构的电解质，包括离子电导率、机械、性能和机械性能与组成的影响进行了研究。

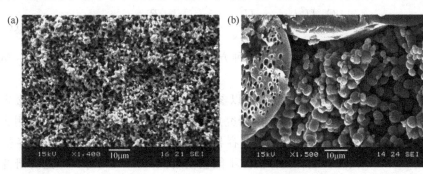

图 6.14 两种不同形态的显微照片
(a) 双连续相结构的 2.3_30/MVR444（杨氏模量 0.18GPa；σ=0.8mS/cm）；
(b) 结节状结构的 2.3_50/MTM57（杨氏模量 0.15GPa；σ=0.3mS/cm）[87]

6.3.5 结构超级电容器制备与表征

多功能结构的超级电容器的初始研究侧重于使用湿接头或树脂灌注等柔性工具作为生产复合材料层合板[69,79,80,82]的手段。这需要将夹在改良碳纤维之间两块玻璃纤维织物（通常 200g/m²）编织成电极（见 6.3.2），并与多功能基体（见 6.3.4）在真空中一起注入板中，然后将这层压板固化。虽然这种方法很容易在实验室中进行，但是层压板的质量往往非常差。后来的研究[89]转向利用改性剂和多功能基体制备预浸料，然后进行高压处理，得到了具有良好机电性能的高质量结构超级电容器。力学性能通常使用由基质或表面的性能的控制试验来表征。

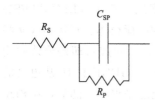

图 6.15 超级电容器系统的等效电路[90]

结构超级电容器的电气特性与等效电路模型见图 6.15[90]。在这个模型中，电荷存储在 CSP 电容的电容器中，其大小取决于一系列不同的参数，如碳纤维的表面积、孔径分布、电解质离子强度。与这个电容并联的是一个电阻，R_P，它是任何电极或电化学反应之间的电触点。与电容器串联的等效串联电阻（简称 ESR），R_S，它是电极的电阻和电极之间的电解质的离子电阻的总和。它取决于碳纤维的石墨化程度、电解质的离子电导率和系统的几何形状。一种高性能的超级电容器需要大的 C_{SP} 和 R_P 值以及小的 R_S 值。结构超级电容器的关键绩效指标，能量密度（Γ）和功率密度（P）是确定的，$U_内$ 和 $U_{应用}$ 分别是内在电压和应用电压。

$$\Gamma = \frac{C_{SP} U_内^2}{2} \quad P = \frac{U_内^2}{4R_S} \quad U_内 = \frac{R_P}{(R_P + R_S)} U_{应用} \tag{6.4}$$

用于结构超级电容器电表征的几种方法[90]，包括充放电测试（计时）、循环伏安法和阻抗的光谱分析。

这些研究结果的详细报告信息可以参考其他文献[34]，在这里只描述报告的主要成果。首先，关于 PEGDGE 的研究成果[79]：以 DGEBA 为基础，使用含滤纸分离器的碳纤维接收器的超级电容器有很好的力学性能，但是电容很小（<10μF/cm²），因此，这种基体配方不能被使用。Shirshova 等[69]主要研究各种单功能和多功能基体的加固以及电气性能和抗压强度的表征。碳纤维如果是 6K 平原 HTA（200g/m²）编织可以作为接收装置或者活性材料（见 6.3.2 部分），如果是 6K 斜纹玻璃纤维（250g/m²）编织可以作为分离器。一般的基体的成分是 PAN（PC/EC 加 0.1mol/L LiTFSI）用于单功能的机械系统的单功能电复合材料或者 MVR 444 中。多功能基体的成分是 PEGDGE 0.1m LiTFSI 或 PEGDGE 0.1m LiTFSI IL。在单功能的电气性能的复合方面，活性炭纤维可以使电容增加到原来的 20 倍，尽管工业活性纤维在这方面作用很小但巨大的 ESR 电容可以使功率密度低。在单功能的力学性能的复合方面，活性纤维可以增强压缩模量和强度。断口分析表明，这是纤维的活化使纤维和基体结合增强导致的

结果。

关于 PEGDGE 多功能设备，纤维的活化导致了 ESR 增加，电容减少但是力学性能得到增强。这是由于增加了纤维/基体黏结强度，但限制了离子的运动，从而减少了离子的电导率。另外，IL 的增加又会使电容和能量密度增加，但是减少力学性能，这是由于 IL 软化了基体。这个活化纤维基体系统的性能都得到了加强。这项研究的主要成果表明了加入 IL 是改善性能的一种方法。

ARL[72] 研究比较了不同超级电容器的结构，包括使用碳纤维电极（第 6.3.2 节）以及外涂聚吡咯（PPy）的氧化还原活性电极，甚至是常规超级电容器材料（Spectracarb 2225）。基体是由四乙二醇二甲基丙烯酸酯和甲氧基聚（乙二醇）550-丙烯酸酯以及溶解在这两个单体中的锂亚胺盐组成的。

纤维的活化使力学性能适当下降但是电气性能有巨大的改善。文献[69] 显示，活化改变了纤维的润湿，甚至可能改变了树脂的固化。

STORAGE 研究所[41,91] 支持了一项意义非常重大的研究。碳纤维的修饰包括了在改进了的基体即由用氰特 MTM7 与等质量分数的 IL 混合在两种不同的锂盐中的碳纳米管的修饰，详细内容可以见 6.3.4 的描述。两种单功能力学性能的复合：设备 A 和 F 分别只使用 MTM57 作为接收纤维和碳纳米管作为嫁接纤维。在电气性能方面，T300 的碳纳米管和 4.6mol/L 的锂盐的嫁接装置在能量密度（容量最高）和功率密度（低的 ESR）方面都是最好的。然而，对于多功能力学性能的复合材料，还有一点值得关注的是，对于大多数设备的压缩模量（一旦归为体积分数）是接近的单功能的基线。但是，当考虑基体为主的性能，如面内剪切模量和强度，以及抗压强度，有一个显著的击倒与多功能矩阵。最好的力学性能由接枝碳纳米管与 2.3mol/L 锂盐 T300 器件表现出。然而，值得注意的是，所有的材料表现出比以前 PEGDGE 基础材料较差的功率密度[69]。

断口的研究[91] 为失败的材料提供了一种洞察多功能复合材料的微观结构的方式，特别是了解纤维如何影响在基体中观察到的微观结构（见 6.3.4）。在一般情况下，有一个高度的异质性的基体形态与白细胞介素构成占主导地位的纤维，而在间质部分主要是环氧树脂。观察了大量的基质，多功能基质（图 6.16）在自然状态下都是多孔的，显示的 IL 填充孔的孔隙的大小一般在 $1\mu m$ 和 $10\mu m$ 之间。观察纤维/基体界面（图 6.16）的形态的进一步细节表明，纤维和基质之间黏合的异质性非常大，并且大部分区域没有机械键（但是有良好的离子导电性）。然而，在某些地区，可以观察到被基体的结构成分保护的纤维。在这些地方显然纤维和 IL 之间没有直接的联系（即孔），这就有助于提高材料的 ESR。

如 6.3.2 部分描述的内容，提高电气性能的最适合的方法是利用 CAG 加固的电极。这项研究[75] 主要集中在 CAG 对电气和力学性能的影响方面。研究考虑了几种单功能材料，采用纯的环氧 IL（电气性能方面）、环氧 PEGDGE 或者

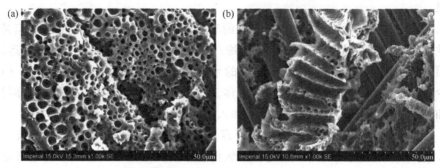

图 6.16　结构超级电容器中基体细节（T300/2.3mol/L 锂盐）
(a) 基体富集区；(b) 基体/纤维接口区

环氧 DGEBA（都是力学性能方面）。多功能的配方由 PEGDGE 加上 10% 的 IL 组成。此外，可以考虑两种不同的分离膜，即 PP 膜（Celgard[77]，用于传统的设备中）或者玻璃纤维织物。前者的好的单功能是因为它促进了电极之间的分层。单功能电复合材料使用了 CAG 使得 PP 膜和玻璃纤维织物的电气性能得到了很大的改进。IL 的电解质可以使电容增加 20 多倍，而在 PEGDGE 中加入 10%IL，电容也有同样的增加效果，特别是用在 PP 分离膜上。此外，ESR 也下降为原来的 1/20，使功率密度得到了大大的增强。在单功能的力学性能的复合方面，加入 CAG 会使剪切模量和强度有显著的增强。多功能系统（即在 PEG-DGE 中加 10% IL 的玻璃纤维分离器）是迄今为止发表了的具有最高的电容（71mF/g）的多功能系统。

总结一下，多功能超级电容器已经在电气和力学性能方面都得到了显著的改善。然而，含结构树脂的混合电解质往往可以使电气性能，特别是功率密度以及力学性能都能得到比较好的改善。例如，研究表明，使用软基体（PEGDGE＋IL），导致较高的功率密度，但基体的主要性能（抗压强度）较差。但是，CAG 可以使这两种性能相互中和，因为它增加了表面积（因此能量密度很好），同时给基体提供机械支撑。因此，CAG 的多功能性能最好，它的电容是 71.2mF/g，它的能量密度是 17mW·h/kg。6.4.2 节对这些系统的多功能性能有进一步的讨论。

6.4　工程与系统问题

6.4.1　引言

如前面的章节所述，结构性材料科学的发展依然需要我们做出更多的努力。

但是，我们也需要使用这些材料解决相关联的工程问题，例如利用和得到这些材料的方法。为此，研究人员一直致力于解决与采用结构动力相关的各种问题。

6.4.2 设计方法

作为传统复合材料，设计者可以定制材料的性质来匹配特定的设计过程。因此，材料的开发方法侧重于调整性质以满足特定要求。而结构性复合材料的设计过程是千差万别的，因此通常设计者需要将相互冲突的需求保持一个平衡的节点。这意味着我们可以对特定的平衡特性进行优化，而不是与传统结构和能量存储装置相比，努力生产更能满足力学和电气性能的"完美"材料。这种设计需要一种不仅仅是考虑不同的部分更是要考虑整个整体的可替代的哲学思想。

由 O'Brien 等[18] 分析确定多功能材料在节省质量方面已经达到了一定的成熟度。例如或许可以修改这种分析结果进而节省体积。系统的质量（m）分别考虑大量的电气和结构组件的质量即 m_e 和 m_s，一个新的系统的质量 m^* 不仅分别考虑到它的电气和结构部分关联的 m_e^* 和 m_s^*，并且还考虑附加的在电气和结构方面都有好处的多功能材料的质量 m_{mf}^*。如果 $m > m^*$，则可以减轻重量。为了满足这个条件，多功能的效率 η_{mf} 必须超过 1。

$$\eta_{mf} \equiv \eta_e + \eta_s > 1$$

$$\eta_e = \frac{\overline{\Gamma}_{mf}}{\overline{\Gamma}} \quad \eta_s = \frac{\overline{E}_{mf}}{\overline{E}} \tag{6.5}$$

式中，η_e 和 η_s 分别为多功能材料的电气效率和机械效率。在这个例子中，电气效率是多功能材料的特定的能量密度（Γ）和电气指标的常规的基线（如常规的超级电容器）之比，而机械效率是多功能材料的弹性模量（E）和常规的结构材料的弹性模量之比。O'Brien 应用这种分析结果来讨论多功能电容器，用当前最前沿的技术证明重量的减轻[18]。

为了证明这种方法，文献中报道的结构超级电容器的多功能效率如图 6.17 所示。在这些计算中，单功能结构材料是储存资助项目 A（T300 2×2 斜纹/mtm57）[91]，而单功能电气材料是麦克斯韦生物质作物援助项目 0010（10F）的超级电容器[92]。电气指标是比能量密度，并且提出了两个机械指标：杨氏模量（E_{11}）和平面剪切模量（G_{12}）。

应该注意的是，单功能装置的能量密度为 2.89W·h/kg，而存储器 A 的特定杨氏模量和剪切模量分别为 40.6GPa/（cm·g）和 2.2GPa/（cm·g）。

应该指出的是，虽然如 6.2 部分所示，目前不太成熟的结构电池不能体现出这种分析方法的价值，但是这种分析方法通用于所有的结构性材料。然而可以预料，由于碳纤维的加入对纤维弹性行为没有特别不利的影响，因此预计对于纤维

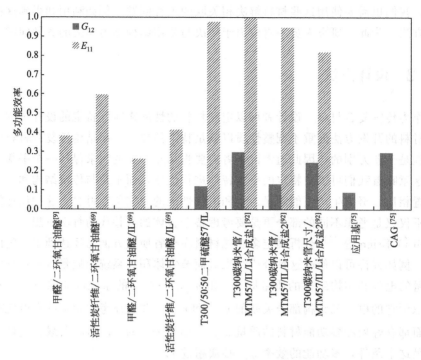

图 6.17 结构超级电容器的多功能效率[69,75,89]

主导的性能,现有的工艺在质量节省方面超过了现在所有的单功能系统。

6.4.3 连通性

利用结构材料时需要考虑的另一个方面是如何将它们连接到电气系统。虽然当前材料提供的性能相对温和,但是预计未来的设备需要传送数万安培的电。最初的研究[69,79]是使用铜带,但是这导致基体(IL)中的活性成分会诱导腐蚀相关的问题。因此,铜需要钝化,如用炭墨喷在铜表面。铜带的性能不是非常稳定,因此任何过度的处理会导致铜的脱黏和破损。并且,在大型结构中,碳的固有电阻率(通常 $1\Omega/cm$)将会由于电阻发热而导致能量的损失。

更进一步的办法[41,78]是研究者成功地利用了常规雷击保护材料(LSP)[93],其中包括扩大或者编织铜网。这些方法增加了复合材料的质量(每个单元格增加了高达10%的质量),但是在多单元的配置中(里面的连接器只在表面层),这种大规模的质量的增加可以忽略不计。最后,在使用这些材料切割或制造时需要小心,以确保杂散铜不会使电极短路,因此最后的工艺中可以不用抛光或者磨削。另外,这些方法成功地使用了牺牲性的孔(图 6.18)作为智能或结构健康监测的方法[41]。

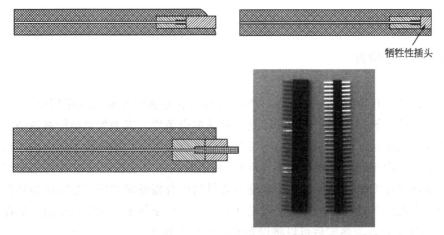

图 6.18 可以连接到结构性材料系统的牺牲性插座的开发[41]

6.4.4 整理

常规复合材料的加工通常需要几个精加工工序,如使用刀具的钻孔和修剪。然而,关键的问题是结构性材料是否也适合这样的工艺,这样的过程可能会引起短路或电气性能的降低。当然,因为基体具有电解性质,在任何精加工操作之前都需要进行干燥。研究者对结构超级电容器的精加工方面的相关问题已经进行了探讨[41,78],其中钻孔试验已经对力学性能的所有损失都进行了表征。以 134r/min 的速度钻出 8 个直径为 6mm、间距为 18mm 的孔(2.53m/min),钻机的进给率为 0.179mm/r。每次钻孔完成后实验者都采用计时电流层压法测定它的特定的电容和电阻,如图 6.19 所示。这个结果表明,结构超级电容器对钻井作业很不

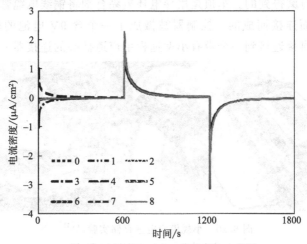

图 6.19 结构超级电容器的钻孔研究[78]

敏感。

6.4.5 防撞性

到目前为止，很多对结构性材料研究的重点都在汽车材料的应用中[41]。这方面应用的关键是能够在安全的情况下承受撞击条件，因为如果结构被渗透，那么令人担忧的是电能去向何方。不带电和带电层合板[78]都进行了标准的冲击和挤压试验（用于蓄电装置和承重材料），利用热成像来表征层压板在失效期间的任何快速温度变化。研究员将多功能复合材料层合板并联到传统超级电容器以及两个储存电能的设备中。研究中发现在最坏的测试条件下，层压板中原来储存的 500J 的能量转换为热能后可以将设备的温度提高到 29℃。

6.4.6 验证

攻克技术难关的最有效的方法就是使用样本来进行示范，比如结构性方面。这是 STORAGE 计划需要特别关注的地方，该计划的最终结果是基于该计划早期开发的材料生产了结构超级电容器的沃尔沃 S80[41]（见 6.3.5）。在此之前，一个小规模的实验品是基于一个无线电遥控沃尔沃 XC60 模型车而制得的。

6.4.6.1 无线电遥控模型车演示

作为存储项目的一部分，研究员生产了一个小型演示器（图 6.20），它的车顶是由两个结构超级电容器串联组成的。层压板是用金刚石切割成一定合适的尺度再进行边缘打磨得到的。车顶是用导电环氧黏合剂将铜线电缆黏合到层压板的上表面和下表面连接而成的。控制器被做成了一个含 9V 电池的电缆汽车充电器，这个电池直接连接到一个带有小型远程单声道插头的连接器上。结构超级电

图 6.20 小规模含电量存储实验品[41]
(a) 充电装置；(b) 点亮前面 LED 灯

容器能够提供足够的电能来点亮车上的 LED 灯（图 6.20）。

6.4.6.2 S80 尾灯实验品

S80 尾灯被作为多功能复合材料在汽车组件中应用的重点演示代表，原始零件由压制钢板（主要厚度为 0.9mm）并包括连接在牌照"scoop-out"的外壳组成。实验人员将中间夹有多功能材料板的传统碳纤维加固塑料（CFRP）的集成用作结构加固和照明引导空间的电源。

3D 扫描和原始组件 CAD 模型生成之后，基于简化几何的开放复合工具就可以制造出来。最外层外壳是采用四层的 MTM57/CF3200 2×2 斜纹编织树脂模塑成型的，并且在压热器中矫正成型使其厚度为 1.2mm。然后，泡沫遮盖物黏合到部件的表面作为一种覆盖型加强结构，这个遮盖物用传统碳纤维复合材料覆盖进而生产欧米茄加强筋。多功能层压板是由多个单元格组成的，每个单元格由两个 0.1mm 厚的玻璃纤维分离层夹在 3mm 厚的单层编织 T300 碳织物层之间，取向为 ±45°，名义单元格的厚度为 0.8mm。这些预制的单元层的大小是 $200mm \times 300mm^2$ [图 6.21(a)]。

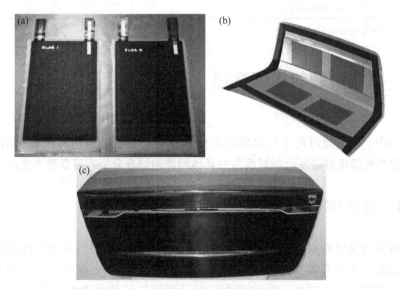

图 6.21 用于存储的启动的盖子实验品[41]

(a) 在启动盖子中的超级电容器；(b) 堆栈配置；(c) 使指示灯亮起的最后一个组件

单元格的表面覆盖了厚度为 0.05mm LSP 的材料，用于电流的采集。每四个单元格成为一层，层与层之间用迈拉聚酯薄膜分离器分离。最初的想法是用六层，每层六个单元格，但包装比较困难也就意味着只有四层（即 16 个单元格）位于启动的盖子上，如图 6.21(b) 所示。启动盖子的内表面形成的两层

MTM57/CF3200 2×2 树脂分别在室温下固化，这样可以避免任何损害单元格的热偏差。一个自定义发光二极管灯安装到启动盖子上，盖子与发光二极管灯可以见图 6.21(c)。计划和实际的启动盖子的质量性能，以及预计的设计可以见表 6.3。这说明相对于传统钢制的 13kg，实际的组件质量只有 5.2kg。如果组件按计划制作，那么超级电容器的结构贡献为 33%，重 5.6kg。如果匹配的钢部分加入计算中，那么最终的质量将是 10kg 左右。

表 6.3 不同的启动的盖子配置的抗扭刚度和质量，以及多功能（MF）组件的结构贡献分量表示[41,78]

引导盖配置	抗扭刚度/(N·m/r)	质量/kg
原钢组件	约 9800	13.0
实际成分：含 0°主导表皮以及 1.2mm 加筋肋壁厚的 4 MF 板	1497(7%质量)	5.2
计划组件：含 0°/±45°表皮以及 1.2mm 加筋肋壁厚的 6 MF 板	3290(33%质量)	5.6
单体式设计：含 0°/±45°表皮以及 3.6mm 加筋肋壁厚（与钢组件匹配的刚度）的 6 MF 板	9740(11%质量)	10.1
类三明治的设计：含 0°/±45°表皮，1.2mm 加筋肋壁厚（与钢组件匹配的刚度）和 8mm 泡沫芯的 6 MF 板	9150(12%质量)	7.1

注：质量中不包括 0.5kg LSP。

6.5 科学问题的简要综述

本节中，简要地讨论了与实现结构性复合材料相关的通用科学方面的问题。结构电池和超级电容器复合材料面临的具体问题的综合分析，可以参考文献 [34]。

6.5.1 电极/增强体

一种多功能结构电力材料的基本要求是具有电活性电极但是力学性能并不会降低。这是一个具有挑战性的平衡，因为在过去四十年中，碳纤维仅针对力学性能进行了优化。到目前为止结构动力研究已经可以得到力学性能高度优化的纤维，所以我们现在努力改善它们的电气特性。电池中需要锂离子嵌入纤维的石墨结构中，而对于超级电容器，驱动已经导致纤维表面积的大幅增加。高度优化性质的先进碳纤维在实现多功能性方面遇到了这么多障碍也就不奇怪了。

在微调的技术中引入一组完全不同的要求显然是具有破坏性的，纤维的发展需要更进一步，并且在它们的合成方面还需要尝试不同的方法。尤其是，碳纤维开发商和制造商研究了当前的基本纤维改性，主要是增加多功能性或开发具有多功能性能的新纤维。为了达到这个目标，深入分析不同的家庭使用的化合石墨结构和商业上可用的碳纤维品牌将是一个很好的出发点。在更长的时间期限内，不只是纤维改性方面，更好的方法可以制定包括兼容纤维的表面化学性能和施胶纤维的合成。

也许另一种途径是探索将增强材料延伸到传统纤维之外的周围基质，例如将CNT、CAG或甚至石墨烯接枝到碳纤维上。这种方法将会增加表面积（超级电容器），或许还可以在石墨平板上增加嵌入锂离子（在电池中）。

6.5.2 电解质/基体

也许该领域最具挑战性的研究是基体或SPE的发展，从微观的角度来看，机械要求和电气要求具有强烈的冲突。这一挑战可以见图6.22，图上是很常见的超级电容器和电池。在图中，已列入阴影的区域来指示聚合物电解质的高性能结构性材料所需的性能。任何修饰成分增强了一个功能就会导致其他功能的显著减少。事实上，对于系统的研究到目前为止，已经出现了这些功能之间的强有害的相互作用，这样的作用会比简单混合物的规则更差。需要进一步研究来说明异构形态与力学性能之间的关系，特别是处理它们之间的关系。

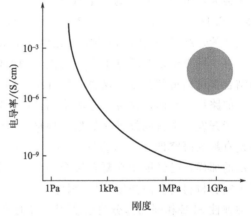

图6.22 离子电导率与SPE刚度的示意图[60]

通过Shirshova等[87]确定，克服这种冲突的关键是在不同长度的尺度下控制SPE组织，控制异质性水平是为了在提供力学性能的同时，允许离子运动。显然，这展现了明显的实际困难，特别是由于增强纤维的引入导致与整体状态不同的基体微观结构。因此需要在加工过程中更好地控制这个组织，甚至采用完全不同的固化化学反应。这里有相当多的新的基质配方的研究机会，超越了传统复合材料当前用于聚合物官能系统的一系列研究。

最后，这里有一个引人注目的矩阵建模机会，旨在设计最佳的微观结构。当然，并没有独特的优化方法，因为这需要电气需求和机械需求的平衡来控制驱动以用于特定的应用（如6.4.2所述）。然而，利用多孔结构材料制作的现有的模型与离子导电模型（占有孔隙迂曲度）组合在优化多功能基体方面将会是一极好的领域和一个富有成效的方式。尤其是，模型有分子级别、纳米级别、微米级别和体积尺寸多种规模，这些模型是实现多功能性能的途径。文献［86-88］已经有很好的数据来验证这种模型的多功能性。

6.5.3 纤维/基体的界面与界面

纤维/基体界面可以被认为是复合材料中的第三个组成部分，因为它决定了临界力学性能，如压缩强度、断裂韧性和疲劳性能。对于电气性能，界面就是超级电容器中的电化学双电层形成的地方，以及锂离子嵌入电池中纤维上必须通过的地方。因此，离子进入这个界面特别关键的要素是高的功率密度。不幸的是，与基体类似，最大限度地提高纤维/基体界面的力学性能和电气性能存在很多相互矛盾的挑战。提供直接接触纤维的离子将产生不良的界面载荷传递，同时使连接更强大，阻碍了离子的导电性并导致了很低的功率密度。后者是超级电容器（如图 6.16 所示）的结构相围绕着纤维形成一个覆盖层，IL 限制了离子的进入。有人认为，纤维/基体的多功能优化也许是结构性材料成功的关键。

有一种方法是在纤维上产生优先的润湿位点，这样可以使每个组成部分的界面结合都可以得到控制。这将会使纤维上的一些位点结构化，同时其他位点提供离子的路径。然而，这种方法的实用性和扩展性研究都非常具有挑战性。界面工程或者开发一个新的纤维（如新的规格的纤维）和基质之间的多功能界面，都将会是有趣的研究课题，这将涉及多学科的专业知识。的确如 Leijonmarck 等[66]暗示的那样，已经证明在复合聚合物中薄膜软界面区域的应用并不会显著降低碳纤维复合材料的横向强度[94]。因此，如 6.2 节预计的那样，对于结构电池来说，一种弹性 SPE 相间的部分将会实现优异的多功能性能。

也许解决这个问题的关键是通过不同的工艺来控制由此产生的界面力学性能和电学性能。为了实现这一目标，需要开发和/或改进标准方法，以表征碳纤维和结构聚合物电解质之间加入的"机械"和"电化学"界面/界面层结构。

6.6 工程挑战

结构性材料需要在科学方面发展的同时解决相关的工程挑战。随着科学的发展而日益成熟，才能确保这些材料的工程方法能够使用。

6.6.1 设计方法

目前多功能材料的设计方法还不成熟，值得我们进一步研究。这些研究将会支撑结构性材料未来的发展,从而指导研究工作。一般的设计方法至少满足子系统优化的要求,并且材料排序的方法对于展示它们可以提供的任何优点是至关重要的。此外,这样的优化设计方法需要计算生命周期成本,从而明确了使用阶段可以充分利用多功能性。从哲学角度看,这需要动力工程师和结构工程师的融合和协调,共同努力推动结构动力技术发展前进。它的性质是跨学科研究,最初的问题就是汇集不同的专业知识来解决这一领域带来的独特问题。

6.6.2 连通性

目前使用的连接器,可见 6.4.2 部分描述,包括铜和铝带、防雷击铜网、嵌入式连接器的插座,需要进一步研究结构性复合材料的连接。在电气系统中引入结构性装置时,需要考虑接头的连接件。碳纤维电池复合材料的示意图可以见图 6.23。在电气系统中引入电池装置,阴极(图中的外层)必须与阳极(图中的纤维末端)连接在一个电路中。因此,连接器必须连接到阴极部分,即平面以外的部分或板的边缘,并且连接器必须连接到光纤端。低电阻率的碳纤维可以作为低等到中等损失的电子收集器收集。使用最小的金属连接器连接到光纤系统,整体的重量可以进一步减轻。阻止水分进入复合材料对保证接入连接器的复合成分是十分不利的。

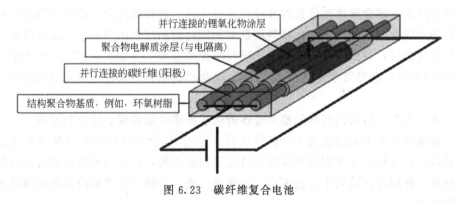

图 6.23 碳纤维复合电池

连接必须针对材料的设计和体系结构进行。特别地,多单体设计的电绝缘复合材料层和连接器之间的连接必须需要一个连接器。绝缘接头的问题已经确定是研究演示工作的关键,如第 6.4.2 提出的那样。

6.6.3 制造

复合组件的制造的关键步骤就是利用原材料,但是由于其敏感性缺陷和损坏往往使特殊的设计受限制。对于结构性材料，还有一些重大的障碍需要解决，并且这些原材料的放大制造可能是面临的主要挑战，特别是在电池制造方面。

最重要的方面还有是需要在自由水分的环境中制作（即，至少<50μL/L水）。这点对于电池来说尤为重要，因为结构超级电容器暴露在潮湿的环境中电池反应一般是可逆的（在干燥时）。传统的电池或超级电容器产业的精良制作都是在自由水分的环境中，但这些设备通常相对较小（比承重结构）并且根据预计，任何涂料/阻隔材料都不需要承受结构的荷载。此外，受到机械作用时，结构会在某些情况下发生显著的变形，因此，任何结构性材料需要有强劲到足够坚固以承受任何机械载荷的阻挡层。传统的复合材料的制造很少涉及维持干燥的环境，通常是在正常情况下的环境。

为了扩大结构性材料制造的规模，必须考虑将最先进的复合材料的工艺和超级电容器电池的制造技术相结合。而且，必须在结构或系统中引入多功能的部件，还依旧需要了解和开发在高效干燥的环境中制造结构性材料来达到至少是半连续生产的工业化规模，但是目前这些技术都还没有开发出来。

一个特殊的问题就是电极之间的连接，传统复合材料制造中并不涉及这个问题。即使一个单一导电（碳纤维）的电极之间的桥接都足以导致设备的短路和电气性能丧失。这个问题导致了电极之间需要尽可能短的距离，以确保良好的功率密度，如前面章节中讨论的那样。一个特别重要的情况是在相邻丝束编织层发生相变的时候，这会导致两位置的波峰和波谷重合。这种情况会导致夹层的夹紧和短路的可能性。此外，诸如预浸料坯制造和随后的高压灭菌的加工方法可以进一步压缩复合层，导致短路。事实上，研究所曾经发现一些编织方式缺乏约束牵引（如缎纹组织）会经常发生短路[41]。这个问题严重限制了非常薄但坚固的分隔层的开发。

进一步需要解决的实际问题是基体的化学物质必须确保它适合预浸料。特别是，超级电容器方面的研究工作已经证明，引进IL会导致加速凝胶化和固化结构基体。这导致需要在制造预浸料坯后立即制造器件，但是没有说明它可以像传统材料一样储存在冰箱中。这表明，需要进行进一步的工作来解决多功能基体的化学性质。

人们已经认识到，有效地利用复合材料的最佳途径是对这些材料进行再复合，例如用有缝隙的表面层（如编织）和有承载能力的内层再复合。同样对于结构性材料来说，传统的（结构性）的复合材料的外层是为了保护材料免受外部环境的影响（如水分等），并且使材料能更有效地承受结构载荷（如弯曲/屈曲）。但是，有证据表明，再复合时仍需谨慎，因为有电子成分，如IL，可以通过传统的表面层从结构能量层压板中浸出。因为只是一小部分的IL的损失就会大大降低性能，所以确保不同成分之间的不透水屏障有一个混合的层压板是至关重要的。

最后，像精加工（钻/切割）等问题也需要考虑，特别是对于电池制造来说。研究工作表明，超级电容器一般可以再进行钻孔和切割操作，只要在这些过程中不需要冷却剂或者在干燥的情况下。但是，一些其他的过程，如抛光，就会导致跨电极的光纤桥接并使设备短路。

6.6.4 所有权问题

新材料或新产品的开发会自动引发有关所有权/使用权的问题。这些相关的不同的服务和立法问题与结构性复合材料的生产和使用都息息相关。

6.6.4.1 检修

结构性复合材料的检查和维修方法目前还非常缺乏，急需发展。因为结构性复合材料缺乏相关的电力系统，所以它们的开发的维修程序不能立即应用。此外，检查过程中的监测系统以及电气性能系统还待开发。

关于结构性复合材料制成的部件的维护，例如，对于未来的电动汽车，最重要的是要解决两个方面的问题：在维修和维护过程中的电气/化学安全问题和结构性/电气的维修/维护问题。这些问题的解决需要利用现在的力学方面的新技能和新知识。

6.6.4.2 处理、回收和再利用

关于欧洲市场上的电池和蓄电池的制造和引进所产生的责任，欧盟对此下达了明确的指令[95]。因此，制造商被要求必须以保护的手段处理这类材料。但是目前这种方式还不太可行。对结构性复合材料的处理可分为四个主要回收过程：碳纤维的回收、聚合物电解质的回收、锂回收、连接器的回收。

6.6.4.2.1 回收碳纤维

Pimenta 和 Pinho[96] 最近对碳纤维回收替代品进行了详尽的文献综述。根据调查，热固性复合材料可能大多集中在没有再熔化的基体中。碳纤维增强塑料（CFRP）回收的2个主要的方式是机械回收和纤维回收（图 6.24）。

但是，这些技术并没有类似的最终产品。机械回收作为增强材料或填料的碳纤维适应于低附加值的应用，而纤维回收将使再生长纤维适用于新结构部件。但是，预计由于在过程中产生了纤维表面上的缺陷，所以这会导致纤维的强度较低。

在欧洲和世界各地，已经有几个碳纤维复合材料回收厂存在了。因此，人们

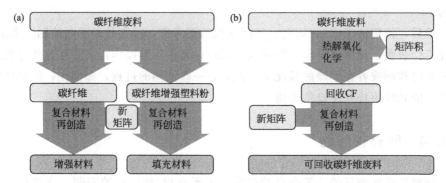

图 6.24 碳纤维织物加固回收的主要方式（来自文献[96]）
(a) 机械回收；(b) 纤维回收

似乎已经发现了再生碳纤维的商业价值，这对结构性复合材料的制造和处理过程是非常有利的。这个回收的过程最有可能应用于多功能复合结构的修饰方面。

6.6.4.2.2 回收聚合物电解质

目前还没有发现电池或超级电容器中聚合物电解质回收的相关领域的研究，Handley等[97]对电解质燃料电池寿命终止的可能替代方案进行了广泛的分析。用于燃料电池的聚合物电解质的类型与结构的电池和超级电容器里的电解质不同。然而，燃料电池的聚合物电解质的回收策略可以用于一般的聚合物电解质的回收。根据聚合物电解质的材料成分的不同有三种不同的选择：如果材料没有损坏（脱水、化学降解等）就可以直接重用，化学回收以及焚烧再利用。在某些情况下，由于在使用氟化聚合物时会排放诸如氟化氢有毒气体，焚烧可能是非法的，例如在燃料电池中。在电池或超级电容器中含氟聚合物电解质一般是不会考虑使用的。因此，对于多功能聚合物电解质来说，焚烧是最好的选择。

6.6.4.2.3 回收锂

当回收的产品中含有锂时，焚烧不是一个好的选择，因为它们可能会在焚烧过程中发生爆炸。并且，锂电池必须远离水分来防止发生激烈的化学反应。此外，在电池前处理之前电池最好进行充分的放电。锂元素是从碳酸锂中提取出来的，大量储存于世界各地。

相比于目前的需求，锂资源还是非常丰富的，这导致了现在市场上的碳酸锂的价格相对较低[98]。在发展锂电池过程中，丰富的原材料锂是一个必要的优势，但是当涉及回收利用时也是一个缺点，因为在锂回收工业中获利可能是困难的。然而，能量储存时需要增加锂含量的情况下，可能会改变平衡并且可能对锂的回收产业方面产生影响。在该方程中有一个有趣的参数，即反复使用锂的可能性。

现有很多的锂回收工艺以及开发了很多新的锂产品回收技术。在美国，

Toxco 公司（www.toxco.com）的工作主要集中在冷冻过程中回收锂电池，他们使用的是液态氮冷却。冷却可以使锂在机加工前处于惰性和安全的状态。将深度冷冻的电池切碎并将组分分离。回收过程结束时，获得的锂产品是具有转售价值的碳酸锂。类似的回收工艺可以参见日本（索尼和住友金属公司）和欧洲（Société Nouvelle d'Affinage des Métaux 公司）的从废旧锂离子电池获取金属的过程。这样的工艺过程可以应用于含锂的多功能复合性材料的结构的改进方面。此外，它们非常有可能与上述的碳纤维回收过程相结合。

6.6.4.2.4 回收连接器

铜接头的处理过程包含早期开发阶段的拆装过程。因此，我们有必要调查现在在市场上含嵌入式铜连接器的产品的使用以及在其生命周期的回收阶段所使用的策略。回收铜以便在电气元件中再利用的主要困难是必须接收纯产品。在铜件附近的所有可能的金属或其他材料都必须拆除。为了保持新的铜制电气元件的高导电性，这样的高纯度的要求是非常有必要的。因此，所有在结构性复合材料中的铜接头，为了降低回收过程的时间和成本，必须易于拆卸和保持洁净。

6.6.4.3 安全性

在结构性动力材料的复合方面，热失控和碰撞安全性是两个非常值得关注的安全问题。结构电池充电和放电过程中的热失控，可能会造成人员伤亡事故。这些材料与常规锂离子电池相比，具有较低的能量密度，预计将减少热失控的风险。当然，这些猜测必须进一步证明。

结构性复合材料的耐撞性主要与汽车上的应用高度相关。SPE 的使用可能会降低碰撞情况下的热失控和火灾风险。然而，结构性材料的高电压存储部分在碰撞情况下的放电情况必须进行进一步的研究。此外，我们还必须解决由于在撞击/碰撞或着火期间产生的小碳纤维颗粒云形成的健康风险。

6.6.4.4 持久性

从电气和机械的角度来看，相关的挑战是这些材料的长期性能和耐久性。因此，需要对这些材料的寿命进行评估，但是到目前为止，在这方面的研究十分有限[41]。

在不同的应用条件下，结构性复合材料的操作必须是通用的。例如，在汽车方面应用，材料是希望在 -30℃ 与 80℃ 之间的温度范围内以及在不同相对湿度下具有多功能性[41]。根据操作条件的变化，例如，空间、路径和空气中的变化，这些材料将需要进行修改，以满足它们的设置的规格。这里的第一个挑战就是修订常规设备的标准和认证路线，以至于它们可以应用于结构性动力材料。显然在这部分还有很多的工作需要完成。

6.7 结论

本章介绍了结构性复合材料——新型多功能复合材料。这是一种轻质材料，储存电能的同时，可以承载大的机械载荷。特别描述了两种类型的结构动力复合装置——结构电池和超级电容器。这些设备都采用碳纤维织物作为电极增强材料和 SPE 电极基体材料来促进结构材料电极之间的离子运输。通过对创新型材料的选择和设计，可以实现许多令人印象深刻的多功能材料的性能。

在本章中，对结构的电池和超级电容器复合材料结构的工艺进行了简要概述，描述了在碳纤维电极、电解质、隔膜材料以及建筑材料设计方面的成果。结构性超级电容器材料在多功能性能的评估和论证方面比结构电池具有更高的成熟度。

本章对实现高效的结构性复合材料的科学挑战进行了概述并且对必须面对的工程挑战进行了全面的分析。描述的这些都是常见的电池和超级电容器。最具挑战性的科学任务是合成高度多功能的 SPE。艰巨的工程挑战包含了这些材料制备方法的放大、多学科设计方法的开发、材料的回收利用等等。

致谢

该研究主要是由 STORAGE 批号为 234236 的欧盟 FPT 项目，以及瑞典和英国两个国家项目：kombatt、rma08-0002 进行的，后者是由瑞典战略研究基金和英国政府资助。作者在此特地感谢 Cytec 公司的 Quentin Fontana，Richard Shelton 和 Handsome Kim Carreet，BAM 的 Matt Wenrik 和 Gerhard Kalinka，查默斯大学的 Patrick Johansson Persong 和 Rodney Levvoski，Victor Ekman 和 Robert Elonson，帝国学院的 Natasha Shirshova，Joachim Steinke，Alexander Bismarck，Milo Shaffer，Anthony Kucernak，Mayur Mistry，Matt Laffan，Sherry Qian，Sang Nguyen 和 Jesper Ankersen，Nanocyl 公司的 Matthieu Houlle 和 Julien Amadou，Swerea SICOMP 研究所的 Tony Carlson，Soren Nilsson，Maciej Wysocki，Alann André，Magdalena Szpieg 和 Emil Hedlund，沃尔沃公司的 Per-Ivar Sellergren，INASCO 公司的 Tasia Gkika，KTH 公司的 Göran Lindbergh，Dan Zenkert，Mats Johansson，Maria H. Kjell，Simon Leijonmarck，Eric Jacques 和 Markus Willgert，以及 LTU 公司的 Janis Varna 和 Andrejs Pupurs。

这一章专门悼念在研究项目中去世的约阿希姆博士和佩尔·雅各布森教授。

参考文献

[1] Christodoulou L, Venables J. Multifunctional material systems: the first generation. J Miner Met Mater Soc 2003;55:39–45.
[2] Gibson R. A review of recent research on mechanics of multifunctional composite materials and structures. Compos Struct 2010;92:2793–810.
[3] Pereira T, Guo Z, Nieh S, Arias J, Hahn HT. Embedding thin-film lithium energy cells in structural composites. Compos Sci Technol 2008;68:1935–41.
[4] Pereira T, Guo Z, Nieh S, Arias J, Hahn HT. Energy storage structural composites: a review. Compos Sci Technol 2009;43:549–60.
[5] Roberts S, Aglietti G. Satellite multi-functional power structure: feasibility and mass savings. Proc Inst Mech Eng Part G J Aerosp Eng 2008;222:41–51.
[6] Anton S, Erturk A, Inman D. Multifunctional unmanned aerial vehicle wing spar for low-power generation and storage. J Aircr 2012;49(1):292–301.
[7] Thomas J, Qidwai S. Mechanical design and performance of composite multifunctional materials. Acta Mater 2004;52:2155–64.
[8] Thomas J, Qidway S, Pouge III W, Pham G. The design and application of multifunctional structure–battery materials systems. J Compos Mater 2005;57(3):18–24.
[9] Thomas J, Qidway S, Pouge III W, Pham G. Multifunctional structure–battery composites for marine systems. J Compos Mater 2013;47:5–26.
[10] Shaffer M, Greenhalgh ES, Bismarck A, Curtis P. Energy storage device. Patent WO/2007/125282; 2007.
[11] Greenhalgh ES. Storage solutions. Mater World 2011;19:24–6.
[12] Snyder JF, O'Brien DJ, Baechle DM, Mattson DE, Wetzel ED. Structural composite capacitors, supercapacitors and batteries for US army applications. In: Proceedings of the ASME conference on smart materials, adaptive structures and intelligent systems. Denver, CO; 2008. p. 1–8.
[13] Wismans J, Malmek E-M, Welinder J, Håland Y, Oldenbo M. Technology needs for safe electric vehicles solutions in 2030. In: Proceedings of the 22nd international technical conference on the enhanced safety of vehicles. Washington, DC. paper 11-0128; 2011.
[14] ERTRAC and EPoSS strategy paper. To be found at <www.smart-systems-integration.org/public/documents/publications/ERTRAC-EPoSS%20Strategy%20Paper.pdf/download>. [accessed 12.02.14].
[15] Christen T, Carlen M. Theory of Ragone plots. J Power Sources 2000;91(2):210–16.
[16] Budde-Meiwes H, Drillkens J, Lunz B, Muennix J, Rothgang S, Kowal J, et al. A review of current automotive battery technology and future prospects. Proc Inst Mech Eng Part D J Automobile Eng 2013;227(5):761–76. http://dx.doi.org/10.1177/0954407013485567.
[17] Simon P, Gogotsi Y. Materials for electrochemical capacitors. Nat Mater 2008;7:845–54.
[18] O'Brien DJ, Baechle DM, Wetzel ED. Design and performance of multifunctional structural composite capacitors. J Compos Mater 2011;45(26):2797–809.
[19] Baechle DM, O'Brien DJ, Wetzel ED. Structural dielectrics for multifunctional capacitors. In: Proceedings of the SPIE, 69292L-69292L-8. San Diego, CA; 2008.
[20] Baechle DM, O'Brien DJ, Wetzel ED. Design and processing of structural composite capacitors. In: Proceedings of the SAMPE. Baltimore, MD; 2007.
[21] O'Brien DJ, Baechle DM, Wetzel ED. Multifunctional structural composite capacitors for US army applications. In: Proceedings of the SAMPE 2006 fall technical conference. Dallas, TX; 2006.

[22] Wetzel ED. Multifunctional structural composite materials for US Army applications. AMPTIAC Q 2004;8(4):91–5.
[23] Carlson T, Ordéus D, Wysocki M, Asp LE. Structural capacitor materials made from carbon fibre epoxy composites. Compos Sci Technol 2010;70:1135–40.
[24] Carlson T, Ordéus D, Wysocki M, Asp LE. CFRP structural capacitor materials for automotive applications. Plast Rubber Compos Macromol Eng 2011;40(6/7):311–16.
[25] Carlson T, Asp LE. Structural carbon fibre composite/PET capacitors—effects of dielectric separator thickness. Composites B 2013;49:16–21.
[26] Carlson T, Asp LE. An experimental study into the effect of damage on the capacitance of structural composite capacitors. J Multifunctional Compos 2013;1(2):91–7.
[27] Kotz R, Carlen M. Principals and applications of electrochemical capacitors. Electrochim Acta 2000;45:2483–98.
[28] Conway BE. Electrochemical capacitors: scientific fundamentals and technological applications. Kluwer Academic/Plenum, New York, NY; 1999.
[29] Zhang LL, Zhao XS. Carbon-based materials as supercapacitor electrodes. Chem Soc Rev 2009;38:2520–31.
[30] Yoshio M, Brodd RJ, Kozawa A. Lithium–ion batteries: science and technologies. Springer, New York, NY; 2009.
[31] Linden D, Reddy TB, editors. Handbook of batteries (3rd ed.). McGraw-Hill, New York, NY; 2002.
[32] Wen Y, Yu Y, Chen CA. Review on lithium–ion batteries safety issues: existing problems and possible solutions. Mater Express 2012;2(3):197–212.
[33] Wu Z-S, Feng X, Cheng H-M. Recent advances in graphene-based planar microsupercapacitors for on-chip energy storage. Natl Sci Rev 2014;00:1–16. http://dx.doi.org/10.1093/nsr/nwt003.
[34] Asp LE, Greenhalgh ES. Structural power composites. Compos Sci Technol 2014;101:41–61.
[35] Snyder JF., Carter RH, Wong EL, Nguyen P-A, Ngo EH, Wetzel ED, et al. Multifunctional structural composite batteries for U.S. army applications. In: Proceedings of the 25th army science conference. Orlando, FL; 2006.
[36] Wong EL, Baechele DM, Xu K, Carter RH, Snyder JF, Wetzel ED. Design and processing of structural composite batteries. In: Proceedings of the SAMPE 2007. Baltimore, MD; 2007, SAMPE.
[37] Snyder JF, Carter RH, Wetzel ED. Electrochemical and mechanical behaviour in mechanically robust solid polymer electrolytes for use in multifunctional structural batteries. Chem Mater 2007;19(15):3793–801.
[38] Snyder JF, Carter RH, Wong EL, Nguyen P-A, Ngo EH, Wetzel ED. Multifunctional structural composite batteries. In: Proceedings of the SAMPE'06 fall technical conference. Dallas, TX; 2006.
[39] Liu P, Sherman E, Jacobsen A. Design and fabrication of multifunctional structural batteries, design and fabrication of multifunctional structural batteries. J Power Sources 2009;189:646–50.
[40] Ekstedt S, Wysocki M, Asp LE. Structural batteries made from fibre reinforced composites. Plast Rubber Compos Macromol Eng 2010;39:148–50.
[41] Greenhalgh E. STORAGE composite structural power storage for hybrid vehicles. Final Publishable Summary Report, STORAGE/WP1/ICL/D1.4; 2013.
[42] Hucker MJ, Dunleavy M, Dyke AE, Dyke HA. Component including a rechargeable battery, PCT Int Appl WO 2011/098793 A1; 2011.
[43] Hucker MJ, Dunleavy M, Dyke AE. Rechargeable battery, PCT Int Appl WO 2011/098794 A1; 2011.

[44] Hucker MJ, Dunleavy M, Dyke AE, Dyke HA. Component including a rechargeable battery, PCT Int Appl WO 2011/098795 A1; 2011.
[45] Carlson T. Multifunctional composite materials – Design, manufacture and experimental characterisation, Doctoral Thesis, Luleå University of Technology, Sweden, ISSN: 1402–1544, Luleå; 2013.
[46] Asp LE, Bismarck A, Carlson T, Lindbergh G, Leijonmarck S, Kjell M. A battery half-cell, a battery and their manufacture, PCT Intl Appl No. PCT/EP2013/068024; 2012.
[47] Asp LE, Bismarck A, Carlson T, Lindbergh G, Leijonmarck S, Kjell M. A battery half-cell, a battery and their manufacture. US Patent and trademark Office. Application No. 61/700 122; 2012.
[48] Zaghib K, Kinoshita K. Perriera Ramos JP, Momchilov A, editors. New trends in intercalation compounds for energy storage. Boston, MA: Kluwer Academic Publisher; 2002.
[49] Schalkwijk W, Scrosati B, Ogumi A, Inaba M. Advances in lithium–ion batteries. New York, NY: Springer; 2002.
[50] Kjell MH, Jacques E, Zenkert D, Behm M, Lindbergh G. PAN-based carbon fiber negative electrodes for structural lithium ion batteries. J Electrochem Soc 2011;158(12):A1455–A1460.
[51] <http://www.nano-enhanced-wholesale-technologies.com/images/structure-graphite.gif>(accessed November 2013).
[52] Hull D. An introduction to composite materials Cambridge solid state science series. Cambridge, UK: Cambridge University Press; 1981.
[53] Donnet J-B, Wang TK, Peng JCM, Rebouillat S. Carbon fibers revised and expanded, 3rd ed. : Marcel Dekker, New York, NY; 1998.
[54] Snyder JF, Wong EL, Hubbard CW. Evaluation of commercially available carbon fibers, fabrics, and papers for potential use in multifunctional energy storage applications. J Electrochem Soc 2009:A215–24.
[55] Kjell MH, Zavalis TG, Behm M, Lindbergh G. Electrochemical characterization of lithium intercalation processes of PAN-based carbon fibers in a microelectrode system. J Electrochem Soc 2013;160(9):A1473–81.
[56] Jacques E, Kjell MH, Zenkert D, Lindbergh G, Behm M, Willgert M. Impact of electrochemical cycling on the tensile properties of carbon fibres for structural lithium ion batteries. Compos Sci Technol 2012;72(7):792–8.
[57] Jacques E, Kjell MH, Zenkert D, Lindbergh G, Behm M. Expansion of carbon fibres induced by lithium ion intercalation for structural electrode applications. Carbon 2013;59:246–54.
[58] Jacques E, Kjell MH, Zenkert D, Lindbergh G. The effect of lithium-intercalation on the mechanical properties of carbon fibres. Carbon 2014;68:725–33.
[59] Jacques E, Kjell MH, Zenkert D, Lindbergh G, Behm M. Impact of mechanical loading on electrochemical performance of carbon fibres. In: Proceedings of the 18th international conference on composite materials. Jeju, South Korea; 2011.
[60] Asp LE. Multifunctional composite materials for energy storage in structural load paths. Plast Rubber Compos Macromol Eng 2013;42(4):144–9.
[61] Snyder JF, Wetzel ED, Watson CM. Improving multifunctional behaviour in structural electrolytes through copolymerization of structure- and conductive-promoting monomers. Polymer 2009;50:4906–16.
[62] Wysocki M, Asp LE, Ekstedt S. Structural polymer electrolyte for use in multifunctional energy storage devices. In: Proceedings of the ECCM14. Budapest, Hungary; 2010.
[63] Willgert M, Kjell MH, Lindbergh G, Johansson MK. Photoinduced polymerization of structural lithium ion battery electrolytes. Polym Prepr 2011;52(1):540–1.
[64] Willgert M, Kjell MH, Jacques E, Behm M, Lindbergh G, Johansson M. Photoinduced

free radical polymerization of thermoset lithium battery electrolytes. Eur Polym J 2011;47:2732–8.
[65] Product data sheets CD552 and SR209, Sartomer, <www.sartomer.com> ; 2010.
[66] Leijonmarck S, Carlson T, Lindbergh G, Asp LE, Maples H, Bismarck A. Solid polymer electrolyte-coated carbon fibres for structural and novel micro batteries. Compos Sci Technol 2013;89:149–57.
[67] Nyholm L, Nystrom G, Mihranyan A, Stromme M. Towards flexible polymer and paper-based energy storage devices. Adv Mater 2011;23:3751–69.
[68] Jost K, Perez CR, McDonough JK, Presser V, Heon M, Dion G, et al. Carbon coated textiles for flexible energy storage. Energy Environ Sci 2011;4:5060–7.
[69] Shirshova N, Qian H, Shaffer MSP, Steinke JHG, Greenhalgh ES, Curtis PT, et al. Structural composite supercapacitors. Composites Part A 2013;46:96–107.
[70] Marsh H, Rodriguez-Reinoso F. Activated carbon. Oxford, UK: Elesvier Ltd; 2006. 13.
[71] Qian H, Diao H, Shirshova N, Greenhalgh ES, Steinke JGH, Shaffer MSP, et al. Activation of structural carbon fibres for potential applications in multifunctional structural supercapacitors. J Colloid Interface Sci 2013;395:241–8.
[72] Snyder JF, Gienger E, Wetzel ED, Xu K, Huber T, Kopac M, et al. Multifunctional structural composite supercapacitors. In: Proceedings of the army science conference. Orlando, FL; 2010.
[73] Qian H, Greenhalgh ES, Shaffer MSP, Bismarck A. Carbon nanotube-based hierarchical composites: a review. J Mater Chem 2010;20:4751–62.
[74] Qian H, Diao H, Houllé M, Amadou J, Shirshova N, Greenhalgh ES, et al. Carbon fibre modifications for composite structural power devices. ECCM 15—15th European conference on composite materials, Venice, Italy; 2012.
[75] Qian H, Kucernak A, Greenhalgh ES, Bismarck A, Shaffer MSP. Multifunctional structural supercapacitor composites based on carbon aerogel modified high performance carbon fibre fabric. ACS Appl Mater Interfaces 2013;5(13):6113–22.
[76] Qian H, Kucernak A, Greenhalgh ES, Bismarck A, Shaffer MSP. Multifunctional structural power composites based on carbon aerogel modified high performance fabrics. ICCM19—19th international conference on composite materials, Montreal, Canada; 2013.
[77] <http://www.celgard.com/monolayer-pp.aspx> [accessed 08.02.14].
[78] Mistry MK, Kucernak A, Nguyen S, Ankersen J, Greenhalgh ES. Addressing engineering issues for a composite structural power demonstrator. ICCM19—19th international conference on composite materials, Montreal, Canada; 2013.
[79] Javaid A, Ho KKC, Bismarck A, Shaffer MSP, Steinke JHG, Greenhalgh ES. Multifunctional structural supercapacitors for electrical energy storage applications. J Compos Mater 2013;47(22):1–8.
[80] Javaid A. Structural polymer composites for energy storage devices, PhD Thesis; 2011.
[81] Shirshova N, Greenhalgh ES, Shaffer M, Steinke J, Curtis P, Bismarck A. Structured multifunctional composites for power storage devices. 17th international conference on composite materials, IOM Communications Ltd. Edinburgh; 2009.
[82] Bismarck A, Curtis P, Greenhalgh ES, Ho K, Javaid A, Kucernak A, et al. Structural power composites for energy storage devices. 14th European conference on composite materials (ECCM 14), Budapest, Hungary; 2010.
[83] Bismarck A, Carreyette S, Fontana QPV, Greenhalgh ES, Kalinka G, Kucernak A, et al. Modified epoxy resin as electrolytes for structural supercapacitors, EPF 2011, XII GEP Congress, Granada, Spain; 2011.
[84] Bismarck A, Carreyette S, Fontana QPV, Greenhalgh ES, Jacobsson P, Johansson P, et al. Multifunctional epoxy resin for structural supercapacitors. ECCM 15—15th European

conference on composite materials, Venice, Italy; 2012.
[85] Wienrich M, Kalinka G, Greenhalgh ES, Carreyette S, Bistritz M, Shirshova N, et al. Impact of ionic liquid on the mechanical performance of matrix polymer for fibre reinforced materials for energy storage. ECCM 15—15th European conference on composite materials, Venice, Italy; 2012.
[86] Shirshova N, Bismarck A, Carreyette S, Greenhalgh ES, Johansson P, Marczewski MJ, et al. Correlations between mechanical properties and ionic conduction of structural electrolytes with bicontinuous morphologies. ICCM19—19th international conference on composite materials. Montreal, Canada; 2013.
[87] Shirshova N, Bismarck A, Carreyette S, Fontana QPV, Greenhalgh ES, Jacobsson P, et al. Structural supercapacitor electrolytes based on bicontinuous ionic liquid-epoxy resin systems. J Mater Chem A 2013;1(48):15300–15309.
[88] Shirshova N, Bismarck A, Fontana Q, Greenhalgh E, Kalinka G, Shaffer M, et al. Composition as a Control of Morphology and Properties of Epoxy and Ionic Liquid Based Dual-Phase Structural Electrolytes (Submitted to The Journal of Physical ChemistryPart: Part C: Energy Conversion and Storage, Optical and Electronic Devices, Interfaces, Nanomaterials, and Hard Matter).
[89] Greenhalgh ES, Ankersen J, Bismarck A, Kucernak A, Nguyen S, Steinke J, et al. Mechanical and microstructural characterisation of multifunctional structural power composites. ICCM19—19th international conference on composite materials, Montreal, Canada; 2013.
[90] Fletcher S, Black VJ, Kirkpatrick I. A universal equivalent circuit for carbon-based supercapacitors. J Solid State Electrochem 2013:1–11. ISSN: 1432-8488. http://dx.doi.org/10.1007/s10008-013-2328-4.
[91] Qian H, Yue C, Singh A, Anthony B, Nguyen S, Shaffer M, et al. Hierarchical composites reinforced with carbon aerogels; 2014 [Submitted to Composites A].
[92] Maxwell BCAP0010 datasheet <www.maxwell.com/products/ultracapacitors/docs/datasheet_hc_series_1013793.pdf> [accessed 27.01.14].
[93] <http://www.dexmet.com/> [accessed 27.01.14].
[94] Asp LE, Berglund LA, Talreja R. Effects of fiber and interphase on matrix initiated transverse failure in polymer composites. Compos Sci Technol 1995;56(6):657–65.
[95] Directive 2006/66/EC of the European Parliament and of the Council; 2006.
[96] Pimenta S, Pinho S. Recycling carbon fibre reinforced polymers for structural applications: technology review and market outlook. Waste Manage 2011;31:378–92.
[97] Handley C, Brandon NP, van der Vorst R. Impact of the European Union vehicle waste directive on end-of-life options for polymer electrolyte fuel cells. J Power Sources 2002;106:344–52.
[98] Gaines L, Nelson P. Lithium–ion batteries: examining material demand and recycling issues (2010) <www.transportation.anl.gov/pdfs/B/626.PDF> [accessed 21.01.14].

第7章

智能结构用多功能聚合物复合材料

Anatoliy T. Ponomarenko 和 Vitaliy G. Shevchenko
俄罗斯科学院，合成高分子材料研究所，俄罗斯，莫斯科

7.1 引言

在当今世界，新材料科学的发展最近明显形成了一种新趋势，即揭示了在新的多功能结构或称为"智能"[1-3] 设备方面继续发展的潜在可能性，包括传统领域，如新聚合物和陶瓷的合成，以及物理、物理化学和使用性能方面的研究。

这主要涉及了聚合物、具有陶瓷和金属成分的聚合物复合材料，它们具有光学和电物理功能，可以解决微电子、光电子、无线电和电气工程等领域的问题，并在其基础上建立了"智能化"结构。

其中最迫切的研究方向是推进和实现新型高分子材料较高的或绝对新颖的物理、化学、技术功能或这些功能（电子/离子电导率、光学和电气性能，识别不同领域、化学和物理传感器的可能性）组合的可能性。

许多文献均表示开发新的多功能材料的需求是合理的，然而，相对于单组分材料的特性及其附带的性能，它们往往更强调生产成本增加的重要性。现有的消费和新型多功能材料与通用的聚合物材料成本相比在二十一世纪将增加 2.6 倍，尽管它们的生产量仅相当于通用材料的 0.5%。

在该领域的进一步研究中也通过在最终产物的合成和生产中高系数组分的实现得到了证实，降低了能源总费用以及提高了在大规模消费产品中应用的效率。对于所有类型的指定材料，它们的循环利用是可取的。

7.2 多功能材料的合成策略

复合材料的物理性能取决于结构的填料（纳米纤维、单壁和多壁碳纳米管、纳米到微米大小的晶态和非晶态的分散体）、聚合物基体的类型以及严格依赖于复合材料中的成分分布。图7.1显示了不同结构的现代材料，它们的组成成分会根据所需的最终性能而变化。很明显，考虑到从实验室研究开始到生产阶段，除了0~3型结构外，其他所有的结构都将具有各向异性的物理性质[4]。

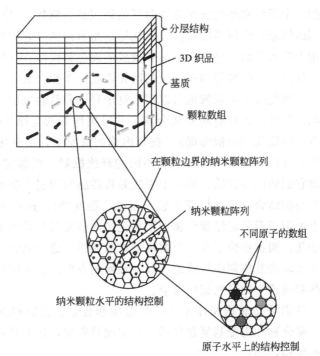

图7.1 从原子级到多组分层次的复合材料中高阶泛函和"智能"结构的形成

所有导电高分子复合材料的电性能在一定程度上都具有各向异性，特别是直流电导率。各向异性的出现有几个原因：填料粒子等轴、填料粒子性能的各向异性、在加工过程中颗粒取向聚集体的取向或形成、材料的层状结构等。这些因素在材料中的不同表现程度，取决于加工的工艺参数和特殊条件下填料的性能和之间的相互作用。

当前文献对需求与消费的回顾性分析表明对聚合物复合材料，特别是具有电气和磁学性质的复杂材料，给予了高度的关注。尽管已经解决了大量地既基本又实用的问题，但这样的趋势产生的原因首先源于这些问题都是基于新的信息不断修订的，因此这些材料的结构被修改，它们的功能变得更广泛。这种趋势明显体现在数量迅速增长的纳米复合材料出版物，特别是聚合物以及填料与纳米颗粒或集群，为这些材料提供新的功能特性。

其中，以下是一些重要的材料：纳米复合材料、纳米石墨、埃洛石纳米管、形状记忆聚合物纳米复合材料和碳纳米管聚合物纳米复合材料。在纳米电介质中，现阶段显示宏观介电行为确实会受到纳米尺度的影响，如下面的分层方法的概念。通过对齐纳米填料（如碳纳米管），我们可以引入另一个层次结构，创造协同效应，为众多多功能纳米复合材料和设备的开发提供基础，包括柔性电子产品和传感器、膜、特制的热/电活性复合材料，以及能量相关的系统。

纳米材料的一个新型有趣的发展方向是智能纺织品。例如，当尼龙6填充有纳米颗粒，得到的纳米复合材料的拉伸强度比原始材料得到显著的改善。这种纳米复合物材料用于各方各面，是作为金属和橡胶的理想替代品。具体而言，使用这些材料制造柔性的、高强度的和轻量化的防弹衣是一个相当大的亮点。球形聚合物微球和空心二氧化硅纳米颗粒也可以用于这个目的和其他应用。这两个球和壳可以用来"包含"其他各种材料和化合物，并可用作新的运输/输送剂。球通过吸收机制吸收一些物质（类似海绵），在壳内部的情况下，填充化合物包含在壳的空隙空间中。这两种类型的颗粒通过不同的释放机制，根据它们的环境和/或最终制剂释放它们的内部物质。另一个想法是将传感功能引入纺织品。这里的目标是将传感与纺织结合，超越物理传感（运动、温度等），进行化学和生物测量。纳米颗粒也可用于形状记忆聚合物。形状记忆的研究最初是基于热致双重形状效应。尽管如此，通过在分子水平上解决刺激敏感组，这个概念已被扩展到间接热致动或直接致动的其他刺激敏感组。其他最新的发展还包括用其他不同于诸如磁场或光的热刺激产生的形状记忆效应。

在均质的，特别是在非均相体系中，如金属和合金、铁磁和亚铁磁、铁电体、铁电磁学、聚合物和陶瓷基复合材料、高温超导陶瓷，几乎总是可以概述出不同类型的层次结构，如：

(1) 层次结构元件

例如，微晶体、单丝、高温超导陶瓷中的复丝。

(2) 结构状态的层次
- 簇的大小的层次，构成固体；
- 点缺陷层次（空位、双空位、空位团、孔隙）；
- 位错层次（位错、位错堆积、多边形墙体、小角度晶界等）；
- 固溶体中排泄物的层次结构（吉尼尔-普莱斯顿区、强化相较大的排泄物）；
- 树枝状结构的层次。

(3) 在以下物体中的能量状态的层次结构
- 自旋玻璃；
- 偶极玻璃；
- 松弛剂。

(4) 时间过程的层次结构
- 松弛的电子态；
- 松弛原子（离子）的状态；
- 放宽界限；
- 松弛冻结状态。

每一种类型和层次都会用其自身的方式影响凝聚介质的基本性质。然而，直到现在确定材料的性能与真正的层次结构的类型和层次的能级匹配之间关系的问题依然悬而未决。研究层次结构和物理性质在非均匀材料内部各领域相互作用性质的影响与具有不同尺度不变性的结构合成方法的发展是密不可分的。这类问题的一个重要方面是纳米复合材料（见图 7.1）。微观非均相结构可以在原子（晶体结构）和短程有序（无定形物质）排列，在晶间边界的结构状态（例如，在层状结构或纳米晶体中）以及存在长程有序的固体中实现。这种结构的电物理特性大多是静态的，它们与组成、结构参数、加工特征的关系在文献中被广泛讨论[5-9]。

分层方法已使用于具有不同填料的高分子复合材料的研究中，比如：

用羰基铁高度填充化学纤维、从 1~40GHz 自然铁磁共振频率的各种结构类型的六方晶系铁氧体（NFMR）、铁磁性非晶合金粉末[4,8-10]、工程玻璃纤维增强塑料与磁场中的层状元素织构铁氧体[8]；

交替非晶铁磁合金层（以正方形 $75\mu m \times 75\mu m$ 的周期结构的形式）与电介质的 SiO_2 层组成的薄膜[11]；

复合聚合物——铁电体[9]。

分层方法为计算和预测这类材料性能提供了广泛可能性。计算要求除了理论上要考虑组件的内部结构层次之外，还需要引入一个或多个层次以及有广泛实验研究水平的复合物[3,4]。

在磁性复合材料中，磁性复合材料的磁性能表现出对复合材料的体积分数、磁性粒子的尺寸和形状，以及它们在介电体积上的空间排列的依赖性。例如，非磁性夹杂物的消磁作用导致磁导率 μ^* 的虚部和实部的绝对值降低，μ^* 频率依赖性的变化，最大的磁损耗的扩张，额外的谐振损耗增加，NFMR 频率转变为更高的频率，从铁磁到顺磁相变化的扩展[12,13]。此外，在铁氧体复合材料中，磁导率的重要影响因素之一是材料的磁结构，由于存在强大的晶体磁各向异性和晶体的片晶形状，这与六角铁氧体的取向能力和"易轴"或"易平面"类型的磁各向异性的形成有关[3,8,12]。

源自对三种层次材料的结构、电物理等性能的研究分析：单晶-多晶复合材料表明，上述方法可以在不同层次系统的结构参数和物理性质之间找到相关性。

同时，通常为描述非均匀介质的介电性质而开发的模型假设 Debye 弛豫过程，系统中存在单个弛豫时间。这样的模型在弛豫过渡的频率范围的计算中提供了较低的准确性。因此，在非均匀介质中的介电弛豫时间光谱的研究和结构单元参数的关系，在很宽的频率范围内进行介电性能的计算是一个重要的问题。此外，逆问题的解决方案，根据发现的弛豫谱结构的定义可以看作一个强大的工具，它可以利用电物理性质的有用复合物来预测非均质材料的结构参数。

填充有流体的多孔铁电和磁介质可以作为用于研究介电性能和基体内在弛豫过程对复合材料介电性能影响的良好模型。这个问题是复杂的，目前没有最终的解决方案，这类系统的几何形状的完整描述要求许多参数的知识：孔隙度、比表面积、孔径大小（有效直径和孔径分布）、连通性、形状、孔隙表面的光滑度等。在大多数现有的模型（密尔顿-伯格曼模型、局部孔隙度理论、分形方法），研究者注意力都集中在孔隙的几何形状上，但内部组件及其相互作用的结构没有被充分关注。同时，固体成分具有不同性质的（铁素体、铁电体、铁），并且内部结构复杂，它只能以分层应用的方式才能充分考虑。在多孔系统中，无论是在固体和液体组分还是它们之间的界面，这个过程都可以发生。后者在扩展接口的情况下是非常重要的。这些是界面极化、吸附和形成双电层[14,15]的过程。它表明，对于填充有乙醇或水-醇混合物的多孔铁氧体介质，复介电常数 ε^* 在微波频率范围内的实部和虚部超出上维纳的上限，表明相间边界的过程的重要性。

需要注意的是，填料颗粒的介电性能取决于它们的尺寸。因此，铁电复合材料的性能与聚合物或铁电体的介电常数取决于铁电填料的粒径[9]。这种效应与粒子的大小低于某些临界值时单独颗粒的偏振不协调有关。类似的效果，可以在强电介质基体增加夹杂物（或孔）的浓度时观察到。截至目前，随着减少颗粒大小或增加夹杂物浓度产生的介电连接问题的研究还不够，需要进一步的研究。

因此，先进材料的开发在每一个结构层次上都遇到了许多未解决的问题。此外，研究不同层次结构的物理过程之间的关系尤为重要。分层方法是描述非均匀介质的一种先进方法。它包括在不同结构层次对材料的介电和磁性的多方面的考虑。在每个层次上，一个特定的动态模型的选择，同时考虑到物理和化学特性，并允许寻找关键参数，确定在特定的结构层次的属性，然后转移到下面的层次。这种转移是通过均化前面的更精细化水平的顺序波动来进行的。

作为一个例子，我们现在概述在解决磁性、铁电体等填料设计复合材料问题的步骤顺序：

① 不同结构状态的材料合成方法的选择和理由。

② 不同结构层次的非均匀介质物理性质的研究及决定这些性质的关键参数的揭示。

③ 具有铁电和磁性元件异种材料的静态和动态的电性和磁性模型的开发。

④ 外磁场、电场、机械场对不同层次结构的非均匀介质物理性质影响的理论和实验研究。理论模型的发展，基于不同性质的内在领域的相互作用及其与物理性质的关系。

⑤ 利用分层方法和具有温度可控介电性能的材料开发研究了具有聚合物或铁电基质和铁电或铁氧体填料的复合材料中居里温度附近的介电弛豫过程的温度效应。考察居里温度对控制居里温度变化的组分形态和性能的依赖性。

⑥ 具有广泛的物理性质的材料的开发，例如，用于制造具有电动力学性质的复合材料，可通过以下方面来控制：在不同层次的电、磁、机械和热场的结构层次操作结构参数的变化。

因此，上述分析表明，发展"智能"结构的路径需要对初始成分（填料、矩阵）进行深入的研究，即：

① 正在开发作为复合材料介质的聚合物基质的物理化学性质的完整信息。

② 填料的物理化学性质、基本和替代变体的完整信息。

③ 粉化方法、填料的形状和参数、粒度分布。

④ 聚合物基体填料的填充取决于加工方法和浓度、填料的形状和粒度分布。

⑤ 黏附和界面相互作用。

7.3 "智能"结构发展中的问题

功能材料和"智能"结构[1-7]的基本功能是传感器（传感器功能）、处理器（包括记忆功能）、信号变换、执行、信息传递和改变或补充能量。在初级方面制作功能性和"智能"材料的方案看起来是从"平凡"材料连续转移到具有对外部影响的充分反应的"简单"功能，然后是"灵敏""智能"，并进一步向"高级智能"发展。这些概念的主要含义有以下几点：

① "平凡"材料（结构）。如果材料严格执行一些基本功能（机械、电气、热学、光学、磁性等），那么材料是"平凡的"。

② "灵敏"材料（结构）。"灵敏"的材料（结构）可以通过另一类型的属性响应影响到这一属性的类型。例如，热电材料能在加热时产生电场，而压电材料同样在承受压力时产生电场。这种材料被用作传感器或处理器。一些能与环境有更复杂的关系的"灵敏"的材料被用作传感器和处理器，例如，由记忆形状合金

制成的牙齿校正器,它修复了牙齿的排列,在相变过程中通过温度的变化改变力。

③"智能"材料(结构)。"智能"材料,除了驱动/控制或智能功能外,还具有影响功能。

④"高级智能"材料(结构)。"高级智能"材料与计算机结合和包含了一些额外的"道德"因素相结合被命名为"高级智能"的材质。"道德"因素或禁止可以被理解为"考虑"自我停止的功能,例如,其进一步的行动可以伤害人或导致环境恶劣的自我停止的功能。

作为真实材料的例子,含有铁电体或铁电体和导体的功能性的聚合物复合材料,有希望成为电磁波和声波的吸收体,并作为智能结构的元素("智能"结构),因为它们的电导率和介电常数在加热或冷却[15,16]、机械和其他影响下[17]会改变几个数量级。图7.1和图7.2显示了这些方案,使我们理解检查不同材料时可以使用哪些物理力来揭示其应用的潜在可能性,至少在"平凡"结构中是这样的。

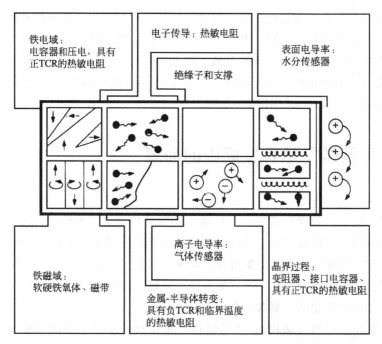

图7.2　无序介质中的物理现象及其应用(TCR为电阻温度系数)

图7.3和图7.4显示的两个问题,用含有聚合物、铁电体和炭黑的复合组合物的单一功能材料解决[14,16]。其中一个功能是外部机械领域的传感器,另一个是控制外部电场或磁场的样本的几何特征[18]。

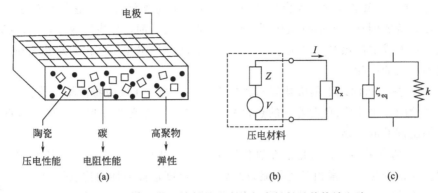

图 7.3 导电和铁电填料的聚合物复合材料及其等效电路

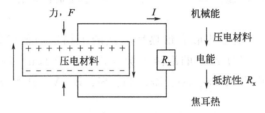

图 7.4 导电和铁电填料复合材料的声阻尼

7.4 多功能电磁波吸收和阻燃材料

在当前的科学和技术的焦点问题中，对新一代多功能材料和新一代的在较宽的频率范围内吸收和屏蔽电磁波，具有增强功能和性能的材料[19]的开发和生产备受关注。在无线电、厘米、毫米的波长范围（$10^5 \sim 10^{12}$ Hz）内，现代材料应能提供的电磁能量密度高达 $10 W/cm^2$，以及低至 0.001% 甚至更低的低反射率。其中最困难的问题之一仍然是含有导电性、磁性或介电填料的复合材料在波长范围较低的部分（$<10^9$ Hz）如何使用的问题。合成的可能性和这些材料能够达到的参数接近现在的极限，这一领域取得不错的进展可以通过向纳米级填料的发展和纳米结构材料的独特物理性质的使用来实现。现有的聚合物纳米复合材料的合成方法复杂且对环境有害。因此，研究用简单和环境友好的方法来合成所需性能和功能的材料是现代材料研究的首要问题。科学的新型多功能材料具有广泛的特殊性质：电磁、屏蔽、导电、机械、热等，最主要的一点是阻燃。减少高分子材料的燃烧性是一个最新高分子材料科学的主要问题[20]。不可燃的高分子材料在建筑、电气工程和许多其他领域是广泛需要的。

可以制定防火系统的现代要求：

① 对于可燃聚合物和复合材料防火系统应包前体化合物，它们在加热条件下吸热分解成两种类型的抗氧化剂、热稳定剂、交联剂，焦炭形成催化剂，膨胀物质负责形成泡沫焦炭，这是聚合物和火焰之间、焦炭化学结构的改性剂和增容剂之间有效的屏障。

② 差热分析曲线上的吸热峰与放热峰、聚合物氧化反应特性相一致。

③ 为了同时抑制自发着火的热过程和链过程，有必要在聚合物中引入两种最优抑制剂的混合物。

④ 这两种类型的抗氧化剂在氧化还原反应过程中应具有最佳的还原和发热能力。应根据化学元素相对还原能力的热力学尺度选择最佳的抗氧化剂。

⑤ 例如，在热自燃的情况下，最佳抑制剂是铜、硫、砷、铋、铬、铼、锑、铅、镍、钴、钼、镉、锰。如果自发点火遵循链机制，羟氰基适合作为最佳抑制剂。

⑥ 膨胀的物质应该迅速形成耐热性较强的阻挡层与低导热、高吸附能力、大体积（焦炭膨胀率超过20）的泡沫焦炭，孔径小于 $1\mu m$ 和孔隙率超过 0.95。通过在其化学结构中引入 Ca、Al、Zr、Ti、Si、B、V、P 等氧化物可以增加发泡焦炭的热电阻。

⑦ 防火系统部件在加热过程中不应发生明显的放热效应而相互影响。

实验技术的详述见参考文献 [21]。

7.5 结果与讨论

基于聚乙烯（PE）组合物的易燃性，聚丙烯（PP）和磨木通过添加阻燃剂、交联剂和氧化石墨（OG）来降低可燃性。防火系统组件执行多种功能：膨胀型的组成；总热量的减少；气体相链的氧化过程的抑制作用。聚（甲基丙烯酸丁酯）(PBMA)，交联结构形成剂提高复合材料的热性能和促进炭化聚合物。OG的功能：一是在200℃时形成泡沫覆盖在石墨表面上，从而膨胀组件；二是作为负责电磁辐射吸收的主要成分。添加磨木（GW）可提高复合材料的力学性能（弹性模量和拉伸强度）。

样品的氧指数（OI）随阻燃剂、甲基丙烯酸丁酯、氧化焦炭的增加而增大。例如，通过添加阻燃剂PE的氧指数增加到6.3%，聚合物引发剂和自由基引发剂进一步提高氧指数到3.3%，加入氧化石墨增加氧指数到4.2%。氧指数的最高值是31.2%，实验表明复合材料的氧指数为15%。木材复合材料的氧指数为20.1%，随着阻燃剂量的增加，加入氧化石墨由25.1%增加到27%。研究表明，PE和GW的复合材料在添加10%~15%GW时氧指数最高，为27.8%~27.9%。

木材填充 PP 复合材料的氧指数在采用了阻燃剂和氧化石墨后提高了。因此，无添加剂的样品的氧指数为 19%，阻燃剂的引入氧指数达到 22.3%，加入氧化石墨氧指数达到 24.3%。PP 和 GW 的复合材料在氧化石墨含量为 15% 时氧指数最高，为 26.9%。

磨碎木材的引入增加了 PE 复合物的热稳定性。这种热稳定性的增加可以归因于木材中高活性成分（纤维素、木质素等）的存在，它们很容易产生磷酸化和去磷酸化反应，促进了复合材料加热期间的灰泥化和焦炭形成过程。

焦炭孔隙的大小和油成分之间的相关性：孔隙越小，越能降低材料的可燃性。微米和亚微米孔径大小的泡沫焦炭层与石墨的高阻燃性能一致。

通过填充增加拉伸强度和弯曲模量 1.5～3 倍。木材体积分数从 7% 增加到 25%，使材料的抗拉强度提高了近一倍。

图 7.5 显示 5mm 厚的聚乙烯复合材料在不同石墨浓度下的反射系数的频率依赖性。显然，随着复合材料中石墨含量的反射率降低，一些样本低至 −16dB，而反射系数在技术上可接受的值为 −10dB。有趣的是，最小反射系数恰逢 15% OG 氧化石墨样品的最高氧指数。在整个浓度范围内石墨复合材料的电导率低于 $10\sim15(\Omega \cdot cm)^{-1}$。换句话说，石墨浓度低于逾渗阈值，这对于球形颗粒来说体积分数约为 17%，而对于具有石墨密度的颗粒来说质量分数约为 30%～35%[22,23]。因此，可以假设吸收电磁辐射的物质在这种情况下与石墨颗粒的分子链发生接触，因而其低于形成无限簇的阈值。

反射率的值基本上是表面反射和材料内部吸收的双因素的总和；后者由于接

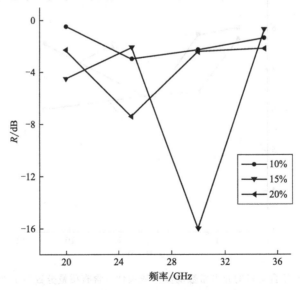

图 7.5 不同浓度石墨对聚乙烯复合材料反射系数的依赖性

触石墨颗粒的导电链中的介电损耗。反射率对频率的微弱依赖性表明，在所有情况下的导电链的长度明显小于电磁辐射的波长。在同一时间的反射率水平随石墨浓度的增加而减小，这是由于在大量材料中的耗散元件（导电链）的浓度的增加[24]。同时，由于石墨浓度的增加和材料的介电常数的增加，表面上的反射系数也增加（由于自由空间和试样之间的介电常数的不连续性）。

比较厚的复合板的压力成型可能导致填料粒子在材料内部的重新分布，由于材料介电常数的差异，从而导致顶部和底部的表面反射率的不同。表 7.1 和表 7.2 是不同浓度的石墨烯的聚乙烯复合材料的片材顶部和底部的反射系数值，图 7.6 显示了介电常数的相应频率依赖性（测量样本从底部和上部切割）。

表 7.1 含 10%石墨的 PE 复合材料的反射系数 R 随频率 f 变化的值

f/GHz	20	25	30	35
R/dB(上部)	−2.8	−1.5	−0.65	−3.8
R/dB(底部)	−2.8	−1.2	−0.65	−5.6

表 7.2 含 20%石墨的 PE 复合材料的反射系数 R 随频率 f 变化的值

f/GHz	20	25	30	35
R/dB(上部)	−2.4	−6.8	−3.2	−3.2
R/dB(底部)	−2.6	−6.8	−2.3	−3.6

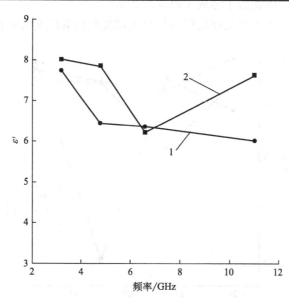

图 7.6 PE 复合材料的介电常数的频率依赖性（含有质量分数为 15%的石墨）
1—底部；2—顶部一侧的模压板

对数据的分析表明,在石墨浓度为15%(质量分数)时,观察到板材顶部和底部的反射率差异最大。在这种情况下,在片材的顶部和底部也观察到不同的介电常数。需要注意的是,当导电集群分布长度变宽,在含有质量分数为20%石墨的复合材料中,介电常数的频率依赖性强,这显然是由于导电粒子浓度接近临界浓度。遗憾的是,在技术上不可能制作出更大尺寸的薄板,这样就可以测量较低频率的反射率,并在介电常数和反射系数之间建立相关性,比较反射率的计算值和实验值。

用含磨木和石墨的PE复合材料进行了测试。由于木材中含有大量的羟基,其介电损耗的最大波长在厘米范围内,人们期望减小同时含有石墨和磨木材料的反射率。结果表明,木材的存在确实降低了反射的水平。

图7.7显示了含有质量分数为5%石墨磨木PE复合材料的介电常数对频率的依赖性。显然,不同板材零件的材料的介电常数显著不同,可能是因为磨木促进复合材料中石墨颗粒均匀分布。在同一时间的介电常数表现出更强的频率依赖性,这显然是木材介电损耗和频率的依赖关系。

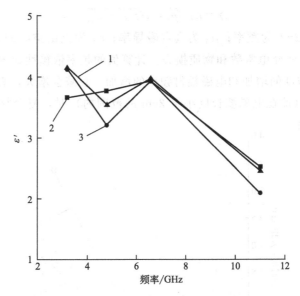

图7.7 PE复合材料的介电常数的频率依赖性(含有质量分数为5%的石墨磨木)
1—底部;2—顶部侧模板;3—中部模压板材

图7.8显示了聚乙烯复合材料的介电常数和损耗对石墨浓度的依赖性。正如所预期的那样,随着石墨含量的增加而增加。薄片的顶部和底部之间的差异是最小的。在低浓度石墨时,这是由于导电填料含量的介电常数的弱依赖性,而在较高的石墨浓度下,其效果是由较小的石墨浓度波动引起的。

利用上述数据,可以计算出微波频率范围内的电磁波衰减因子,用于微波频

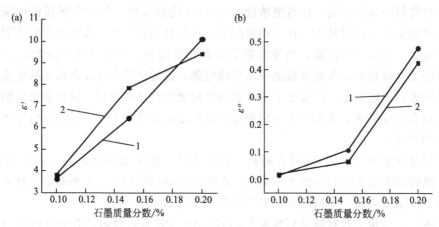

图 7.8 聚乙烯复合材料的介电常数和损耗对石墨浓度的依赖性
1—底部；2—顶部侧模片

率范围内的电磁波衰减系数为 25。衰减因子的表达式可以写成：

$$\gamma = i\omega\sqrt{\mu_0\varepsilon_0}\sqrt{\varepsilon'_{\text{eff}} - i\varepsilon''_{\text{eff}}}$$

式中，$\omega = 2\pi f$ 为频率；μ_0 为真空磁导率；ε_0 为自由空间的介电常数；$\varepsilon'_{\text{eff}}$ 和 $\varepsilon''_{\text{eff}}$ 分别为有效介电常数和物质损失。计算值的频率依赖性如图 7.9 所示。显然，随着石墨浓度的增加和电磁辐射频率的增加，衰减会增大，表明在石墨质量分数大于 15%（即在电磁波长度小于 2cm 的范围内）时，复合材料最有效地用作电磁屏蔽材料。

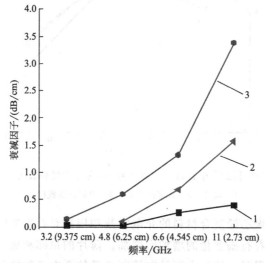

图 7.9 不同石墨浓度聚乙烯复合材料衰减系数实部随频率的变化规律
（相应的波长以横坐标表示。石墨质量分数：1—5%，2—10%，3—15%）

对于聚丙烯复合材料，反射系数一般小于聚乙烯复合材料，这可能是由于聚丙烯具有较高的介电常数，因此来自板表面的反射较大。然而，在一定浓度（10%～15%）的石墨中，反射系数达到可理解的值，并考虑这些复合材料的其他性能，它们可以被认为是这方面较有前景的材料。

7.6 结论

新材料的进步，包括新的聚合物和陶瓷的合成，它们的物理、化学和性能特性的研究，最近已形成了一个新的趋势，其中包括揭示其在新的功能结构或称为"智能"的设备中应用的潜在可能性。这首先涉及聚合物、具有陶瓷和金属成分的聚合物复合材料，它们具有光、电物理功能，可以在其基础上创建智能结构解决其在微电子、光电、无线电和电气工程等领域的问题。

从复合材料的物理性质、填料的组成、聚合物基体的种类、复合材料的分布等方面出发，开发了多功能材料的合成方法。这些因素中的每一个因素在材料中以不同的方式体现，这取决于工艺参数，以及在特定条件下的填料的性质和相互作用。在均匀的特别是异构系统中，如金属和合金、铁和铁氧磁体、铁电、铁磁电材料、聚合物和陶瓷基复合材料、高温超导陶瓷等，总是可以概括出各种类型的层次结构。对层次结构和物理性质在非均匀材料内部各领域相互作用的性质影响的研究，与智能材料和智能结构的新合成方法的发展是密不可分的。

基于 PE 和 PP 材料的电磁波屏蔽和吸收材料、低可燃性，对新型含石墨、磨木和阻燃剂，增强了热性能和力学性能的 PE 和 PP 进行了开发和研究。对它们的阻燃性、热性能和力学性能进行了研究。在 20～40GHz 频率范围内测定了材料的电磁波反射系数，尽管功能性填料浓度低（10%），但是反射系数可低至 -15dB。研究了焦炭的形成机理，在这一过程中的主要作用是由于芳香族化合物的芳构化和缩合以及多环芳香体系的形成，并发现了磷酸在该过程中的加速作用。

高分子复合材料的不燃性标准的制定：热化学、动力学、热学、物理、传热传质。这些标准允许设置降低聚合物复合材料燃烧性的原则。提出了选择最佳抗氧化剂所需的化学元素相对还原能力的热力学尺度。制定了材料的要求，允许选择最有效的屏蔽和防火系统的含有聚合物、木材和其他填料的多组分复合材料。

参考文献

[1] Newnham RE. Smart, very smart and intelligent materials. MRS Bull 1993;18(4):24–6.
[2] Schulz MJ, Kelkar AD, Sundaresan MJ, editors. Nanoengineering of structural, functional and smart materials. Boca Raton, FL: CRC Press; 2005.
[3] Domingo Calvo National Nanoengineering of structural, functional and smart materials. Nottingham, UK: Auris Reference Limited; 2013.
[4] Trofimov NN, Kanovich MZ, Kartashov EM, Natrusov VI, Ponomarenko AT, Shevchenko VG, et al. Physics of composite materials. M: Mir, in 2 volumes, vol. 1, p. 456. vol. 2, p. 344; 2005.
[5] Bakhshi AK. Electrically conducting polymers: from fundamental to applied research. Bull Mat Sci 1995;18(5):469–95.
[6] Njuguna J, Pielichowski K. Polymer nanocomposites for aerospace applications: properties. Adv. Eng. Mater. 2003;5:769–78.
[7] Vannikov AV, Grishina AD, Rihvalsky R, Ponomarenko AT. Generation of second harmonic of laser radiation in non-centrosymmetric polymeric systems. Usp Khimii 1998;67(6):507–22.
[8] Ponomarenko AT, Shevchenko VG. Highly filled PE–hexaferrite fibers: electromagnetic properties. Polym Sci Series A 2004;46(3):270–8.
[9] Tchmyreva VV, Ponomarenko AT, Shevchenko VG. Electrophysical properties of polymer-based composites with barium titanate. Ferroelectrics 2004;307:233–42.
[10] Shevchenko VG, Volkov VP, Zelenetsky AN, Ponomarenko AT, Figovsky O. Electromagnetic wave shielding and fire retardant multifunctional polymer composites. Adv Mater Res 2008;47–50:77–80.
[11] Zolotukhin IV, Kalinin Yu E, Ponomarenko AT, Shevchenko VG, Sitnikov AV, Stognei OV, et al. Metal–dielectric nanocomposites with amorphous structure (review). J Nanostructured Mater Nanocomposites 2006;2:23–34.
[12] Kazantseva NE, Ivanova BI, Ponomarenko AT, Shevchenko VG, et al. Abstracts VII Int. Conf. on Ferrites. Bordeaux, France; 1996. p. 113.
[13] Ponomarenko A, Shevchenko V, Kalinin Y, Figovsky O. 12th European conference on composite materials. Biarritz; 2006. p. 6.
[14] Shevchenko VG, Apletalin VN, Ponomarenko AT, Maltsev VP, Kazantsev YN. Investigation of tunable structures with liquid dielectrics for the microwave range. In: Varadan VK, McWhorter PJ, editors. Proc. SPIE, Smart structures and materials 1996: smart electronics and MEMS, vol. 2722; 1996. p. 216–23.
[15] Ponomarenko AT, Ryvkina NG, Tchmutin IA, Klason C, Shevchenko VG. Computation of electrodynamic properties of structures with liquid components. In: Varadan VK, McWhorter PJ, editors. Proc. SPIE, Smart structures and materials 1996: smart electronics and MEMS, vol. 2722; 1996. p. 256–65.
[16] Tchmutin I, Ponomarenko A, Shevchenko V, Ryvkina N, Klason C, McQueen D. Electrical transport in 0–3 epoxy resin barium titanate carbon black polymer composites. J Polym Sci Part B-Polym Phys 1998;36(11):1847–56.
[17] Zolotuhin IV, Kalinin YE, Stognei OV. Physical materials science. Voronezh University Publishing, Voronezh, Russia; 2000. p. 360.
[18] Shevchenko VG, Buts AV, Andreenko AS, Ponomarenko AT. Giant magnetostriction in polymeric composites with disperse filler. Condens Media Interfaces 2000;2(3):241–5. Available from: <http://www.kcmf.vsu.ru/>.
[19] Kazantseva NE, Ponomarenko AT, Shevchenko VG, Klason C. Electromagnetics

2000;20(4):387–99.
- [20] Bellucci F, Camino G, Nicolais L. Flammability of polymer composites. Wiley encyclopedia of composites 1–17. New Jersey, United States: John Wiley & Sons, Inc.; 2012.
- [21] Volkov VP, Zelenetsky AN, Shevchenko VG, Ponomarenko AT, Sizova MD. Synthesis and Properties of Electromagnetic Wave Shielding Polymer Materials with Low Flammability. J Appl Polymer Sci 2010;116(5):2775–82.
- [22] Ponomarenko AT, Shevchenko VG, Kryazhev Yu G, Kestelman VN. Polymer Composites with Electrophysical Properties. Int J Polymeric Mater 1994;25:201–26.
- [23] Shevchenko VG, Ponomarenko AT, Enikolopyan NS. Anisotropy effects in electrically conducting polymer composites. Int J Appl Electromagnetics Mater 1994;5:267–77.
- [24] Shevchenko VG, Ponomarenko AT, Klason C, Tchmutin IA, Ryvkina NG. Electromagnetic properties of synthetic dielectrics from insulator-coated conducting fibers in polymeric matrix. J Electromagnetics 1997;17(2):157–70.
- [25] Brehovskih LM. Waves in layered media. New York, NY: Academic Press; 1980. p. 503.

第8章

多功能形状记忆合金基复合材料在航空航天领域的应用

Michele Meo
巴斯大学，机械工程系，英国，巴斯

8.1 引言

多功能材料系统是在保持一种材料结构一体性的同时，至少整合了另一种或多种功能的材料系统。在关于将多重功能集成到纤维增强聚合物，从而得到一种多功能复合材料方面有着各种各样的实际问题，这种复合材料能够表现出多种功能的结构属性。

本章综述了纤维增强复合材料与不同形式的形状记忆合金混合的可能性，这种混合方式可以调控纤维增强塑料的抗冲击性能，还可以预测引进的材料性能，控制其环境感知能力，同时也可以作为一种除冰系统。当受到热力或者磁场变化的刺激时，形状记忆合金能够记忆自身的形状或者保持之前的形态。特别是，形状记忆合金在受到热力载荷之后会发生马氏体相变；当其加热到一定温度后能恢复其原来的形状。关于形状记忆合金的详细综述，包括历史概览、最新进展的总结和新的应用领域可以在参考文献［1］中找到。由于其有记忆效果，形状记忆合金通常被视为一种智能材料。然而，它还有其他属性，因此它可以用于制造混合复合材料，当有电场、环境、热等变化时，这种材料能够随之改变自身特定的材料属性。作为一种智能材料，过去形状记忆合金在航空部门的应用中包括：自愈能力、可调刚度、增加阻尼和形状可控的活动表面[1]。在参考文献［2］中可以找到一篇综述，其中介绍了如何改善力学性能，包括为提升抗冲击性能而使用的形状记忆合金混合复合材料。这些材料能够通过超弹体形变或者应力恢复来吸收冲击能量,从而减少冲击对复合结构的影响。

本章节呈现了一个对于形状记忆合金混合复合材料的综述,并且讨论了许多被用于控制机械、电磁和热力属性的方法,将提高抗冲击能力、应力传感、除冰和预测能力的材料引入航空应用。

8.2 冲击性能

常规的复合材料因为沿厚度方向的力学性能差,在冲击载荷下会受到很大范围的破坏。这种冲击破坏很难被察觉,并且可能导致结构性能的严重下降,例如残余压缩强度。同样地,飞机结构上的设计载荷会由于这种压缩性能的下降受到限制。经过这么多年,许多提高复合材料损坏韧性和冲击阻力的方法已经被提出,例如在中间层和混合层使用纤维和/或基体韧化、交界线韧化和沿厚度方向的加强等方法。

这种复合材料的抗冲击破坏性能或许可以通过和形状记忆合金纤维混合而提高,原因是高应变的形状记忆合金有相对高的极限强度并且能吸收和消散大量的应变能量,首先通过应力诱发马氏体转变,然后进行塑性屈服。这种超高弹性行为能够从高弹性到失效然后再恢复应变,并且形状记忆合金在结构上复原能减少结构的偏转和平面应变和应力。形状记忆合金纤维的这种高应变能力具有15%的可恢复弹性应变,原因是马氏体相区转变在应力/应变曲线中形成一段平稳的区域。这种特性能够使超弹体的形状记忆合金纤维在失去弹性时比其他纤维吸收更多的应变能量。因此,装入超弹体的形状记忆合金纤维复合材料能使它的韧性更好,并且能增加复合材料结构的抗冲击破坏性能。形状记忆合金吸收冲击能量是高合金钢的4倍,是许多石墨/环氧树脂复合材料通过马氏体转变时的16倍。

这种抗冲击性能的提高通过增强碳纤维编织物的形状记忆合金实现,在参考文献[2]中进行了研究,如图8.1所示。为了制造这种样品,通过改变形状记忆合金金属丝在经向和纬向纤维织物的数量,使用一种先进的编织技术来精确地控制植入一小部分容量的形状记忆合金(镍钛)。在室温下进行落锤试验并且选择了两种不同的形状记忆合金(镍钛合金),一种在马氏体相区,另一种在奥氏体相区。进行参数研究,用来估量几种材料易变的影响,例如体积分数的变化、交织方式、形状记忆合金压成薄片的位置以及形状记忆合金的种类等不同。

为了评定改进的性能,用没有形状记忆合金线的基准复合材料与测量数据进行对比,用单位质量标准化的能量吸收,即吸收的能量除以质量。混合的形状记

图 8.1 形状记忆合金编织碳纤维织物[3]

忆合金复合材料与基线相比,当加入 10.8% 体积分数的形状记忆合金时,冲击能量的吸收量增加了 61%～227%。当针对质量规范化时(见图 8.2 中的变体 5),把基线压成薄片时能量从 0.42J/kg 增加到 0.97J/kg。结果表明,冲击能量吸收与 SMA 增强的穿层位置无关。抗冲击能量的在形状记忆合金的体积分数和能量吸收量之间发现了一个线性关系。在马氏体相区和奥氏体相区,形状记忆合

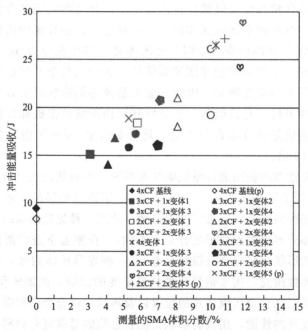

图 8.2 形状记忆合金类型和体积分数对冲击能量吸收的影响[4]

金增强复合材料层压板的冲击能量吸收之间发现了显著的差异。由于断裂能量（由应力-应变曲线下面积表示）与两种合金类型相似，结果因此表明，增加的能量吸收不能完全归因于断裂形状记忆合金线所需要的应变能。进一步的工作表明选择合适的合金类型并具有类似的大块复合材料应力-应变特点的重要性，直至其在碰撞事件中性能失效，因此不会产生材料的不连续性，并应用不同的材料实现最优"混合"效果。

Tsoi 等[5] 实验研究预加应变以及位置和形状记忆合金混合复合材料在冲击破坏行为下对体积分数的影响。他们发现当形状记忆合金随着预加应变增加时，分层的区域减少了。Lau 等[6] 研究把形状记忆合金缝合到复合结构中的可能性，以此来减少冲击时分层的风险。通过实验和理论研究了低速冲击后形状记忆合金缝合玻璃/环氧树脂复合材料的抗损伤性能。他们发现通过缝合复合板材，复合板材的强度增加，在缝合形状记忆合金丝后，层间裂纹数减少。理论研究还证明复合板材在缝合超弹性形状记忆合金后，分层的能量比没有缝合的复合板材小得多，因为形状记忆合金丝吸收了能量。Paine 和 Rogers[7] 也研究将超弹性形状记忆合金植入复合材料中使用，以此来改善层压板在低速度下冲击破坏的情况。在 18J 和 23J 的高冲击能量作用下研究了石墨/双马来酰亚胺复合材料和超弹体镍钛形状记忆合金线交叉叠合，这种合金直径为 0.3mm，没有进行预应变，并且形状记忆合金线的体积分数为 2.8%，结果表明复合层合板中的形状记忆合金丝在冲击过程中阻止了完全穿孔。他们同样发现所有的石墨层叠体有比混合材料多很多的可见的分层，并且混合样本也比石墨样本的承受冲击力的最大值高很多。这些结论表明将形状记忆合金线植入复合材料中能提高其抗冲击能力。

在参考文献 [7] 中，进行了一个实验和数值的研究，旨在研究把形状记忆合金以层压方式插入纤维织物，以此来评定在低速冲击下形状记忆合金线被有效用在混合复合板材中增加抗破坏的能力（图 8.3）。结果在表 8.1 中报道，研究

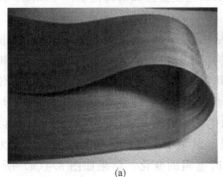
(a)

(b)

图 8.3　混合聚苯硫醚（PPS）/形状记忆合金/聚对苯二甲酰对苯二胺纤维[7]

表明当与传统的复合材料结构相比时,把形状记忆合金整合入复合材料能导致复合材料结构抗损伤和延展性的增强。同时观察到复合材料的韧性得到明显提高以及在故障之前更高能量被吸收的现象。正是由于形状记忆合金在冲击时能吸收动能这个事实,导致它有相当大的破坏应变和弹性形变,还有超弹性和滞后行为。这些结构表明形状记忆合金植入普通的复合材料中能有效地吸收和驱散大量应变能,它是一种很有发展前途的材料。

表 8.1 两个不同配合方式的数值结果摘要

冲击能量	PPS/CF 样本	PPS/CF+形状记忆合金
	吸收能量/J	吸收能量/J
12.28	6.9	8.5
18.42	12.1	15.4
24.56	22.2	23.8
冲击能量	样本位移	样本位移
12.28	0.6	1.3
18.42	1.9	5.1
24.56	4.5	9.3

8.3 结构健康监测

层压纤维增强材料结构易受意外的冲击从而遭到破坏,这种情况已经在许多先进的工程结构和部件上引起人们的极大关注。我们越来越需要对纤维增强复合结构和材料健康状态的演变进行监测。近些年,结构健康监测已经成为一个关键的技术,通过发展技术、工具和系统离散或连续监控和结构检查,可以减少保养费用,增加可靠性以及提高安全性。

通常情况下,对结构检查时需要把结构取出来,使用大型传感器、大面积扫描,一般都比较耗时而且费用昂贵。结构健康监测一个主要的技术就是对关键结构和关键部件的应变进行监测。在最近几年,已经出现许多研究开发嵌入式传感器的分布式网络原位损伤监测技术。除了这些材料的许多独特固有的力学、热以及热-力学性能,形状记忆合金(线)的电性能也可以作为应变传感元件,以监测结构健康状况。在参考文献 [8,9] 里,对单个形状记忆合金线的监测能力进行了研究。文献里测定了在受拉伸载荷时电阻的变化,结果如图 8.4(a) 所示。在弹性变形下,电阻随应变增加呈线性增加。当应力达到一个临界值时,去孪晶马氏体被激活,并观察到在整个转变期曲线斜率变化有一个平稳时期。即使在相位变化时,观察到电阻与应变依然呈线性关系。这些结果证实了通过测量镍钛丝电阻原位变化与应变的线性相关性,形状记忆合金基复合材料具有传感能力和监测材料内部健康的能力。作者还调查了弯曲载荷下监测应变的能力和在类似条件下对薄壁结构的影响。测试结果示于图 8.4(b) 中。在这种情况下,展示出电阻随弯曲延伸增加呈线性变化。

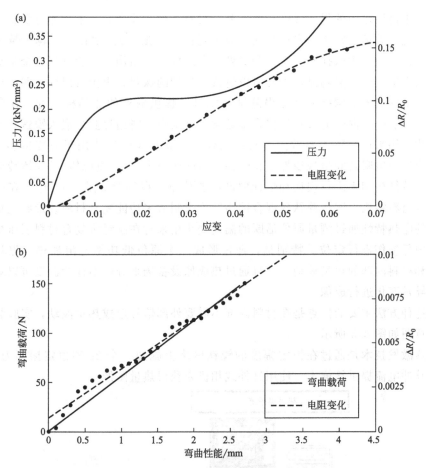

图 8.4 镍钛单线在拉伸试验中应力-应变行为和电阻变化(a)和智能复合材料弯曲性能和电阻变化曲线(b)[9]

在参考文献 [8] 中,制造出了嵌入有形状记忆合金的传感器的复合层压板样本,并且在低速冲击载荷下监测纤维增强塑料的应变,结果表明形状记忆合金丝传感器被嵌入纤维增强塑料层时可以用来监测冲击回应,例如冲击破坏的位置、破坏程度以及应变分布。据证实,具有适当的体积分数和复合密度的形状记忆合金线缝合复合材料有可能使用形状记忆合金线来监测复合材料的结构,同时,可以加强复合材料的结构来减少破坏。与其他方法相比,该工作在用来监测关键部位时简单、经济并且技术可靠。

8.4 原位无损测试

由于薄层之间的界面强度较弱，复合材料结构在冲击载荷下可能遭受到严重破坏，这种破坏通常不易发现（几乎看不见的冲击损害）。现在需要越来越多可靠的快速无损技术来探测、定位和成像复合结构中的损伤。形状记忆合金基复合材料具有电、磁、热功能，以此可以进行有目的的探寻。很少有研究表明，形状记忆合金的嵌入式网络能为无损测试（NDT）提供额外的非结构属性。在参考文献[10]中，混合的形状记忆合金玻璃纤维增强塑料通过测量嵌入镍钛丝的电阻变化，用来评估结构异常。形状记忆合金以其马氏体形式用于应变传感[11]，发现应变与电阻之间呈现线性变化。在其他的研究中[12]，奥氏体/马氏体转变时的声学特征被用来定位损伤和估计内部应变分布。在参考文献[9]中，在碳纤维复合材料结构中嵌入镍钛丝混合网络结构来制造多功能复合材料。形状记忆合金线的电热特性通过测量原位活跃的温度变化用来对在碳纤维复合材料层压板潜在的内部损伤进行定位。特别是，通过形成一个原位低功率电阻加热（焦耳效应）和材料内部的热量波动，并且通过热成像设备场来分析不连续温度可以对结构的异常变化进行成像。

这种方法主要的优点是在材料内部不需要外部信号形成热量波动，实验装置的示意图如图 8.5 所示。

热激发技术是通过在恒定幅度的镍钛网络上施加一个 2s 和恒定振幅为 1A 的长脉冲电流提供给样本，使用红外线相机来获得热量图像。

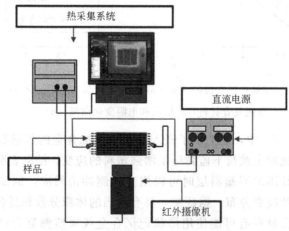

图 8.5 实时温度记录实验装置[8]

此外，把热源嵌入材料中，这种方法能够克服标准红外线在检测较厚的结构损害和深处缺陷时的缺点，是在内部可以快速和精确地执行对各向异性结构进行无损坏试验/结构健康测试的系统。该技术的灵敏度是通过测试几个具有分层特征的混合样本来评估的，其特征是严重程度的增加、从顶部到地面的不同距离，以及层压板内部的不同深度（图8.5）。

原位无损检测方法可以评估各种复合材料板不同类型和位置的损伤和人为引入的损伤。起初的测试在嵌入材料内部的单个形状记忆合金线上进行。损伤是聚四氟乙烯（PTFE）贴片造成的，并位于层压板中不同深度。在图8.6中，展示了相对于原始[图8.6(a)和(c)]和损伤样本[图8.6(b)和(d)]，具有两种不同形状记忆合金取向的结果，从温度场可以清楚地看出，在损坏位置存在温度不连续性，因为由焦耳加热导致的热流受到受损区域中热阻（PTFE补片）增加的阻碍。

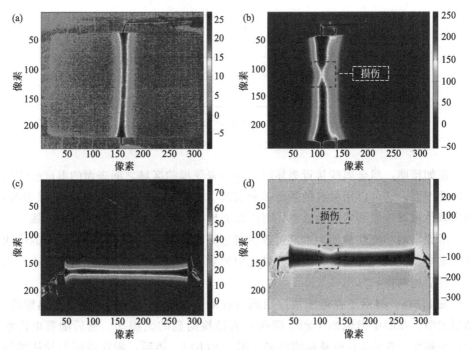

图8.6 两个单形状记忆合金丝取向
损伤检测的未受损的样品（a）和（c）；损坏的样品（b）和（d）

形状记忆合金线的位置通过厚度应当最优化，并且可能与损伤的位置相关，因为热量波动会受到损伤和形状记忆合金网格之间的相对位置的影响。由于损伤位置、深度和大小是未知的，为了增加技术的敏感性，一个可能的方法是在不同深度嵌入类似电线网络分布的形状记忆合金。通过以下事实来提高抗冲击性行为得到证实，多层的形状记忆合金需要被嵌入在不同深度的层压板内[3]。在参考文献［13］中，以敏感性为依据的测量方法是在不用形状记忆合金的情况下，当以恒定电流输入时，测定深度对于恒定损伤位置的灵敏度，如图 8.7 所示。

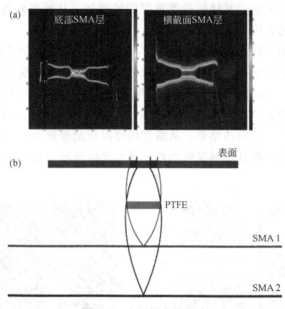

图 8.7 电网深度的影响
(a) 使用不同的网格获得的温谱图；(b) 不同线的热传播的示意图[13]

正如预期，当金属线接近损坏时受损和未受损的区域之间表面的温度变化的差异性增强，这可以用材料的热传播和衰减［图 8.7(b)］解释。这些结果表明，利用该技术对较厚结构的敏感性，可能需要增加一层以上的形状记忆合金线。

所提出的功能性的能力也通过改变线电流激励的数目（同时使用所有的电线或在电线数目较少集中的特定的区域集中更多的电流，增加了系统的分辨率）为三个样品监测损伤（图 8.8）。

图 8.8(a) 显示了在电压被应用到所有的形状记忆合金线时样本的热影像。结果表明，在图中黑色的 1 和 2 圈所示的是检测到的大损伤。然后随着电流增加，小损伤（损伤 3）也被检测出来［图 8.8(b)］。随后，损伤周围的导线被激发，需要用更高电流进行更深入的检查，图 8.8 清楚地显示了存在的较小的损伤。结果表明无损检测过程中，可以使用低强度电流通过所有电线对整个结构加热进而执行最初的快速检查，然后根据快速检验的结果，可以在某些特定的情况下通过引入灵敏度更高的电流强度对更深层次领域进行检查，这是非常有必要的。

可以从加热曲线来判断通过厚度方向的各种损伤的相对位置（或可能来自校准曲线/样本）。红外线检查的结果表示在图 8.9 中，从中可以看出嵌入不同深度

8.4 原位无损测试

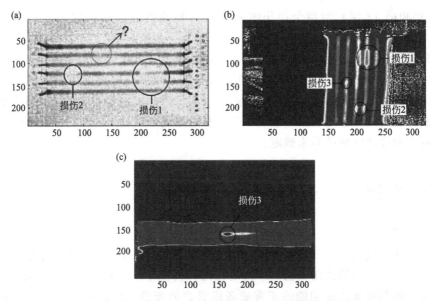

图 8.8 快速扫描（a）、中速扫描（b）和深层扫描（c）

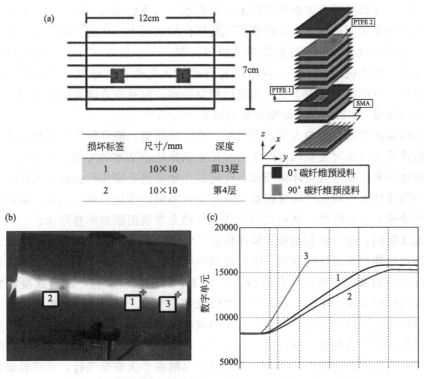

图 8.9 损伤位置和样品的详细信息（a）、嵌入不同深度的
损伤温谱图（b），以及明显温度的变化（c）[13]

（第4层和第13层）的两个损伤的 z 位置与相应的表面热响应之间的直接相关性。

根据加热源，上表面和损伤之间的相对距离，有可能观察到受损和未受损的区域之间的表观温度变化［图 8.9(c)］的演变。如果分层接近顶部表面，受损区域周围的热流不会流动并且不会到达上表面，因此，它难于使用单个形状记忆合金网络进行检测。这些结果表明，位于穿过厚度不同分层的相对位置可以通过分析两个曲线之间的差异来确定。

8.5 除冰

为了在极端的冬季气候条件下安全地操作飞机，去除冰、霜或雪显然是一个必要操作。对于大型商用飞机，冰出现在两种情况下，即在飞行时和地面上时，并且为了确保机翼边缘功能的正常或者机翼表面光滑，保持对冰的检查是必要的。当云层对飞机前缘进行冲击并冷冻时冰就形成了。在地面上，当雨水降落到地面上后，在机翼的上表面和尾巴上会形成冰。当飞机飞过云层时，液体小水滴会在飞机前缘表面形成冰。冰改变了飞机部件的表面上产生的气流升力，使升力降低，可能导致失速和暂时丧失对飞机的控制。一小层冰（1mm）就足以摧毁一架飞行中的飞机。此外，大块冰可能会突然从气动表面分离，并被吸入发动机，造成严重的损害。对于定点航班的航空公司，包括商业客运航空公司，结冰已经成为导致 9.5% 的航空运输事故的因素[14]。

飞机结冰管理分为两大类，即预防、消除或缓解，通常称为防冰和除冰。典型的防冰系统是通过发动机的产生的直接热风来防止结冰的增加。常见的方法是使用除冰技术，就是假设冰将形成，在问题产生之前必须执行去除冰的任务。大多数的除冰技术依赖起飞前或机载机制应用可喷射的浓稠液体（例如，膨胀破解冰的气动靴）去破除冰，从而使气流从空气动力学表面破解和移除冰。

毫无疑问，起飞前利用液体除冰保证了冬天飞行安全，然而，它们也造成了飞机的适航性严重退化的问题。随着时间的积累，近年来在空气平流层已经观察到了除冰时的液体残留。在合适的天气条件下，这些残余物可以形成凝胶状物质，在飞行时会从原来的大小开始多次膨胀并且冻结。如果这些残留物位于飞行控制组件和连杆的区域中，可能会使控制表面的运动受到限制，导致飞机失控问题，降低飞机的适航性。据报道，几个来自不同制造商经历的飞机飞行控制问题都是由残胶的存在造成的。因此，为了保证飞机在冬天安全飞行，有必要检查机翼上的雪或冰，并在使用稳定剂和除冰液处理飞机后还需对在控制表面等隐蔽地方的残余流体进行检查和消除。

最近，商用飞机大部分都装有机械除冰系统，把来自发动机的热空气通过一系列的管道排出，冰积聚时在空气动力学表面（翼）下循环。这是一个很有前景的技术，是通过基于导电元素的集成直接在机翼前缘表面进行加热，从而防止冰的积累。设计这样一个系统的挑战需要开发出一个加热线圈、金属薄片或元件，可以提供均匀一致的热量分布，并且足够坚固，可在严苛的工作条件下承载不间断的电流。此外，这些集成供热系统的维护是一个问题，因为它们必须易于更换，以防故障或损坏。直到现在，在不能满足所有这些需求之前一直无法提出综合供热系统的商用飞机的翅膀。

最近提出了一个可能的解决方案[9]，形状记忆合金基复合材料显示出有趣的属性，可以用于开发除冰和防冰的应用形状记忆合金材料被嵌入复合材料板，这种结构可以使用小电流通过形状记忆合金电线来快速对结构中的特定部分进行加热。这是由于形状记忆合金材料的特殊加热功能（当施加一个小电流时）与碳纤维的存在相结合，有助于控制热量在整个材料结构上的传播，并会产生一个方向的热流，可以检测出飞机的冰是在哪个关键部分里形成的。

所提出的多功能材料可以用作防冰系统，其中低电流（0.1～0.5A之间）可以在样品中被诱导，以避免积冰现象的产生。当使用更高的电流（1A或更多）时，材料系统可以用来代替除冰应用，而且能够破解和融化在飞机空气动力学表面最终形成的冰。热成像结果报告如图8.10所示。结构上部由电流通过电线加热，而下部是有意地保持"冷"，以验证两个部分之间的温度梯度。分别使用两种不同水平（0.5A和1A）的电流进行了测试，分别在0.1V和1.1V时施加电压。两点上混合样品（热和冷）的表观温度的时间行为见图8.10(b)。温度的差异是明显的，并且在20s后，在热点中观察到明显地增加大约180数字单元的温度。热成像摄像机敏感性是30mK，从这个值可以估算5.5℃的温度梯度。通过应用更高的电流［图8.10(c) 和 (d)］，观察到更高的温度，大约增加了24℃。考虑到成冰作用通常发生在静态空气在温度为−20～2℃之间，除冰系统可以产生足够的热量来破解和融化空气动力学上表面的冰。该系统非常灵活，因为可以通过增加施加的电压或增加电流激励的时间窗口来增加温度梯度。因此它可以很容易地根据外部环境条件进行优化。

在另一项研究中[13]，通过将一个形状记忆合金复合层压板浸没在液氮杜瓦瓶中1min，在实验室实验中形成了飞机表面积冰。然后在30s内使1.5A的电流在单根的镍钛丝传递。结果显示（图8.11），由于嵌入形状记忆合金产生的焦耳效应，样品表面的温度几乎为40℃，这足以在几秒钟内融化表面冰层。形状记忆合金基材料除冰系统能够只在检测到有冰的地方提供一个集中的热量，具有降低总功耗的优点。

第 8 章　多功能形状记忆合金基复合材料在航空航天领域的应用

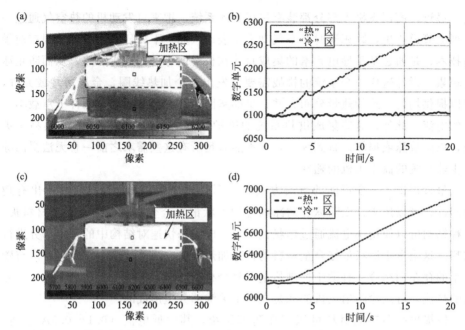

图 8.10　样本在电流为 0.5A（a）和时间的"热"和"冷"区域的热量图（b）；
电流为 1A（c）与时间的"热"和"冷"区域的样本热量图（d）

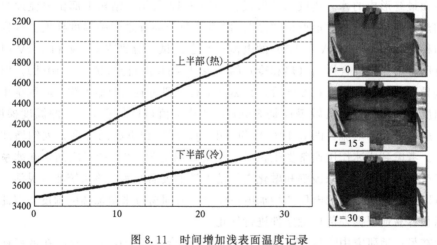

图 8.11　时间增加浅表面温度记录

8.6　结论

在这一章中，对通过嵌入在传统复合 SMA 线制造新颖的多功能材料进行了说明。这些材料显示，改进了传统的单向和编织复合材料，由于新材料耐冲击，在结构健康测试和原位无损检测具有预先功能，最后作为嵌入式飞机除冰/防冰系统。这是由于形状记忆合金的伪弹性属性固有电特性。突出的结果表明使用这些材料用于探测结构异常和改进未来飞机复合材料结构的冲击性能具有很高的潜力[15-18]。

致谢

作者感谢 Dr. F Pinto、Dr. F Ciampa 和 Dr. S Angioni，感谢他们对形状记忆合金材料研究的支持。一些数据部分转载学报 2013 年第九届国际会议上综合科技，由宾夕法尼亚州兰开斯特 PA：DEStech 出版公司出版。

参考文献

[1] Jani JM, Leary M, Subic A, Gibson MA. A review of shape memory alloy research, applications and opportunities. Mater Des 2014;56:1078–113.

[2] Hartl D, Lagoudas D. Aerospace applications of shape memory alloys. Proc Inst Mech Eng G J Aerosp Eng 2007;221(4):535–52.

[3] Angioni SL, Meo M, Foreman A. Impact damage resistance and damage suppression properties of shape memory alloys in hybrid composites—a review. Smart Mater Struct 2011;20:013001.

[4] Foreman A, Nensi T, Meeks C, Curtis P. An integrated system for improved damage resistance and lightning strike protection in composite structures. In: 16th international conference on composite materials. Kyoto, Japan; 2007.

[5] Tsoi K, et al. Impact damage behaviour of shape memory alloy composites. Mater Sci Eng 2003:207–15.

[6] Lau KT, Ling HY, Zhou LM. Low-velocity impact on SMA stitched composite plates. Smart Mater Struct 2004;13(2):364–70.

[7] Paine J, Rogers C. The response of SMA hybrid composite materials to low velocity impact. J Intell Mater Syst Struct 1994;5:530–5.

[8] Meo M. Composite science and technology: proceedings of the 9th international conference on composite science and technology (ICCST/9). Sorrento, Italy (Hardcover): Destech Publications; 2013.

[9] Pinto F, Ciampa F, Meo M, Polimeno U. Multifunctional SMArt composite material for in situ NDT/SHM and de-icing. Smart Mater Struct 2012;21(10):105010.

[10] Hideki N, Ryutaro O. Shape memory alloys as strain sensors in composites. Smart Mater Struct 2006;15(2):493.

[11] Cui D, Song G, Li H. Modeling of the electrical resistance of shape memory alloy wires. Smart Mater Struct 2010;19(5):055019.

[12] Oishi R, Nagai H. Strain sensors of shape memory alloys using acoustic emissions. Sens Actuators A Phys 2005;122(1):39–44.

[13] Pinto F, Youssef Maroun F, Meo M. Multifunctional SMA reinforced composites for SHM and de-icing. ICCST/9 proceedings. Sorrento, Italy; 2013.
[14] Jones SM, Reveley MS, Evans JK, Barrientos FA. Subsonic aircraft safety icing study. National Aeronautics and Space Administration. Langley Research Center Hampton, VA 23681. NASA/TM—2008-215107; January 2008.
[15] Meo M, Marulo F, Guida M, Russo S. Shape memory alloy hybrid composites for improved impact properties for aeronautical applications. Compos Struct 2013;95:756–66.
[16] Qiu Z-X, Yao X-T, Yuan J. Costas soutis. Experimental research on strain monitoring in composite plates using embedded SMA wires. Smart Mater Struct. Institute of Physics Publishing. 2006;15:1047–53.
[17] Petrenko V, Deresh. L. System and method for an electrical de-icing coating. Patent No. US6832742B2; 2004.
[18] Miller C-F. Electrically conductive exothermic coatings. Patent No. 6086791; 2000.

第9章

形状记忆合金和纤维增强复合材料制造的活性混合结构

Martin Gurka

凯泽斯劳滕大学，复合材料研究所（IVW GmbH），德国，凯泽斯劳滕

9.1 引言

在航天航空工业中，50%以上的机体使用纤维增强复合材料加固（如波音787、空客350）[1]，宝马汽车制造商也宣布推出首款"全碳纤维增强塑料（碳化纤维强化塑料）"车辆并进行批量生产[2]，这主要是因为复合材料具有出色的轻量性能并能为用户[3,4]量身定制所需要的特性。

此外，为提高仪器舒适性、安全性和能效，单一部件愈发趋向于多功能集成化。在航空航天行业，波音以及美国航空航天局在这方面展示了有趣的新概念，其类似于雪佛龙公司推出的可变几何发动机（VCG），它是由复合材料基材组成的，并在驱动元件使用形状记忆合金[5]，即由一个形状记忆合金——旋转制动器[6]驱动波音777，并在其机翼部分使用结合驱动元素的形状记忆合金[5]和一个活性混合结构的后缘外部分。两者发展的目标着眼于在不增加飞机的质量以及体积的前提下，减少飞机在起飞和降落过程中，由气动元件形状的变化而造成的牵引损耗和噪声排放。

在汽车行业，驱动元件制造商对能源和成本效益的需要，为以多功能材料为基础的解决方案的方式铺平了道路。通用汽车公司推出了可调控的进气口，并用形状记忆合金金属丝驱动其跑车Corvette[7-9]。此外，总部位于德国的汽车零部件供应商Actuator Solutions成功地转变了其汽车气动阀门的驱动技术，其具体

的应用表现为汽车座椅的螺线管换成形状记忆合金，现在这一系列的汽车已被大量销售[10]。

以上所有这些行业的发展都有一个共同点就是：它们结合制动、运动学和结构完整性对离散元件进行了组装。而其应用程序的开发可以分为三个主要任务：制动器的发展；结构部件的设计；系统集成。由于大多数的工作可独立完成，所以可以促进不同学科的合作。

由于利用了多功能材料，其功能在材料层面的整合，无论是单点还是与结构材料主动混合复合材料都产生了不同的情况：开发过程不再由所涉及的材料科学工程、设计和系统集成等学科分开处理。在这一点上，本工作试图实现一个共同的框架，即通过引入应用型的表征和建模的一些通用规则，将材料的开发和表征以及整个组件或系统的工程化发展之间的差距最小化。例如市售以及广泛使用的由镍钛合金制造的形状记忆合金及碳纤维复合材料，被选作此用途的材料。他们之所以将活性混合结构纳入示范性设计理念中，旨在激发新的思路和促进发展。

20世纪90年代初，Baz等提出将形状记忆合金和纤维增强复合材料组合，并命名为形状记忆合金混杂复合材料（形状记忆合金HC）[11]。这是第一次尝试将镍钛合金丝与纤维增强复合材料整合，以形状记忆合金的马氏体或奥氏体结构的不同刚度，以实现有关屈曲适应性行为和杂化复合物的动态响应的适应性行为。在该主题最近的一些工作中可以发现，其考虑了复合材料的活性形状变化，如参考文献［12］。

9.2 通用和多功能活性混合结构中的多功能材料

多功能（如今称为"智能"）材料具有将能量从一种形式转换到另一种形式的能力[13]。在物理方面，这种能量转换是可以存在的，例如热、电、磁或机械能之间的转换（表9.1），以及它们的广义力和位移，是作为热能的温度和熵或机械能的机械应力和应变。

大多数的这些作用是由于广义力在材料中完全可逆的结构相变的结果，例如，温度场或电场的输入信号会产生一个输出反应，将其称为由材料性能发生剧变引起的对应位移[13]。但这些材料不适用于施工领域，因为它们要么缺乏良好的力学性能，例如，陶瓷在拉伸载荷方面强度差；要么其力学性能会因诱导力产生急剧相变，例如，镍钛经历2~3次马氏体相变刚性会降低。

表 9.1　常见功能材料能量转换的物理转换效果

输出 输入	电能： 极化	磁能： 磁化	机械能： 机械应力	热能： 熵
电能:电场	导电性、阻抗性	电磁效应	反向压电	电热效应
磁能:磁场	电磁效应	渗透性	磁致伸缩	磁热效应
机械能:机械力	压电性	压磁效应	弹性系数	摩擦
热能:温度	热电性	居里-威斯效果	热膨胀系数	比热

活性混合结构试图通过将固态驱动和感测元件与主机材料相结合，来克服这一缺点，如纤维增强复合材料聚合物，它可以提供良好的力学性能，如图9.1所示。因此，活性混合结构是轻质结构的最佳候选。如此，纤维增强聚合物可具有多个功能：主动或被动的形状变化、自我检测能力以及在拉伸负荷方面的能量吸收特性。

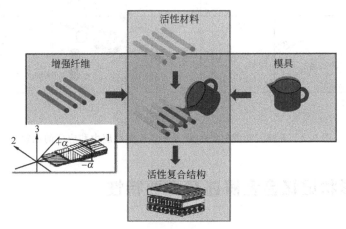

图 9.1　定向纤维增强复合材料与活性（或智能）材料的结合构成

9.3　碳纤维增强塑料

碳纤维增强塑料因其杰出的高强度比和刚度而优于其他轻质材料[4]，因此被广泛应用。而在压缩载荷方面的能量吸收能力是其另一大优势[14,15]。此外，碳纤维增强塑料提供了一种令人震惊的实现双稳态结构的简单方案，其可以使用少许能量从一种结构快速转化成另一种结构，这种采用特殊堆叠顺序的定制非对称结构，会形成两个稳定几何形状。这些结构的不同设计参数的表征、它们的快速转换效果以及各种仿真模型的精度都在参考文献中进行了详细分析[16-18]。将碳纤维复合材料的刚性和弹性应变与各种多功能材料的最大可实现应力应变进行比较，发现形状记忆合金作为活性混合结构（图9.2）的制动原件，能承载足够的制动应变（最大约1%~4%）以及100~300MPa范围内的高制动应力[19]。而且，这些变化会导致这样一种现象，即物料在运送的时候，不需要特定的机械阻力或者转化力来阻碍，反之亦然。因此，如果将活性元件（例如，形状记忆合金线）以单向架构中的直导线的形式嵌入或附着在结构中，就不再需要机械杠杆或齿轮了。

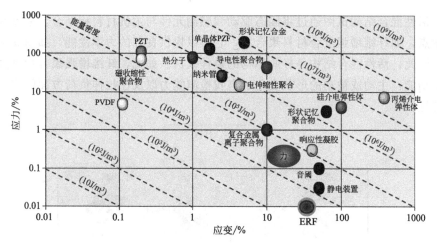

图9.2　各种多功能材料的最大可实现制动应力和应变的比较

9.4　形状记忆合金概述及重要特性

形状记忆合金显示了两个主要的效应，即形状记忆效应和伪弹性效应。无论是孪晶或非孪晶结构的形状记忆合金，都可以用介于高温相和两个低温相之间的奥氏体的热弹性结构相变来解释。当其用于制动时，单程形状记忆效应是主要的，图9.3为形状记忆合金在两个不同的温度下的应力-应变特性，从中可以得到$T<T_{AF}$（b）时的单程形状记忆效应和温度高于T_{AF}的伪弹性行为（a）。

未变形且无应力的零负载材料从低于马氏体结束温度M_F开始，该材料会经历一个由去孪晶变化将整体结构转变为非孪晶马氏体状态的假塑性变形。这种去孪晶变化发生在应力-应变特性曲线中应力几乎恒定的区域。当撤去材料的负载后，直到达到剩余变形，其总表现出一个近乎线性关系的响应。而加热到上述材料转变温度以上时，会引发相变产生，材料变为奥氏体相，恢复变形。在奥氏体开始温度A_S到奥氏体结束温度A_F之间的这个过程中，材料收缩成原来的形状。这种收缩可以应用于驱动方面。在材料冷却的过程中，其孪晶马氏体结构恢

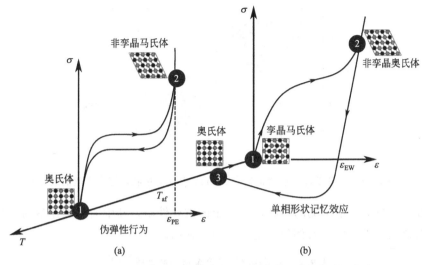

图 9.3 形状记忆合金在两个不同的温度下应力-应变特性曲线

复,但不发生形状变化,因此不发生制动。

  双向形状记忆效应可以解释为一种特殊情况下的单向效应。由于材料会结合机械循环和热处理进行一种特殊的处理,所以此处引进错位这一概念,它能对马氏体结构的材料进行择优取向。因此,材料可控性伸长形变发生在冷却过程中。

  当温度达到奥氏体结束温度以上时,机械负载会形成一个应力变化的孪晶马氏体结构,经过释放负载,又恢复至奥氏体阶段。这种现象被称为超弹性,如图9.3所示。

  材料的伸长不仅受其从马氏体到奥氏体热弹性相变的影响,还受其力学性能,如弹性系数[20]和电导率[21]的影响。

  在实际应用中,形状记忆合金材料在制动方面比较重要的是其耐用性和可靠性。该材料除了对许多诸如温度的影响因素有所依赖外,最为突出的是对驱动元件的实际制动应力应变,以及直至出现故障时的循环次数的依赖。Fumagalli 等表明,如果应力应变保持在低于其有效控制范围 1‰~3‰ 时,对于最常用的镍钛形状记忆合金,其总驱动周期是可以远高于 10^6 MPa 的,但如果应力应变高于这个范围,其驱动周期会从 100~300MPa 降到 3×10^5 MPa,结果如图9.4所示。

  形状记忆效应其实是由加热引发的。材料的加热可以通过电焦耳以 10ms 的速度快速实现,而材料的冷却要通过热传导或对流实现,这个过程对于大多数材料是相当缓慢的。因此,如果对流在室温下发生时,制动速度是有限的,大约为 10Hz。与由电场控制的其他制动技术相比,如铁电磁技术,从中可以看出,形状记忆合金制动的优势表现在最大可实现应力应变方面,而不是在制动速度方面。

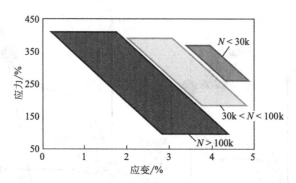

图 9.4　不同应力应变条件下形状记忆合金 Smartflex76 形状记忆合金丝的疲劳寿命[22]

表 9.2 总结了最常见的形状记忆合金的重要性质，其中商业用途最为广泛的是镍钛合金，以下所举实例都是基于这组材料的。

表 9.2　实用形状记忆合金材料的性质[23,24]

项目	单位	NiTi	CuZnAl	CuAlNi	FENiCoTi
熔化温度	℃	1300	950～1020	1000～1050	−150～550
最大工作温度	℃	400	160	300	
转变温度	℃	−100～90	−200～100	−150～200	
过渡波动	K	30	15	20	
单向效应最大应变	%	8	4	6	1
双向效应最大应变	%	4	0.8	1	0.5
奥氏体屈服强度	MPa	195～690(a)	350(a)	400(a)	600
马氏体屈服强度	MPa	70～140(m)	80(m)	130(m)	900
最大动应力	N/mm²	150	75	100	250
循环次数典型值		>100000	10000	5000	50
密度	kg/m³	6450	7900	7150	8000
奥氏体电阻率	μ·cm	100(a)	7	10	
马氏体电阻率		70(m)	12	14	
奥氏体弹性模量	GPa	83(a)	72(a)	85(a)	170
马氏体弹性模量	GPa	30～40(m)	70(m)	80(m)	190
耐腐蚀性		很好	可接受	好	差

9.5　形状记忆合金表征与模拟

形状记忆合金制动特性在适当仿真模型下的细节表征以及建模是主动混合结

构成功发展的前提。从原则上来说,形状记忆合金制动元件可分为三种情况:

(1) 在无负载时,合金形状通过激活而自由恢复。当负载释放时,形状记忆合金元件其发生塑性拉伸至一定长度。如果此时激活合金材料,它仅产生应变或制动变化,如图 9.5(a) 所示。由于实际驱动过程中没有施加负载,所以实际上并无工作进行。

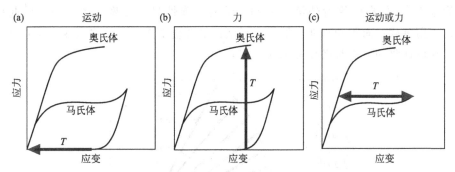

图 9.5　三种不同情况下形状记忆合金元件应力应变的变化
(a) 自由恢复;(b) 约束性恢复;(c) 应力应变同时作用

(2) 约束性恢复即应用程序制止驱动元件发生变形。如果元件被激活,进行如上所述的预张拉伸之后,形状记忆合金元件仅产生一个驱动应力或阻力,如图 9.5(b) 所示。这种性质可应用于液压接头、紧固件或机械夹紧元件。

(3) 如图 9.5(c) 所示,同时产生制动应力和应变并进行机械工作是形状记忆合金最常见的情况。其中,有两种情形必须予以考虑,分别为:常数载荷(如起重)下工作、弹性模量下工作。因为这种情况与制动元件被精确连接到一个纤维增强结构类似,所以,通常我们更加详细地看待这种情况。

图 9.6 显示了一个在弹性刚度外工作的双向形状记忆合金丝驱动应力和应变的测量结果。这里,所使用的设置包括一个通用的拉伸试验机和形状记忆合金丝,再加上不同的可增加刚度的弹簧。而该形状记忆合金丝由制造商合成,因此

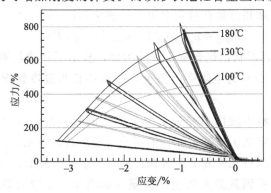

图 9.6　不同弹簧刚度下双向形状记忆合金丝的温度依赖制动特性

产生约3.5%的无约束行程。对于几乎外部刚度＜30MPa的自由驱动金属丝，将制动行程的活化温度从100℃提升到180℃时，该合金丝只有轻微的变化；当负载更高时（外部刚度＞500MPa/%），这种效果变得更加明显。

如果用单向形状记忆合金进行相同的试验，情况将发生改变。图9.7显示了单向形状记忆合金丝驱动的结果，预应变为4.5%，从而导致类似的自由制动应变为3.5%。但在加热后的第一时间，结构的弹性只部分恢复了变形。由此可见，实用负载双向驱动是强烈依赖于形状记忆合金工作时的结构（或弹簧）刚度的。在设计驱动装置时必须考虑这一因素。

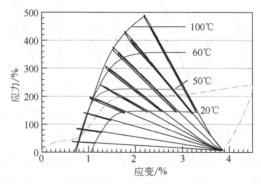

图9.7　不同弹簧刚度下单向形状记忆合金丝的温度依赖制动特性[25]

当形状记忆合金元件经历从马氏体到奥氏体的相变时，其电阻的变化可以用来测量形状记忆合金丝的实际伸长[26,27]。这种所谓的自感应必须考虑三种不同的效应（图9.8），因为形状记忆合金元素的电阻率取决于：

$$R_W = \rho_{NiTi} \times \frac{l_W}{A_W}(\alpha_{NiTi}\Delta T + 1)$$

即由合金丝几何尺寸变化引起的电阻率变化（$R \propto L/A$）和合金材料电阻对温度依赖性的增加（$R \propto \alpha_{NiTi}\Delta T$）来确定形状记忆合金元件的电阻率。

奥氏体相的实际相分数在特定电阻率的变化为：

$$\rho_{NiTi} = \rho_{aus}\psi(T) + \rho_{mar}[1 - \psi(T)]$$

图9.8(a)是以形状记忆合金金属线为例，显示了制动收缩时所测量的电阻率，图9.8(b)和(c)为电阻率与温度，制动伸长与温度情况的变化，用以解释以上所述。

在活性复合材料中应用单向记忆合金特性的材料时，应包括应变预处理过程。在此过程中，定义了该特定元件的制动应变总量，因此，形状记忆合金的变形在制动过程中可以得到恢复。若要保证材料产生均匀应变，必须采取一些预防措施。如果材料达不到其最大假塑性极限（如图9.3中应力近乎恒定的平台终点），预应变会导致沿线的应变分布很大程度上不均匀[28]。在去核过程中，可以

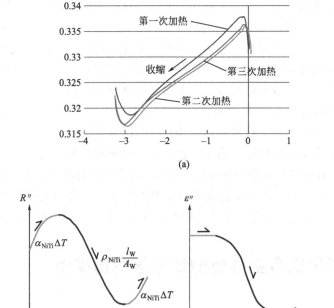

图 9.8 形状记忆合金丝在工作收缩过程中的电阻变化（a）；金属电阻率的常温随温度增加，元件由奥氏体到马氏体的相变所引发的电阻率变化（b）；和由相变引起的伸长变化（c）

观察到成核现象，这是因为材料本身的多晶型所成。当从孪晶马氏体结构到沿装载方向择优取向的未淬火构象过渡时，开始出现优选取向的区域，并发生移动，直到所有的区域变成未淬火状态。为确保应变分布变得更均匀，去孪晶过程对于温度的依赖性此时可以成为其特有的优势。如果应变足够快，由去孪晶过程所产生的潜热就不能沿形状记忆合金线传递。否则，潜热将会低于相邻区域的去孪晶阈值，这将导致更强的成核。由此可见，快速的预应变过程会产生更均匀的应变材料，这是通过黏结将形状记忆合金线集成到宿主结构内的一个重要先决条件[29]。

9.6 形状记忆合金的模拟

研究不同设备的驱动行为的最简单的方法是对它们进行自由驱动应变比较，

如图9.5（a）所示和图9.5（b）最大阻滞所示，例如生活中最常见的压电陶瓷制动器。在大多数数据中，一般都使用图9.5中这两个值，若忽略不同负载条件的影响做一次猜想，可以假设它们之间存在一个线性关系。另外，形状记忆合金在微观建模方面有广阔的领域。提出了各种用来在微观尺度方面描述关于应力应变以及温度层面的材料行为的方法，这些方法的范围来自以下几个方面：马氏体到奥氏体转变概率的计算可以假设成单晶镍钛晶格成分之间存在抛物线式相互作用，这强调了热机械耦合[30]；这还可以扩展到多晶格结构[31]；也可以基于自由能方法，在各种边界条件下计算单晶结构[32-35] 或多晶结构[36]。

在形状记忆合金的模拟中，真正的挑战是克服微观世界与真实工程组件之间的差距。最近，在航空航天应用方面的形状记忆合金元件的模拟热机械制动行为能够得到建模[5,37]，是基于从镍钛合金实验测得的温度与压力相关相图派生出来的三维本构模型。在这之中，标准化的实验模拟校准是其应用方面至关重要的一点。

9.7 形状记忆合金导线的现象学材料模型

基于模型的活性混合结构设计流程，我们开发了一个简化的现象学材料模型，基于实验得出的形状记忆合金的应力-应变特性曲线[25,38]，这种特性可以对形状记忆合金的微观模型进行良好的校准，比如由 Seelecke 和 Müller[30] 以及 Heintze 和 Seelecke[31] 一起开发的具备良好潜能的模型。

该模型抓住了驱动型形状记忆合金在准静态方式下的单独预应变能力，可以用来测量相对于应用负载和温度的最大可实现的制动行程的值。虽然该模型没考虑到合适的热机械耦合，但也可包括类似转变温度对负荷的依赖性特征。同时，材料的动态特性是不予显现的。该模型也可以从形状记忆合金导线测得的应力-应变特性曲线中得出，这是基于形状记忆合金在热驱动与冷制动以及首次收缩变化的一种简单的线性应变变化。当制动应变和应力值被限制远低于稳定的界限值（周期数＞106）时，就意味着在 150～300MPa 之间的压力低于4％和1％（图9.4），这四个参数足以描述负载发起的双向驱动。即：

① 由热驱动引起的相变和冷却过程中滞后的反作用力造成的收缩等两种伸长率 $\varepsilon_{热}$ 和 $\varepsilon_{冷}$；

② 用来描述各自驱动极限的两种不同的虚拟模 $E_{热}$ 和 $E_{冷}$。

通过选择一组合适的参数，机械载荷的变化是可以实现的。不同预应变的形状记忆合金丝产生不同的自由驱动行程，也可以用这个模型来进行考虑。当热、冷两种驱动状态以一种线性关系接近极限时，整个模型如图9.9所示。要完整描述这种情形的话，就必须对横坐标与梯度的交点进行测量。

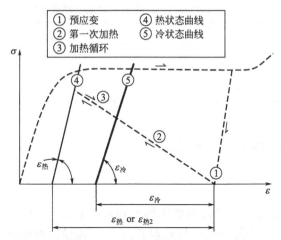

图 9.9 刚度载荷下形状记忆合金热、冷模型参数变化曲线

$\varepsilon_{热}$ 与 $\varepsilon_{冷}$ 可以理解为驱动元件的自由收缩值,即使它并不一定等于先前介绍的预应变。参数 $E_{热}$ 和 $E_{冷}$ 可以定义一条驱动静止的线,这条线代表热状态或冷状态(图 9.9)。这种方法对如何预测很宽的范围内的结构表现以及包括如何启动双向作用的负荷第一次给出了解释,因此它是功能结构的设计要求。该模型的准确性很大程度上依赖于测量的热状态或冷状态线的精度,而该精确性可以从几个预应变的应力-应变关系中得到。利用参考文献 [38] 的实验数据(图 9.10),该方法可以得出形状记忆合金丝合金 M 的一些参数,预应变为 2%,见表 9.3。

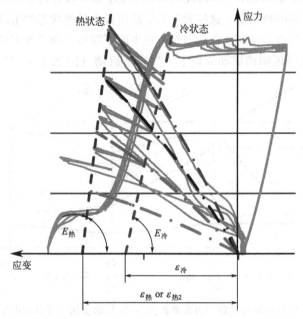

图 9.10 实验数据(浅灰色)和实验得出的参数 E 和 ε 的加热与冷却状态线

表 9.3　形状记忆合金丝记忆合金 M 的冷制动与热驱动模型测量参数

状态	模数 $E_{形状记忆合金}$		应力 $\varepsilon_{形状记忆合金}$	
	符号	/MPa	符号	/%
加热	$E_{热}$	68000	$E_{热}$	−1.64
冷却	$E_{冷}$	37500	$E_{冷}$	−1.19

9.8　有限元模拟的实现

上节内容所示的简化材料模型很容易地在有限元（FE）中模拟[25]实现，其中形状记忆合金导线的一层壳状元素近似 S4。该模型的厚度和层位置可以根据模型化的形状记忆合金的截面和区域中心位置进行调整。为了接近壳层中几个独立导线的运转状态，将其他属性设置为零或接近零，以避免数值问题。而形状记忆合金导线在其线性方向上均匀地应用到形状记忆合金元件上可以避免实际热机械耦合的复杂性。这种增加的制动类似于热膨胀，即：

$$\varepsilon_{SMA} = \beta_{SMA} \cdots \chi_{SMA} \tag{9.1}$$

式中，χ_{SMA} 为一个控制变量；β_{SMA} 为膨胀系数。为实现收缩，在 χ_{SMA} 还在增加时，必须引入负应变系数 β_{SMA}。为此控制变量 χ 可以从 0 增加到 300，例如：在 0 定义为初始状态；100 描述热收缩状态；200 描述冷、拉长状态；300 描述第二次加热循环的热状态。这样做是为了给出各个最终状态的精准预测，这个过程可以不考虑时间或温度的变化，当然，在中间不应该出现不现实的驱动行为。

下面的示例将说明两驱动周期下如何实施启动（图 9.11）；通过增加控制变

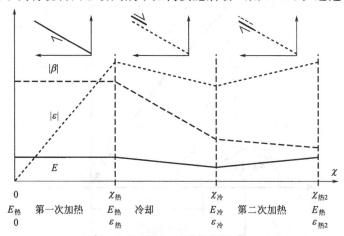

图 9.11　典型的驱动过程中仿真参数 β、ε 和 E 的变化（可以看出变量 χ 在第一次加热过程、冷却过程以及第二次加热过程单调增大）

量 χ 到 100 来模拟第一次收缩，β_{SMA} 和 E_{SMA} 具有常数值 $\beta_{热}$ 和 $E_{热}$。收缩过程中，在热状态线的原点和完全收缩状态之间的运行状态是由材料周边结构或所施加的负载完全控制的。下一步时，χ 不断增加到 200，即冷态，而参数 β_{SMA} 和 E_{SMA} 必须切换到值 $\beta_{热}$ 和 $E_{热}$，以描述非驱动材料。需要注意的是，β 变化必须与 χ 成反比，否则 100 和 200 之间不能得到线性变形状态，并且可能出现不切实际的变形状态。理论上，参数 β、E 和 ε 的值大于 χ，如图 9.11 所示。此外，如果再次达到相同的热状态曲线，二次加热的预期值也可体现在图中。

9.9　实际结果的设计与制造

9.9.1　要求

为了证明负载会引起形状记忆合金元件双向驱动，一个简单的测试结构应运而生[25]。该测试装置类似于典型的航空航天或汽车的应用，其平面选用了一个碳纤维复合材料制成的面板。为了真正地实现一个基于材料的解决方案，在制造过程中，集成驱动元件必须或尽可能紧密地与制造过程中的结构连接。为此，第一步是对托管碳纤维结构在几何形状，纤维结构，以及由此产生的刚度和制动元件的数量、尺寸大小和位置等方面进行适当的组合。要做到这些，就要用到下面的有限元仿真模型。

9.9.2　主活性复合结构和有限元模拟模型

上述要求要得到满足，需使用每层 0.125mm 厚的六个单向的碳纤维预浸料层组成平板。为了确保在驱动方向上有较高的灵活性，最上面的一层在 [90/90/0/0/90/90] 方向上铺成，形状记忆合金驱动导线（直径 1mm）沿着 0 方向连接，并使用结构的环氧树脂胶黏剂和薄玻璃层进行隔离。该试样的横截面的显微照片在图 9.12 的上半部分予以显示。

这种混杂 FRP 结构使用了有限元模型，其包含三个面积为 145mm×30mm 的不同大小的壳层互相连接。第一层表示碳纤维复合材料，具有离散的单向纤维层，如线性弹性性能表 9.4[39] 所示。由于胶黏剂粘接环氧树脂会产生一个额外的刚度，第二层会形成一个能适当调整偏移量的碳纤维片材。假设该结构模量为 3000MPa，从微观截面可测得其厚度和偏移值量，如图 9.12 所示。最后，活性形状记忆合金层作为模型内部的第三层，表示在偏移和横截面积处的三个平行排列的形状记忆合金丝，这样容易忽视玻璃纤维织物的附加刚度。

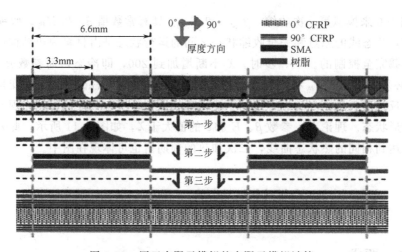

图 9.12 用于有限元模拟的有限元模拟计算

第一步—面积测量;第二步—在树脂富集区内匀化;第三步—在整个试样的匀化

表 9.4 用于建模的 UD 碳化纤维强化塑料材料数据[39]

特性	模拟	数值	单元	源
E_1	E_2/E_3	103.9	(GPa)	a①
E_2		7.986	(GPa)	a
ν_{12}	ν_{12}/ν_{13}	0.3324		a
ν_{23}		0.37		[39]
G_{12}		5.684	(GPa)	a
G_{23}		3.2	(GPa)	[39]

① 表示测量值。

9.9.3 仿真结果

仿真结果与上述活性复合结构的变形能力的实际测量结果见图 9.13。制动应力限制在 180MPa,自由应变约为制动的 2%。从模拟方面来看,结构中的最大应力在制动状态下可以减小到大约 135MPa,在未制动状态下大约 110MPa。测试棒中心的 10.4mm 外平面偏转的预测变形幅度可良好地校准测量变形 [图 9.13(b)]。总变形模拟和测量之间的差异可以归因于碳化纤维强化塑料和形状记忆合金连接层之间不完善的荷载传递[25]。

9.9.4 其他重要的设计方面

为实现一个完全基于材料的活性组分,将形状记忆合金丝整合成复合结构还

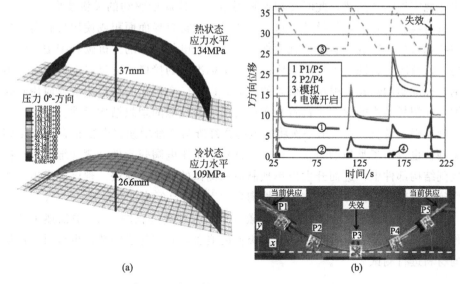

图 9.13 模拟活性复合结构挠度的比较试验（a）和最大挠度
由 P1 和 P5 的位移作出，P3 的机械挠度为零（b）

涉及几个挑战，如制动器和主机结构之间的所有连接接口问题。

图 9.14 显示了嵌入式形状记忆合金驱动器线与周围的胶黏剂基体界面之间的应力分布。其边缘部分应力集中非常明显，这是由于刚度的突然跳跃。这种情况类似于在黏合剂黏结搭接剪切接头处的所谓剪切滞后现象[41]，甚至具有恒定横截面的铆接[42]样品。因此，要克服这个问题，可以使用相同的策略。为降低形状记忆合金丝的直径，接头可以采用几何设计，通过将应力分布在足够大的表面积上进而安全携带这种载荷。另一方面，可以引入结构的刚度梯度或黏合层，以避免应力集中。

不仅必须通过接口确保负载转移，也必须考虑其他几个重要的要求。因为形状记忆合金是热激活性的，无论是通过元件本身焦耳加热或使用外部热源加热，该接口都会由温度升高产生额外负载。在快速启动时，可以非

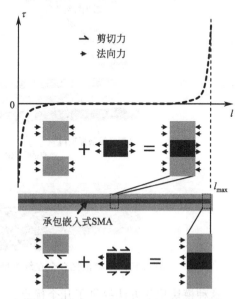

图 9.14 嵌入式形状记忆合金驱动器线与周围的胶黏剂基体界面之间的应力分布[40]

常快速地实现焦耳加热，此时冷却循环通常是快速周期驱动的关键步骤。为此，需要材料具备良好的热传导性，这可以通过增加材料界面面积或使用具有高热导率的特殊材料来实现。若考虑到额外的要求，如电气绝缘的主机碳纤维增强塑料结构，以及防止腐蚀或为能源供应提供一个标准化的接口，通过以上所述可得出结论：标准驱动器元件模块化概念的发展，以及一个优化的接口集成或应用到碳纤维增强塑料结构的虚拟主机将是实现目前所需性能的理想结构元件。

麻省理工学院[43-46]第一次将压电陶瓷纤维与纤维增强聚合物整合用于传感和驱动，也得出了类似的结果。第一次试验是将压电陶瓷元件（薄纤维板）直接集成到结构部件中，进而开发出单独制造和测试的标准化模块。现已开发出具备适度绝缘材料和载荷界面结构的活性陶瓷[47-51]并已经商业化使用[52,53]。

为便于将形状记忆合金丝集成到碳纤维增强塑料，在图 9.15 中描述了这一过程。我们提出了一个标准中间元素类似的概念，它们易于制造，也可对一定规格的材料进行测试[40,54]。

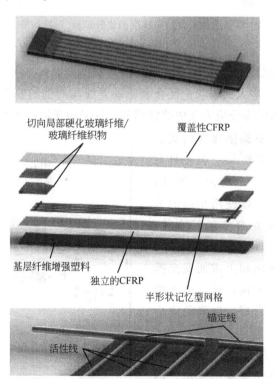

图 9.15　形状记忆合金在纤维增强复合材料中的模块化概念

这种模块化的方法提供了几个优点：
- 该模型粘接的承载结构处表面积增大，尤其是在最为重要的边缘处；
- 此外，不仅有剪切应力传递到机械负荷，还会有一些载荷转移到压缩负载；
- 该模块允许碳化纤维增强塑料承载结构以及周围环境为电气绝缘状态；
- 只需两个电气触点即可实现能量消耗最小化；
- 驱动导线可在负载方向上进行校准，无须额外的工具。

这种模块化制造与第一测试结果向我们展现出有希望的结果。

由于驱动形状记忆合金与承载纤维增强聚合物之间的交接口进行了改进，所以可观的变形是能实现的。图 9.16 显示一个总长度 145mm 的结构，最大可实现尖端偏移量为 60mm 的变形。

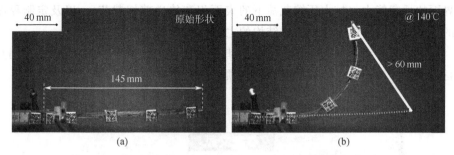

图 9.16 采用升级集成技术实现的一种增强纤维弯曲杆的变形

9.10 结论与展望

形状记忆合金（如镍钛合金），由于其较高的驱动应力和应变，是结合高性能的纤维增强复合材料（比如碳纤维增强塑料）的理想材料。然而，由于受散热性影响，其形状记忆效应在静态应用方面有所限制。而将形状记忆合金制成的驱动元件直接集成到纤维增强复合材料中开辟了新的可行路线。在材料层面上的驱动或检测功能的集成仅仅为元件增加了极小的权重或体积，因此，新的应用程序变得可行。

混合纤维增强组件的形状控制可由电焦耳加热激活，并通过形状记忆合金电阻对应变相关的自感应进行控制。利用余热来触发进气口或气动元件变形，比如，用于更先进的轻型应用中的温度控制，它既不需要外部能源供应也不需要电子控制系统。

基于材料功能集成的发展过程变得比传统系统情况更加复杂。不同的学科，如材料科学、加工仿真、控制或系统的集成必须从一开始就联系在一起。兼容了用于系统与组件设计的材料模型，是这一领域发展的一个关键要求。材料特性的复杂性和模拟水平必须仔细定义。对于由多轴单向强化纤维层组成的高性能复合材料，与形状记忆合金导线整合是最简便的方式。因此，在制动过程中这些导线的应力-应变特性的表征与种类，以及它们在一维空间的变形足以模拟混合复合纤维结构的变形行为。

要探索这项新技术的全部潜能，必须解决一些根本性的挑战。其中最重要的是，主动形状记忆合金和承载复合材料之间的界面设计问题，因为这不仅是机械载荷，热负载也要通过机械载荷传递。其他方面，如电气绝缘或防腐蚀，也必须予以考虑。

通过特殊的几何设计，采用标准化模块的方法，提高制造过程的可靠性并增强界面的承载能力（扩大压缩载荷下的表面积和传递剪切载荷），以及定制界面中的材料性能都为第一活性测试结构的主动变形提供了有希望的结果。

对活性复合结构的表征与模拟提供基本原则，以及将驱动导线可靠集成到复合材料的设计原则，可以促进复合材料领域更为复杂的应用的成功发展。

参考文献

[1] Composites Europe. Faserverbundkunststoffe in der Luftfahrt: composites Europe setzt trends. Presse-information Composites Europe; 2013.
[2] BMW Group. Beginn einer neuen Ära: BMW Group startet Serienproduktion des Elektrofahrzeugs BMW i3 in Leipzig. BMW Group Unternehmenskommunikation, Presse-Information; 2013.
[3] Hufenbach W, Biermann D, Seliger G. Serientaugliche Bearbeitung und Handhabung moderner faserverstärkter Hochleistungswerkstoffe: Untersuchungsbericht zum Forschungs- und Handlungsbedarf, Institut für Leichtbau und Kunststofftechnik, Technische Universität Dresden; 2008.
[4] Schürmann H. Konstruieren mit Faser-Kunststoff-Verbunden, 2. Aufl. Berlin, Heidelberg: Springer-Verlag; 2007. ISBN 978-3-540-72189-5.
[5] Hartl D, Lagoudas D, Mabe J, Calkins F. Use of a Ni60Ti shape memory alloy for active jet engine chevron application: I. Thermomechanical characterization. Smart Mater Struct 2010;19:015020. http://dx.doi.org/10.1088/0964-1726/19/1/015020.
[6] Wilsey C. Continuous lower energy, emissions and noise (CLEEN) technologies development Boeing program update, LEEN Consortium Public Session; 2012.
[7] GM. Chevrolet debuts lightweight "smart material" on corvette. General motors news; 2013.
[8] Gehm R. Smart materials spur additional design possibilities, automotive engineering international. SAE 2007;4:46–7.
[9] Browne AL, Alexander PW, Mankame N, Usoro P, Johnson NL, Aase J, et al. SMA heat engines: advancing from a scientific curiosity to a practical reality. In: Smart materials, structures and NDT in Aerospace. Montreal, Quebec, Canada: CANSMART CINDE IZFP; 2011.
[10] Köpfer M. Modular SMA actuators in automotive air applications. In: Proceedings of ACTUATOR 2012, 13th international conference on new actuators. Bremen, Germany; 2012.

[11] Baz A, Ro J. Thermo-dynamic characteristics of nitinol-reinforced composite beams. Compos Eng 1992;2(5–7):527–42.

[12] Daghia F, Inman DJ, Ubertini F, Viola E. Shape memory alloy hybrid composite plates for shape and stiffness control. J Intell Mater Syst Struct 2008;19(5):609–19. originally published online 10 July 2007. http://dx.doi.org/10.1177/1045389X07077901.

[13] Uchino K, Giniewicz JR. Micromechatronics. New York, NY: Marcel Dekker; 2003.

[14] Mamalis AG, Robinson M, Manolakos DE, Demosthenous GA, Ioannidis MB, Carruthers J, et al. Crashworthy capability of composite material structures. Composite Struct 1997;37:109–34.

[15] Farley GL, Jones RM. Crushing characteristics of continuous fiber-reinforced composite tubes. J Composite Mater 1992;26:37–50.

[16] Dai F, Li H, Du S. Prediction of critical center load for bi-stable laminates. Polymers Polymer Composites 2011;19:171–5.

[17] Giddings PF, Bowen CR, et al. Bistable composite laminates: effects of laminate composition on cured shape and response to thermal load. Composite Struct 2010;92:2220–5.

[18] Schlecht M, Schulte K. Advanced calculation of the room-temperature shapes of unsymmetric laminates. J Composite Mater 1999;33:1472–90.

[19] Gurka M, Hübler M, Schmeer S, Breuer U. Switchable fiber reinforced structures—from smart materials to components. In: Proceedings of the 15th European conference on composite materials. Venice, Italy; 2012.

[20] Jani JM, Leary M, Subic A, Gibson MA. A review of shape memory alloy research, applications and opportunities. Mater Des 2014;56:1078–113.

[21] Antonucci V, Faiella G, Giordano M, et al. Electrical resistivity study and characterization during NiTi phase transformations. Thermochimica Acta 2007;462:64–9.

[22] Fumagalli L, Butera F, Coda A. SmartFlex NiTi wires for shape memory actuators. J Mater Eng Perform 2009;18:691–5.

[23] Adaptronics and smart structures, basics, materials, design and applications. In: Janocha H, editor. (2nd ed.). Berlin, Heidelberg, New York: Springer-Verlag; 2007. [ISBN 978-3-540-71965-6].

[24] Elspass WJ, Flemming M. Aktive Verbundbauweisen. Berlin, Heidelberg, New York: Springer-Verlag; 1997.

[25] Hübler M, Gurka M, Schmeer S, Breuer UP. Performance range of SMA actuator wires and SMA–FRP structure in terms of manufacturing, modeling and actuation. Smart Mater Struct 2013;22(9):094002. (10 pp.). http://dx.doi.org/10.1088/0964-1726/22/9/094002.

[26] Furst SJ, Seelecke S. Modelling and experimental characterization of the stress, strain and resistance of shape memory alloy actuator wires with controlled power input. J Intell Mater Syst Struct 2012;23:1233–47.

[27] Lewis N, York S, Seelecke S. Experimental characterization of self-sensing SMA actuators under controlled convective cooling. Smart Mater Struct 2013;22(9):094012. (10 pp.). http://dx.doi.org/10.1088/0964-1726/22/9/094022.

[28] Hübler M, Gurka M, Breuer UP. From attached SMA wires to integrated active elements—a small step? In: Proceedings of the 19th international conference on composite materials ICCM. Montreal, Canada; 2013.

[29] Hübler M., Gurka M., Breuer U.P. From attached shape memory alloy wires to integrated active elements, a small step?—Impact of local effects on direct integration in fiber reinforced plastics. J Composite Mater 2014; http://dx.doi:10.1177/0021998314550494.

[30] Seelecke S, Müller I. Shape memory alloy actuators in smart structures: modeling and simulation. Appl Mech Rev 2004;57:23–46.

[31] Heintze O, Seelecke S. A coupled thermomechanical model for shape memory alloys—

from single crystal to polycrystal. Mater Sci Eng A 2008;481–2:389–94.
[32] Bo Z, Lagoudas DC. Thermomechanical modeling of polycrystalline SMAs under cyclic loading, Part I: Theoretical derivations. Int J Eng Sci 1999;37(1999):1089–140.
[33] Lagoudas D, Bo Z. Thermomechanical modeling of polycrystalline SMAs under cyclic loading, Part II: Material characterization and experimental results for a stable transformation cycle. Int J Eng Sci 1999;37(9):1141–73.
[34] Bo Z, Lagoudas DC. Thermomechanical modeling of polycrystalline SMAs under cyclic loading, Part III: Evolution of plastic strains and two-way shape memory effect. Int J Eng Sci 1999;37(1999):1175–203.
[35] Bo Z, Lagoudas DC. Thermomechanical modeling of polycrystalline SMAs under cyclic loading, Part IV: Modeling of minor hysteresis loops. Int J Eng Sci 1999;37(9):1205–49.
[36] Popov P, Lagoudas DC. A 3-D constitutive model for shape memory alloys incorporating pseudoelasticity and detwinning of self-accommodated martensite. Int J Plast 2007;23(10–11):1679–720.
[37] Hartl DJ, Lagoudas D, Calkins FT, Mabel JH. Use of a Ni60Ti shape memory alloy for active jet engine chevron application: II. Experimentally validated numerical analysis. Smart Mater Struct 2010:19. http://dx.doi.org/10.1088/0964-1726/19/1/015021.
[38] Gurka M, Hübler M, Schmeer S, Breuer UP. Load-initiated two-way effect of shape memory alloys in composite structures and a phenomenological modeling approach. In: Proceedings of the ASME 2012 conference on smart materials, adaptive structures and intelligent systems. Stone Mountain, GA; 2012.
[39] Gurka M, Hübler M, Schmeer S, Breuer UP. Shape memory alloys as actuating elements in fiber reinforced structures. In: Proceedings of the ACTUATOR12: 13th International conference on new actuators. Bremen; 2012.
[40] Hübler M, Nissle S, Gurka M, Breuer U. Load-conforming design and manufacturing of active hybrid fiber reinforced polymer structure with integrated shape memory alloy wires for actuation purposes. In: Proceedings of the ACTUATOR14: 14th International conference on new actuators. Bremen; 2014.
[41] Adams RD, Peppiatt NA. Stress analysis of adhesive-bonded lap joints. J Strain Anal Eng Des 1974;9:185. http://dx.doi.org/10.1243/03093247V093185.
[42] Volkersen O. Die Nietkraftverteilung in Zugbeanspruchten Nietverbindungen mit Konstanten Laschenquerschnitten. Luftfahrtforschung 1938;15:41–7.
[43] Janos BZ, Hagood NW. Overview of active fiber composite technologies. In: Proceedings of the actuator 98: 6th international conference on new actuators. Bremen, Germany; 1998. p. 193–7.
[44] Hagood NW, Bent AA. Development of piezoelectric fiber composites for structural actuation. In: Collection of technical papers—AIAA/ASME structures, structural dynamics and materials conference; 1993.
[45] Bent AA, Hagood NW, Rodgers JP. Anisotropic actuation with piezoelectric fiber composites. J Intell Mater Syst Struct 1995;6(3):338–49.
[46] Bent AA, Hagood NW. Piezoelectric fiber composites with interdigitated electrodes. J Intell Mater Syst Struct 1997;8(11):903–19.
[47] Petricevic R, Gurka M. High performance piezoelectric composites. In: Proceedings of the European conference on spacecraft structures, materials & mechanical testing 2005, edited by European space agency ESA special publication. Noordvijk; 2005. p. 763–7.
[48] Petricevic R, Gurka M. Extremely robust piezoelectric actuator patches—properties and applications. In: Proceedings of the ACTUATOR 2006: 10th international conference on new actuators. Bremen, Germany; 2006. p. 62–5.
[49] High JW, Wilkie WK, et al. Method of fabricating NASA-standard macro-fiber composite piezoelectric actuators, NASA/TM-2003-212427 ARL-TR-2833; 2003.

[50] Wilkie WK, Bryant RG, Fox RL, Hellbaum RF, High JW, Jalink A, et al. Method of fabricating a piezoelectric composite apparatus, US Patent 6,629,341; 2003.
[51] Petricevic R, Reigl H, Helbig J, Gurka M, Heinrich K. Verfahren zur Herstellung elektromechanischer Wandler, German Patent DE 10,218,936; 2002.
[52] Macro Fiber Composite—MFC Actuator, Sensor, Energy Harvester, Smart Materials Datasheet for MFC, Smart Material Corporation, Sarasota, FL. <http://www.smart-material.com>; 2014.
[53] Piezoelektrische Aktoren, Bauelemente, Technologie, Ansteuerung, PI Ceramic GmbH, 07589 Lederhose. Germany, <www.piceramic.de>; 2014.
[54] Hübler M, Nissle S, Gurka M, Breuer U. An active hybrid structure—fiber reinforced polymers and shape memory alloys. In: Proceedings of the Euro hybrid materials and structures 2014. Stade, Germany; 2014.

# 第10章

自愈编织玻璃/环氧树脂复合材料

Yan Chao Yuan[1,2], Tao Yin[1,3], Min Zhi Rong[4] 和 Ming Qiu Zhang[4]

[1] 中山大学，化学化工学院，聚合物复合材料与功能材料教育部重点实验室，中国，广州
[2] 华南理工大学，材料科学与工程学院
[3] 广东工业大学，材料与能源学院
[4] 中山大学，材料科学研究所

10.1 引言

无论在制造业还是服务业中，由于机械应力或循环热疲劳，高聚物与高聚物复合材料都很容易引起微小的裂缝。这些裂缝的延伸和接合将导致材料严重失效，会显著降低产品的耐久性和可靠性。而微小的损伤往往很难及时发现并修复，因此开发具有自愈能力的材料是至关重要的。

在生物体可自然愈合的启发下，近年来提出了自愈合的概念：使聚合物材料恢复到其原始性能的能力，这一概念并成功得到应用[1]。目前，这一功能取得的成果分为两类[2]：①外在自愈，即充分利用预先嵌入的愈合剂进行修复；②内在自愈，即使聚合物本身能够修复裂缝，无须额外添加任何愈合剂。

相比之下，外在自愈可能更接近商业化应用，在不改变聚合物的分子结构的情况下使其与自愈剂结合。借助嵌入式愈合剂进行自主自愈是一个典型的刺激-反应的过程。外在自愈的愈合剂储存在易破裂的容器中，比如微型胶囊[3]、管（如中空纤维）[4,5]或微脉管网络[6,7]，它们会预先嵌入在聚合物基体中。这些胶囊会在基体产生裂缝时破碎，利用毛细管作用将愈合剂释放到损伤区，起到愈合作用。然后，裂解部分通过愈合系统的化学和/或物理相互作用重新结合。在过去的几年里，基于微胶囊化自愈合系统的外在自愈研究已经受到了越来越多的

关注。各种材料的自愈（包括热固性树脂或热塑性树脂，刚性的或弹性的）都可用于这项技术，其力学性能和非结构化功能特性都可恢复。尽管将愈合剂装入微型胶囊会减小聚合物基体的拉伸强度和模量，但是，在胶囊含量低或者胶囊尺寸小的情况下，这种消极影响是可控的[1]。

编织物增强的热固性复合材料作为结构构件已经广泛地应用在很多领域。在生产、运输和使用的过程中，各种意外都可能会使组件破坏，如飞机轮子抛出的跑道碎片、工具掉落、体育用品意外撞毁以及其他各种情况[8,9]。尤其是低能耗低速比高能耗高速的影响更大，因为低能耗低速会产生破坏，如基体裂缝、纤维基体截面开裂分层，这些往往都是在表面上看不到的微观损伤[10-12]。

近来随着自愈技术的发展，研究者们分析了纤维增强聚合物冲击破坏的自愈性，希望可以延长它们的使用寿命。Motuku 等研究了自愈材料低速撞击的影响[13]。他们的实验表明嵌入玻璃毛细管作为存储管不会改变复合材料的冲击响应，而且同时可以在裂缝中释放愈合剂。Williams 等[14]也做了相似的实验，制备了自愈碳纤维增强聚合物，树脂填充的中空玻璃纤维分布在层压板内的特定界面处。结果表明，在加热时，撞击之后残余拉伸强度恢复超过了 90%。Bleay 等[15]研究了低速撞击后自愈玻璃纤维复合材料的压缩性能。当撞击的试样处于真空高温条件下，发现抗压强度提高了 10%。

除了利用中空玻璃纤维携带愈合剂外，还发展了其他技术。Hayes 等[16]研究了热塑材料的自愈系统，将其预先加入玻璃纤维增强的环氧树脂复合材料中预溶解。Patel 等[17]合成了一种微胶囊化自愈合系统，将其嵌入编织玻璃增强的环氧树脂复合材料中。冲击后压缩（CAI）表明在低速撞击破坏后，复合材料的压缩性能可大大恢复。

在作者的实验室里，制备出了环氧树脂基的愈合剂微型胶囊。证明了环氧树脂基体具有恢复机械强度的能力。下文中有两种含有愈合剂微型胶囊的多功能编织玻璃/环氧树脂复合材料，并阐述了其制备方法和表征方式，从而证明其在撞击破坏下的自愈能力。

10.2 双胶囊策略

双胶囊自愈系统往往使用两种或更多可区分的愈合剂活性液。为了释放愈合剂，使其到达破裂区并在短时间内生效，需要使用低黏度、高活性的环氧树脂单体及其固化剂。由于使用硫醇固化剂、强碱催化，环氧树脂在低温下可迅速固化[18]，因此环氧树脂材料比较适合用作愈合剂。在这样的情况下，无须人工干预（如加热）即可实现自愈。

值得注意的是，尽管封装环氧树脂并不难，但目前像原位聚合或接口聚合的技术水平，很难制成聚硫醇微型胶囊，因为聚硫醇的氢硫基团活性很高。很多种化合物都可使液体聚硫醇固化，包括醛、酮、过氧化物、环氧树脂、异氰酸酯、丙烯酸和酸酐等，经过多种反应途径如硫氢化物端基的氧化、加成、置换反应[19-21]。在多数情况下，生成的都是厚壁的球体，而不是所需的胶囊。

10.2.1 硫醇微型胶囊

下面列出了具体的封装过程[22,23]。将聚硫醇（四苯丙酸季戊四醇酯，PMP，分子式如注释 10.1 所示，18g，沸点 275℃/mmHg，25℃时密度 1.28g/mL，氢硫化物组分含量 26.55%）加入到苯乙烯-顺丁烯酸酐乳化剂当中（SMANa）（150mL）。在高速搅拌器中以所选定的速率剧烈地搅拌 5min，然后滴入两滴辛醇除去乳浊液表面的气泡。在 70℃下制备 30min 三聚氰胺（0.04mol）和甲醛（0.12mol）的预缩合物，添加三乙醇胺使 pH 值维持在 9~10。然后，在上述乳浊液中加入该预缩合物，并以 450r/min 的速度用双叶机械搅拌器连续搅拌，同时添加柠檬酸使溶液的 pH 值保持在 2.7~3.5。最后，将反应所得混合物在室温下冷却。将所得的悬浮液用碳酸钠溶液中和，再用去离子水稀释。用布氏漏斗将胶囊与沉淀物分离，再用去离子水和丙酮冲洗，然后真空干燥。

注释 10.1 PMP 的化学结构

甲醛主要以亚甲基二醇的形式存在于福尔马林中，为二活性官能团，而三聚氰胺是一种具有六官能团的弱碱性试剂。因此，它们可以发生反应生成三聚氰胺-福尔马林聚合物（PMF）。一般情况下，该反应分为两步：①在约 70℃下的碱性溶液中进行亲核加成，此时三聚氰胺可逆地并且连续地与甲醛反应产生从单甲基三聚氰胺到六甲基三聚氰胺的九个不同羟甲基三聚氰胺。②在约 50℃下的酸性溶液中凝结，此时包含两个机理，一个是在两个羟甲基之间反应形成醚桥，另一个是羟甲基和无水氢基之间反应形成的亚甲基桥[24-27]。在原位聚合或微型胶囊产生过程中，缩合反应也在进行。

在原位聚合时，三聚氰胺-福尔马林单体和预缩合物在酸性水相中发生反应，生成低分子量低聚物。这些预缩合物和低聚物具有类似表面活性剂的表面活性，因为它们的分子结构包含亲水和疏水基团[28,29]。因此三聚氰胺-甲醛预缩合物和低聚物会在分散的不溶于水的核心物质 PMP 以及水相体积之间的相界面处聚集在一起。在分散相表面，浓缩物的驱动力是三聚氰胺-福尔马林预缩合物和低聚物的表面活性剂特性产生的。在边界层活性树脂分子（如三聚氰胺-福尔马林预缩合物和低聚物）的浓度越高，就越有利于缩合反应。换句话说，树脂在截面处比体积相中凝结更快。因此，由于液-液分离，一开始就产生了凝胶结构，这进一步加固了胶囊壁[29]。随后，由于 PMF 的厚度和交联程度增加，胶囊壁的完整性和机械强度得到加强。这意味着三聚氰胺-甲醛的缩合反应动力在微型胶囊的制备过程中起着重要作用。

10.2.2 环氧树脂微型胶囊

对于治愈胶囊的均匀分散，用相同的壳物质（即 PMF）来封装环氧树脂。而且，封装技术与硫醇相似[30]。通常，将环氧树脂预聚物［双酚 A 二缩水甘油醚（EPON828）与间苯二酚二缩水甘油醚的质量比为 1∶1］添加到质量分数为 2% 的 SMANa（1200mL）的水溶液中。将混合物大力搅拌 5min，然后滴入两滴 1-正辛醇，用来除去环氧树脂乳浊液表面的气泡。三聚氰胺预聚物（62.5g）和 37% 的甲醛（135.5g）在 70℃下合成 30min，添加三乙醇胺使 pH 值保持在 9~10。随后，在 50℃下，将预聚物溶液加入之前的环氧树脂乳浊液中，不断搅拌 1h，添加柠檬酸使体系的 pH 值保持在 3 左右。最后，将反应混合物冷却至室温，用布氏漏斗将微型胶囊与沉淀物分离，再用去离子水冲洗并真空干燥。

承载环氧树脂的微型胶囊与环氧树脂 828 混合并固化，生成复合材料，观察复合材料的断裂面发现该部分强度很大，与以往工业生产（机械搅拌、加热、抽空等）的复合材料不同。

10.2.3 自愈能力的表征

值得注意的是，环氧树脂在无催化剂时不与硫醇反应。因此，最好将硫醇与适量的催化剂混合在一起放在微型胶囊中。装载环氧树脂低聚物和硫醇/催化剂的胶囊一旦破裂，双胶囊中的流体就会流出，聚集到损伤部位并修复。这里有个必须解决的问题，就是三聚氰胺-甲醛微型胶囊需在酸性介质下起作用，而硫醇的催化剂（如叔胺）是碱性的。如果硫醇先与叔胺混合，之后的封装过程就无法进行。为了生产包含硫醇及其催化剂的微型胶囊，有一个创新方法，即将催化剂浸入到现有的装载硫醇的微型胶囊中。因为催化剂和硫醇都有良好的溶解性，可生成强碱-弱酸组,且不会渗透。所含的催化剂可通过改变渗透条件并添加辅助溶剂来调节。硫醇-催化剂装载的微型胶囊制备工艺如下所述:将含有PMP的PMF壁微胶囊在40℃下均匀分散在苄基二甲基胺(BDMA)溶液中24h,过滤,用乙醚冲洗,并在室温下干燥。

为了生产玻璃纤维复合材料,用环氧树脂828作为树脂基体、二乙烯三胺(DETA)作为固化剂。玻璃纤维毡(C-玻璃,13×12平纹织物,0.2mm厚,1000股,200g/m^2)起增强作用。未填充的环氧树脂材料是通过混合100份的环氧树脂828和12.5份的DETA制得的,而自愈环氧树脂是通过一定浓度的封装愈合剂和前述的环氧树脂828和DETA混合制成的。为了除去剩余的空气,需进行脱气处理。为了进行对比研究,将含有环氧树脂及其硬化剂的微型胶囊根据尺寸分成了3组(表10.1和表10.2):E_S+H_S、E_M+H_M和E_L+H_L。对应成分的化学计量组成比重固定为1.1:1。复合材料在40℃时进行手工加工和压缩成型,时间为24h。这一层压板厚度为2.1mm,铺叠[45/0/-45/90]$_S$。根据ISO 1172—1996和ASTM D 792—2008计算可知,玻璃纤维毡中复合材料的体积分数为41%。

表10.1 环氧树脂装载微型胶囊的参数

ID	平均直径/μm	密度/(g/cm^3)	核心质量分数/%
E_S	9.8±2.3	1.20	78.7
E_M	50.9±14.5	1.25	87.2
E_L	107.2±27.9	1.23	96.9

表10.2 硬化剂装载的微型胶囊参数

ID	平均直径/μm	密度/(g/cm^3)	核心质量分数/%	
			硫醇	催化剂
H_S	10.2±2.8	1.24	73.6(PMP)	6.3(BDMA)
H_M	51.1±12.7	1.27	81.2(PMP)	6.9(BDMA)
H_L	103.7±22.1	1.28	90.1(PMP)	7.6(BDMA)

根据ASTM D 3763—08和D 7136/D 7136M—07,用Instron Dynatup迷你测试仪在(23±2)℃下进行落重冲击。从数据采集系统中直接获得负载-时间曲线。冲击器有一个直径为12.7mm的半球形尖端,总质量为2.24kg,具有四级冲击能量,分别是1.5J、2.5J、3.5J和5.5J。当需要穿透时,总质量增加到3.78kg,能量为15J。之所以选择这些冲击能量是因为它们会使层压板产生基体开裂到分层渗透等不同程度的破坏,这些都是足够典型的数据。

为了检查复合材料的愈合能力,试样(78mm×78mm×2.1mm)在室温下

[(23±2)℃] 下先压紧再恢复。主要是通过损伤面积的变化来评估愈合能力，再通过抗压强度的恢复作为额外的验证。

用扫描声学显微镜（SAM，SONIX L/H200）在 15 MHz 下对损伤区进行穿透扫描检测。其空间分辨率是 0.2mm。SAM 通过将声波从换能器引导到测试样品中来工作，其中水作为耦合流体。传感器在样品体系中慢慢移动，直到所有待测区域都被检测到。通过样品下方接收器的检测传输信号来收集在不同散焦位置处获得的图像。损伤面积收缩率 $\gamma_{影响}$ 计算式如下：

$$\gamma_{影响} = \frac{A_{愈合前} - A_{愈合后}}{A_{愈合前}} \times 100$$

式中，$A_{愈合前}$ 为愈合前压紧样本的损伤面积；$A_{愈合后}$ 为愈合后样本的损伤面积。每组实验结果都是六个样本取平均。$\gamma_{影响} = 100\%$ 代表愈合后损伤完全消失。除非另有说明，愈合后的样本不再压紧。然而，为了研究在某些情况下裂缝愈合的影响，在 24h 内对层压板分别施加了 60kPa 和 240kPa 的侧压力。

关于 Sanchez-Saez 的研究，使用了改进的 CAI 设备[31]。该设备用来压制试样而不改变样本的几何特性。它可以确保样本在分层状态下发生破坏，而且这种破坏会沿垂直于加载方向蔓延。在室温下用 WD-5A 万能试验机（中国广州测试仪器制造厂）进行压缩测试。试样的脱位率为 0.5mm/min，在试样完全失效时测试结束。治愈效率 η_{CAI} 计算公式如下[31]：

$$\eta_{CAI} = \frac{\sigma_{愈合后} - \sigma_{影响}}{\sigma_{愈合前} - \sigma_{影响}} \times 100$$

式中，$\sigma_{愈合后}$ 为压紧样品愈合后的抗压强度；$\sigma_{影响}$ 为压紧样品的抗压强度；$\sigma_{愈合前}$ 为样品本身的抗压强度。每组测试结果都是由五次试样取平均得到的。

纤维增强复合材料的低速冲击已成为许多实验和分析研究的主题[10-12,32-35]。冲击能和层压叠层是决定复合材料损坏形式的重要因素，损伤形式包括基体开裂、剥离、分层和纤维断裂。为了更好地认识愈合胶囊对复合材料冲击特性的影响，研究了一组含有 5.9% 的双胶囊（$E_M + H_M$）的典型自愈合层压板，并设置无愈合制品作为对照组。

图 10.1 为复合材料层压板背面受到不同冲击能的冲击损伤区表面。在 1.5J 的低冲击能量下，没有观察到明显的形变 [图 10.1(a) 和 (e)]，冲击载荷-时间曲线（图 10.2）基本是光滑对称的，表明试样在冲击过程中没有明显失效。显然，此时主要损伤形式是基体轻微开裂。随着冲击能的增加，可以观察到损伤的尺寸明显地增加，并且损伤形式变得更加复杂。如在 2.5J 的冲击下，除了层压板上的冲击中心外，还会出现明显的变形 [图 10.1(b) 和 (f)]。施加最大载荷后的波动表示渐进式失效（图 10.2）。此时分层增加、纤维断裂成为主要破坏

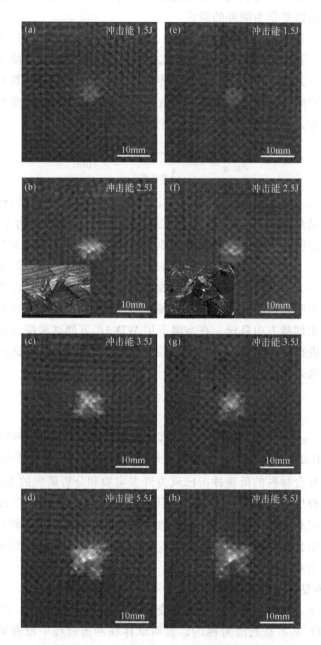

图 10.1 玻璃纤维毡/环氧树脂复合材料层压板背面冲击损伤区图解
[(b) 和 (f) 的插图表示断裂纤维；(a)~(d) 无愈合制品；(e)~(h) 含有 5.9%双胶囊 $E_M + H_M$]

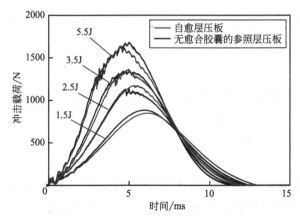

图 10.2 在不同冲击能下记录的典型的冲击载荷-时间曲线
（自愈层压板含 5.9% 双胶囊 E_M+H_M）

形式。在更高的冲击能 3.5J 和 5.5J 下，主要损伤机理是大量分层和纤维断裂。

仔细观察图 10.2 发现，在相同的冲击能下，自愈层压板的载荷-时间曲线的初始斜率比相应的对照组更小。由于斜率相当于材料的相对刚度，而且它是发生任何重大损伤前的弹性相应指标，因此微型胶囊的添加降低了复合材料的冲击模量。这可能与装载愈合流体的微胶囊降低了基质的杨氏模量有关。

在图 10.1 给出的损伤模式中，我们可以发现在相同的冲击条件下，复合材料参照物的损伤程度比自愈复合材料更严重一些。嵌入式的微型胶囊在一定程度上可帮助吸收冲击能。这是初期损伤载荷定量有一些支持，有抵抗初始损伤的能力[13]。如表 10.3 所示，除了 1.5J 之外所有的冲击能下，自愈层压板比对照组的初始损伤载荷更高。考虑到初始损伤载荷通常是内部分层和纤维/基体失效的结果，可以推断出双胶囊愈合系统可延缓界面损伤。事实上，单位面积上冲击吸收能的值也证明了胶囊的效果。表 10.3 的结果显示，自愈层压板为形成单位损伤区消耗了更多能量。总的来说，加入微型胶囊使环氧基体更坚韧[36,37]，至少也是部分改善了自愈层压板的冲击阻力。

表 10.3 玻璃纤维毡/环氧树脂复合材料层压板的冲击特性

ID	E_i[3]/J	V_i[4]/(m/s)	P_i[5]/N	P_m[6]/N	T_m[7]/ms	E_a[8]/J	T_t[9]/ms	R[10]$\times 10^2$/(J/mm^2)
RL[1]	1.5	1.14	—	883.4	5.91	0.198	12.39	8.70
SHL[2]	1.5	1.14	—	848.6	6.19	0.226	12.90	16.70
RL	2.5	1.47	130.6	1147.6	4.99	0.817	12.15	2.60
SHL	2.5	1.46	173.2	1173.2	5.30	0.760	11.97	2.99
RL	3.5	1.73	959.7	1347.1	5.01	1.354	11.46	2.91

续表

ID	$E_i^{③}$/J	$V_i^{④}$/(m/s)	$P_i^{⑤}$/N	$P_m^{⑥}$/N	$T_m^{⑦}$/ms	$E_a^{⑧}$/J	$T_t^{⑨}$/ms	$R^{⑩}\times10^2$/(J/mm^2)
SHL	3.5	1.73	1055.2	1365.0	4.95	1.371	11.89	4.03
RL	5.5	2.16	1137.1	1680.6	5.00	2.660	11.33	2.33
SHL	5.5	2.17	1280.9	1634.5	4.42	2.940	11.77	3.41

①RL 代表无愈合剂的层压板；②SHL 为含 5.9% 双胶囊 E_M+H_M 自愈层压板；③E_i 为冲击能；④V_i 为冲击速度；⑤P_i 为初期损伤载荷，即冲击载荷-时间曲线的上升部分第一次突加载荷下降的值；⑥P_m 为最大载荷；⑦T_m 为到最大载荷的时间；⑧E_a 为损伤吸收能；⑨T_t 为总冲击时间；⑩R 为单位损伤面积的吸收能。

进一步的穿透实验表明，有无愈合胶囊，层压板的失效形态是不同的（图 10.3）。当胶囊含量从 0% 增加到 11.9% 时，穿透轮廓从方形到圆形逐渐变化，而且孔尺寸逐渐减小。在这方面还需对潜在因素进行额外研究。然而，自愈层压板的初始损伤载荷和最大载荷都比对照组的值更高（图 10.4）。这意味着胶囊的加入可增加复合材料层压板的穿透阻力。

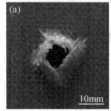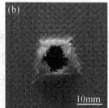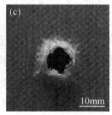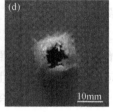

图 10.3 含有双胶囊 E_M+H_M 玻璃纤维毡/环氧树脂复合材料层压板背面的冲击损伤区（冲击能：15J）
(a) 0%；(b) 2.9%；(c) 5.9%；(d) 11.9%

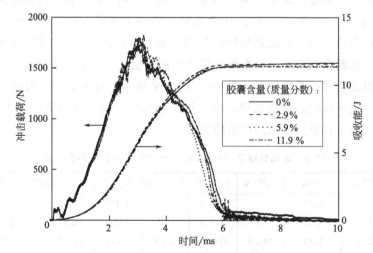

图 10.4 包含不同含量的双胶囊 E_M+H_M 的玻璃纤维毡/环氧树脂复合层压板的时间-冲击载荷及吸收能的关系

值得注意的是，一般含治愈胶囊的层压板其抗冲击能力和抗穿透能力不会明显改变，因为玻璃纤维增强组分仍对破坏过程起重要作用。

为了使裂缝在形成之后快速愈合，用于修复的化学物质需要快速固化。自愈层压板的冲击断裂表面的原位共焦拉曼显微镜研究表明，环氧基团在 BDMA 的催化下，可迅速与氢硫化物反应（图 10.5）。

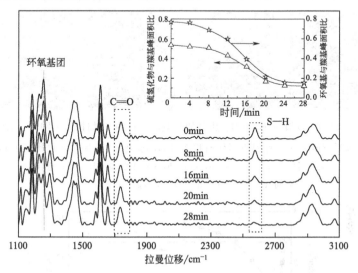

图 10.5 含 11.9% 双胶囊 $E_L + H_L$ 自愈层压板的冲击断裂面
原位共焦拉曼显微镜观察图像（冲击能：15J）

在不同时间收集的破损样品的典型拉曼光谱。插图为拉曼特征峰面积比率与时间的关系。这里有三个明显峰：$1256 cm^{-1}$ 的环氧基、$1738 cm^{-1}$ 的羰基，以及 $2573 cm^{-1}$ 的氢硫化物。由于硫醇提供羰基，环氧树脂和硫醇之间的反应不生成羰基，在 $1738 cm^{-1}$ 的羰基峰面积表示环氧树脂和氢硫化物的峰面积随时间的变化。该图提供了样本释放愈合剂的固化反应的实时记录

16min 内约消耗了 50% 的环氧树脂基。在无纤维增强的环氧树脂填充的微型胶囊中也发现了相似结论[36]。这意味着室温下短时间内，不仅复合材料中封装的愈合剂可以释放到损伤处，未封装的固化愈合剂也可以释放。因此，损伤区参加反应的环氧树脂愈合剂使冲击损伤面积逐渐减小（图 10.6）。在 1.5J 的低冲击能下损伤面积缩小率在 30min 后减小至 18%，6h 后超过 85%，在 12h 后达到平衡为 97%（图 10.7）。然而在 3.5J 的冲击能下，损伤面积缩小率的平衡值约为 52%，远远不能完全恢复。几乎一半的中央损伤面积无法修复[图 10.6(e)~(h)]。相反，当其他条件相同时（图 10.7，如 $\gamma_{影响} \approx 0$），只含环氧树脂胶囊不含固化胶囊的层压板，损伤面积几乎不随时间改变。只含固化胶囊而不含环氧树脂胶囊的层压板，也可观察到同样结果。结合冲击后原位拉曼光谱分析、抗压强度恢复（在 10.3.3 部分将会阐述）以及前述得到的结论，声像可以反映出层压板损伤愈合的效果。

第10章 自愈编织玻璃/环氧树脂复合材料

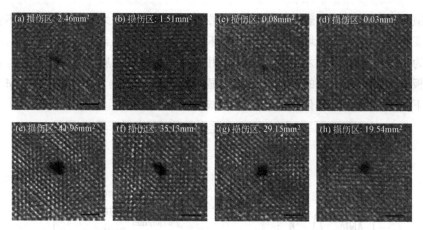

图 10.6 含 11.9% 双胶囊 $E_L + H_L$ 压紧的自愈层压板的 T-扫描超声图像（表示无人工干预包括侧压力时，室温下损伤面积随时间的变化）（附加比例尺代表 10mm）

愈合时间 (1.5J)：(a) 0h, (b) 1h, (c) 12h 和 (d) 24h; 愈合时间 (3.5J)：(e) 0h, (f) 1h, (g) 2h, (h) 24h

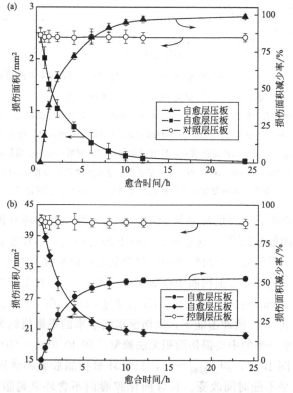

图 10.7 室温下含 11.9% 双胶囊 $E_L + H_L$ 的压紧自愈层压板以及含 11.9% 环氧胶囊 E_L 的层压板的愈合能力

在不同冲击能下的不同愈合影响与10.2.3部分讨论的损伤形式有关。在低冲击能下，主要损伤是微观尺度的基体开裂。所释放的愈合剂可以很容易到达损伤区域［图10.8(a)］。至于更高的冲击能，损伤形式主要是分层和纤维断裂，由于下述问题，这些损伤的修复不太有效：①愈合剂无法使纤维再接合[31,38]。②由于在这一过程中，愈合剂在不断被消耗，所以很难再传送到分层深处及富含纤维处。③背面损伤区体积太大，释放的愈合剂很难填满［图10.8(b)和10.9(a)］。事实上，即使侧压力增强，但裂缝还是被纤维堵塞了。因此，损伤面积减小的速率必须相对较低。

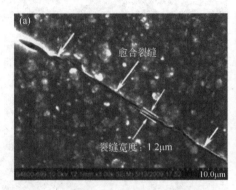 

图10.8　含11.9%双胶囊E_L+H_L的自愈层压板背面恢复裂缝的SEM图像冲击能：(a) 1.5J, (b) 3.5J；在愈合过程中无侧压力

 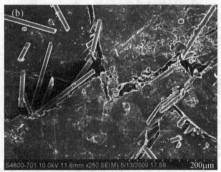

图10.9　含11.9%双胶囊E_L+H_L层压板背面损伤区的SEM图像（冲击能：3.5J）愈合过程中提供的侧压力：(a) 0kPa, (b) 240kPa

用扫描电子显微镜（SEM）观察复合材料层压板的断裂面时发现，不论微型胶囊的尺寸大小都可以完全破裂。愈合剂流出后，留下完整的凹坑（图10.10）。显然，微型胶囊有良好的完整性，并使复合材料能够在加工过程中发生愈合。

与对照组［图10.11(a)］相比，自愈层压板的断裂面由一层薄膜包裹

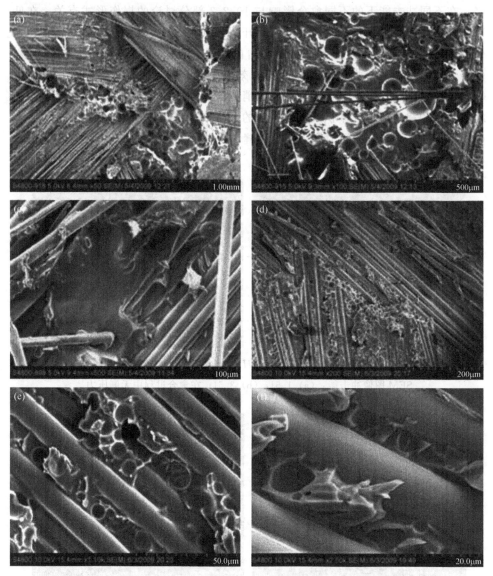

图 10.10　自愈层压板断裂面的 SEM 图像（突出部分是冲击穿透导致的）愈合剂
(a)~(c) E_L+H_L 和 (d)~(f) E_S+H_S；愈合剂含量：11.9%

[图 10.11(b)]。通过利用能量色散谱（EDS）追踪硫元素，发现这层薄膜是固化的愈合剂，而硫醇是唯一的硫元素提供者 [图 10.11(d)]。这与原位拉曼光谱检测的结果以及传统的微型胶囊愈合剂的愈合机理相吻合（图 10.5）。

另外，编织纤维的结构为复合材料提供了较大的富含树脂区域，作为存储微型胶囊的位置。较大的微型胶囊，如 E_L+H_L（约 100μm），大多位于起伏的经线交织处 [图 10.10(a) 和 (b)]，但内部纤维束很少，因为其间间隙空间狭窄，

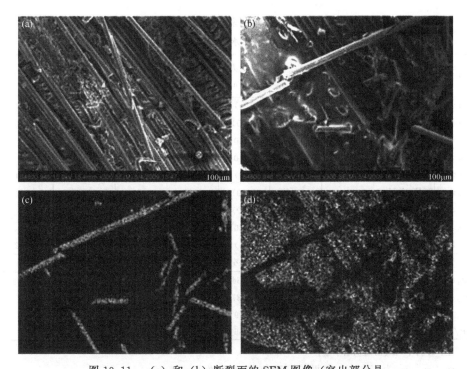

图 10.11　(a) 和 (b) 断裂面的 SEM 图像（突出部分是冲击穿透导致的）；(c) 和 (d) EDS 映射

(a) 无愈合剂的对照层压板；(b) 含 11.9% 双胶囊 E_L+H_L 自愈层压板；其中 (b) 用硅和硫分别作为追踪元素；(c) 图像中表面的杆状物是破碎的玻璃纤维

阻止了胶囊进入。相反，较小的微型胶囊 E_S+H_S（约 10μm）可以穿透到纤维束内部［图 10.10(d)~(f)］，而较大的微型胶囊是无法做到的。结果，当发生在纤维富集的区域时（如，纤维/基体剥离），较大胶囊的愈合剂不得不通过渗透来传送［图 10.10(c)］，然而较小的微型胶囊不需要用这种间接的传送方式［图 10.10(e) 和 (f)］。

如前所述，自愈层压板的损坏形式（取决于冲击能）对愈合起到很大的影响。此外，愈合剂的量（取决于胶囊尺寸和含量）以及损伤区体积（可通过来压缩或闭合裂缝来调节）也与愈合效率有紧密联系[31]。为了对损伤面积缩小率的影响因素有一个全面的认识，我们设计了四因素（胶囊尺寸、胶囊含量、冲击能、侧压力）三水平（表 10.4）的正交设计实验。结果表明，根据平均损伤面积缩小率的范围，影响顺序是：冲击能 ≫ 胶囊尺寸 > 侧压力 > 胶囊含量（图 10.12 和表 10.4）。

修复裂缝的先决条件是填补裂缝的空间。因此，愈合剂的量及损伤空间体积非常重要。由于嵌入式的微型胶囊只能提供有限的愈合剂，而且损伤体积主要取决于损伤形式，因此冲击能无疑起着决定性作用。

表 10.4 正交实验设计的四因素（胶囊尺寸、胶囊质量分数、冲击能和侧压力）三水平（1、2、3）结果

实验	胶囊尺寸	胶囊质量分数/%	冲击能/J	侧压力/kPa	损伤面积/mm²	愈合损伤面积/mm²	损伤面积缩小率/%	η_{CAI}
1#	$1(E_S+H_S)$	1(2.9)	1(1.5)	1(0)	1.35	0.28	79.26	86.47
2#	$1(E_S+H_S)$	2(5.9)	2(2.5)	2(60)	30.95	16.58	46.43	—
3#	$1(E_S+H_S)$	3(11.9)	3(3.5)	3(240)	47.04	26.51	43.64	—
4#	$2(E_M+H_M)$	1(2.9)	2(2.5)	3(240)	25.13	12.83	48.95	—
5#	$2(E_M+H_M)$	2(5.9)	3(3.5)	1(0)	43.31	27.24	37.10	51.94
6#	$2(E_M+H_M)$	3(11.9)	1(1.5)	2(60)	1.85	0.16	91.35	—
7#	$3(E_L+H_L)$	1(2.9)	3(3.5)	2(60)	40.84	23.15	43.32	—
8#	$3(E_L+H_L)$	2(5.9)	1(1.5)	3(240)	2.32	0.09	96.12	—
9#	$3(E_L+H_L)$	3(11.9)	2(2.5)	1(0)	24.53	11.61	52.67	65.12
结果分析								
$m_1/\%$	56.44	57.18	88.91	56.34				
$m_2/\%$	59.13	59.88	49.35	60.37				
$m_3/\%$	64.04	62.55	41.34	62.9				
$R/\%$	7.59	5.38	47.56	6.56				

注：R 为平均损伤面积缩小率；

m_1、m_2、m_3 为水平 1、2、3 损伤面积缩小率的平均值。

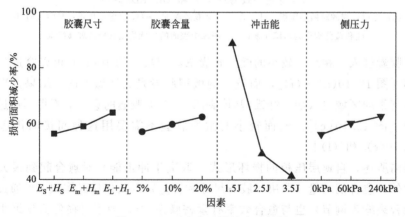

图 10.12 正交实验设计实验结果

在愈合过程中当对层压板施加侧压力时，可以明显发现分离的部分被迫彼此靠近，以便释放愈合剂并成功填充裂缝，从而增加损伤面积减少的速率。这适用于高冲击能下的损伤修复［图 10.13(a) 中 3.5J 的曲线］。至于在低冲击能的情况下［图 10.13(a) 的 1.5J 曲线］，在愈合过程中损伤面积缩小率与所施加的侧压力无关，因为基体上微裂缝的尺寸几乎不随着压缩而减小。基于上述分析，我们进一步研究了损伤面积缩小率、胶囊尺寸和含量、侧压力之间的关系

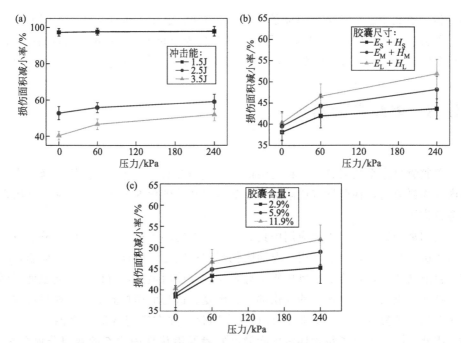

图 10.13 侧压力对自愈合层压板损伤面积缩小率的影响（愈合时间：24h）

(a) 包裹愈合剂的胶囊的种类和质量分数：E_L+H_L，11.9%；(b) 胶囊质量分数 11.9%；冲击能 3.5J；(c) 装愈合剂：E_L+H_L 胶囊的种类；冲击能为 3.5J

[图 10.13(b) 和（c）]。与预期结果相同，在高侧压力下，更大的或含量高的胶囊有利于裂缝愈合。显然，大量的愈合剂能够为变窄的裂缝提供足够的黏合剂。另外，当侧压力为零时，无论胶囊尺寸和含量是否改变，都几乎没有影响。

图 10.12 给出了正交实验设计中提到的损伤面积缩小率与胶囊尺寸关系的清晰图像。随着胶囊直径从约 10μm 增加到约 100μm，损伤面积减少率也逐渐增加。这显然与愈合剂的量有关。与小胶囊相比，大胶囊含有更多的愈合剂（表 10.1）以及它们的破裂将给裂缝表面提供更多的愈合剂[39]。这一现象与损伤面积减少率对胶囊含量的关系相吻合（图 10.12）。值得注意的是，尽管小胶囊可以传送到富含纤维的区域，但它们却不能像预期一样起作用。之前，我们相信小尺寸的胶囊可在复合材料中纤维束的内部与外部分散开，而且与大胶囊相比，小胶囊可以更有效地修复裂缝。但现在的情况似乎不同，只要在纤维束内部开始产生裂缝，这些裂缝的对接与蔓延会导致基体开裂、剥离及纤维断裂。对于纤维断裂，愈合剂无法产生效果。由此可知，小胶囊并不优于大胶囊。

另外，表 10.4 也给了一些基于 CAI 测试的愈合效率指数代表值。结果表明力学能力的确已经恢复了。穿透流体愈合剂的聚合物产品一定要有足够的黏度和强度，以便于它可以愈合层压板的裂缝并恢复一定承载能力。尽管一些层压板

η_{CAI} 值一般比 γ_{impact} 值高（可能是因为表征方法、定义及其他未知原因不同），但 η_{CAI} 和 γ_{impact} 值遵循的规律相同。因此，可以发现由超声无损评价技术得到的损伤面积变化与力学性能恢复有关。其中力学性能可以用来衡量自愈材料的愈合效率。

10.3 单胶囊策略

单胶囊自愈系统只含有一种封装的愈合剂（单体）。当对材料的裂缝起作用的内含物释放后，在分散（或溶解）在基体内部的催化剂的作用下，从而开始发生愈合作用。

我们都知道，高级工程应用中具有良好性能的环氧树脂材料，除了分子改性或引入次要组分外，更需要用高温的固化剂实现固化。同样，当给环氧树脂材料赋予自愈功能时，相应的环氧树脂基愈合剂在释放后最好也可以在较高温度下固化，从而提供具有相当特性的损伤部位的修复。这与前面提到的复合材料形成了鲜明对比，即复合材料在工业上 40℃ 发生固化，并在室温或低于室温下发生自愈。因此，我们提出了包含环氧树脂微型胶囊及潜伏性固化剂的双组分愈合剂。

环氧树脂作为可聚合的愈合树脂装入微型胶囊，以保证愈合剂和环氧树脂基复合材料的混合。此外，合成 $CuBr_2$ 和 2 甲基咪唑 [$CuBr_2(2\text{-MeIm})_4$，注释 10.2] 的络合物是环氧树脂愈合剂的潜在固化剂。这种复合物具有长期稳定性，在 130～170℃ 下再次分解为 $CuBr_2$ 和 2 甲基咪唑[40-42]。利用这一特性，释放的 2-甲基咪唑催化的环氧树脂愈合剂（如，裂缝愈合）可在 $CuBr_2(2\text{-MeIm})_4$ 的分解温度下发生阴阳

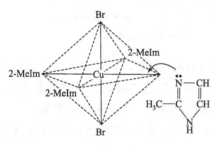

注释 10.2 潜伏性固化剂 $CuBr_2(2\text{-MeIm})_4$ 的结构

离子聚合，其分解温度比复合材料的固化温度更高。

$CuBr_2(2\text{-MeIm})_4$ 的另一个优点在于它在未固化的环氧树脂中可溶。因此，潜在的固化剂可以在分子级的复合材料基体中均匀溶解。相信这可以使破裂胶囊中的环氧树脂与分离的咪唑接触概率大大增加。也就是说，释放的环氧树脂愈合剂无论在哪都可以被激活。因此，可以预测到更高的黏合强度和更好的修复效果。

10.3.1 咪唑潜伏性固化剂的制备

潜伏性固化剂 $CuBr_2(2\text{-MeIm})_4$ 通常的制备方法如下所述。将 11.2g $CuBr_2$

溶解在 50mL 的甲醇中，然后在溶液中慢慢滴入 2-甲基咪唑（16.4g）的甲醇溶液（25mL）。搅拌一段时间后，用 150mL 的丙酮稀释，产生沉淀。过滤沉淀物（如，$CuBr_2$ 和 2-甲基咪唑的混合物），洗涤，干燥。产率大概为 97.1%。

图 10.14 为非等温差示扫描热量法（DSC）测试的转换率与温度之间的关系，体现了 $CuBr_2(2\text{-MeIm})_4$/环氧树脂系统的固化过程。可以发现环氧树脂的固化发生在 130℃。放热峰出现在 141~176℃，而相应的转换率低于 50%。这意味着 $CuBr_2$ 是一种温和的固化剂。通过 Kissinger[43] 和 Crane[44] 方程可知，固化动力学的特征参数包括活化能 E_a，$CuBr_2(2\text{-MeIm})_4$/环氧树脂反应顺序 n，计算结果分别为 83.7kJ/mol 和 0.92。由于 n 不是整数，所以系统的固化应该是一个复杂过程。另外，从 Arrhenius 方程中可以得到温度与固化反应的速率常数。显然，固化反应在低温下（如，120℃）进行得非常缓慢。这点可以由系统的 DSC 测试的等温线证实。在 120℃ 的恒定温度下，90min 内没有检测到放热峰，这意味着不发生固化。根据这一发现可知，为避免复合材料固化时愈合剂和潜伏性固化剂发生变性，制备自修复复合材料的固化温度应比愈合温度低。换句话说，所研究出的愈合系统在中等温度下是可以长期使用的。

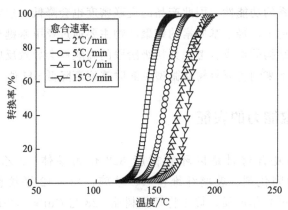

图 10.14 $CuBr_2(2\text{-MeIm})_4$（1%）环氧树脂激活的固化反应中，转换率与温度的关系

10.3.2 环氧树脂微型胶囊

环氧树脂 828 为环氧树脂微型胶囊的内含物。使用两步原位冷凝法制得了脲醛胶囊壁[45]。合成过程如下所述。首先在 50.4mL 的甲醛（37%）中混入 20.0g 尿素，用 10% 的 NaOH 溶液调节 pH 值为 8.0。在 70℃ 下反应 1h 后，得到了透明的水溶性羟甲基尿素预聚物。另外，在 800mL 的聚丙烯酸钠（PAANa）溶液（1.5%，pH=0.8）中加入 40.0g 环氧树脂、4.0g 间二苯酚、4.0g NaCl

和0.8g聚乙烯醇（PVA）。以16000r/min的转速进行机械搅拌，形成了水油乳浊液。然后，将环氧树脂乳浊液与羟甲基尿素预聚物混合，使羟甲基尿素溶解在环氧树脂乳浊液当中。然后，不断滴入10%的HCl溶液，当pH=4时开始加热。最后，当pH值达到2.8~3.0时系统加热到了70℃。保温1h后，系统的pH值调整到了1.5~2.0。1h后，用NaOH中和系统，冷却、过滤并干燥，则得到了脲醛树脂包覆的环氧树脂愈合胶囊。

当在碱性条件下合成水溶性羟甲基尿素预聚物时，过度的碱和反应时间会导致开始聚合时羟甲基尿素产生白色沉淀。这会阻碍之后环氧乳浊液的原位聚合，并产生大量不需要的固化预聚物，这些都无法应用到最终产品的胶囊壁材料中。

与环氧树脂乳浊液混合后，羟甲基尿素分子之间由于酸或碱催化后会发生消除反应。结果，分子量低的线型或分支预聚物通过亚甲基、亚甲基醚以及尿素单位之间的循环纽带相连接，经过一段时间转变成不溶于水的聚合物网络，成为油溶性环氧树脂滴状沉淀，并产生环氧树脂微型胶囊。需要注意，如果在碱性介质中发生缩聚反应，羟甲基尿素之间则无法反应形成亚甲基键，而是形成乙烯结构。这会降低体系的功能性，因此产品的交联密度也会降低，这对胶囊壁的强度不利。在酸性环境下，羟甲基尿素的缩聚产物主要通过亚甲基键连接，从而促进链增长和高交联结构的形成。考虑到初级阶段的高酸性会导致反应速率太快而很难控制，因此接下来制备环氧树脂微型胶囊时需逐渐降低pH值。

10.3.3 自愈能力的表征

玻璃纤维毡复合材料是以环氧树脂828作为基体、2-乙基-4-甲基咪唑（2E4MIm）作为固化剂、玻璃纤维毡（C-玻璃，13×12平纹毡，0.2mm厚，1000束，200g/m^2）作增强。首先将环氧树脂828与CuBr$_2$(2-MeIm)$_4$以质量比为100:2的比例混合。然后，通过搅拌和超声分散使含有环氧树脂的微型胶囊慢慢合并。之后，加入质量比为2:100的2E4MIm和环氧树脂。最后，抽真空5min以除去气泡。微型胶囊直径为40μm（表10.5），分成两份分别加入环氧树脂当中：10%和20%。然后再以同样的方法制备10%微型胶囊（直径为65μm和140μm）的复合材料，并做相应测试。

表10.5 环氧树脂微型胶囊参数

平均直径/μm	140	65	40
核心质量分数/%	81.2	73.9	63.9

通过手工加工和压塑成型制备复合材料层压板。层压板厚度为2.1mm

[45/0/−45/90]$_S$，在60℃压制，然后成功地在80℃模压2h，120℃模压2h，140℃模压2h。如热重分析计算所得，复合材料的玻璃纤维毡体积分数为30%。上述固化过程的设计：①由于环氧树脂和2E4MIm之间反应，需要确保环氧树脂完全固化；②需抑制环氧树脂基体和潜伏性固化剂$CuBr_2(2\text{-}MeIm)_4$之间的反应。之前的研究已经证明当温度低于120℃时，环氧树脂/$CuBr_2(2\text{-}MeIm)_4$系统不发生固化。也就是说，尽管2E4MIm和$CuBr_2(2\text{-}MeIm)_4$与环氧树脂基体混合，但当复合材料在80℃和120℃相继模压2h时，$CuBr_2(2\text{-}MeIm)_4$不与环氧树脂反应。同时，只发生环氧树脂与2E4MIm之间的反应。在140℃ 2h的模压过程中，未参加反应的环氧树脂会优先被2E4MIm固化，因为2E4MIm比2-甲基咪唑（2-MeIm）的反应活性更高。这样，环氧树脂基体可以完全固化，而当复合材料层压板固化时，潜伏性固化剂则会生效。

在室温下用落锤做了冲击试验测试。所选的冲击能有四个水平：1.5J、2.0J、2.5J和3.5J。冲击能水平的选择依据是该水平可导致层压板从基体开裂到纤维断裂发生不同形式的损坏，需要有足够的代表性。为了检测复合材料的自愈能力，首先使试样受冲击，再在140℃下愈合0.5h，条件分别为无压力、60kPa、240kPa。图10.15显示了测试流程。

纤维增强塑料的低速冲击是很多实验和分析研究的主体[10-12,32-35,46-51]。冲击能和层压板成型是决定复合材料损伤形式的关键因素，其损伤形式包括基体开裂、分层和纤维断裂。

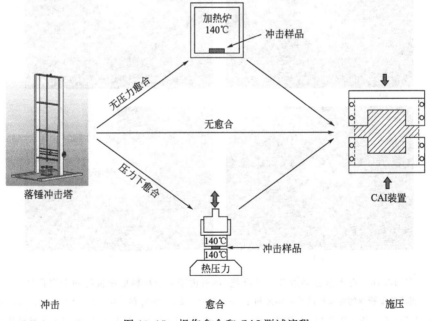

图10.15 损伤愈合和CAI测试流程

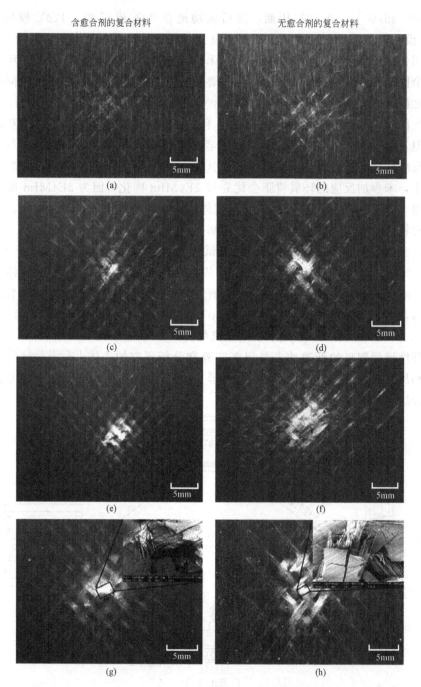

图 10.16 有无愈合剂的玻璃纤维毡/环氧树脂复合材料层压板的冲击损伤区
环氧树脂微型胶囊的含量和尺寸:10%和40μm。$CuBr_2(2\text{-}MeIm)_4$ 的含量:2%。冲击能:(a) 和 (b) 1.5J;(c) 和 (d) 2.0J;(e) 和 (f) 2.5J;(g) 和 (h) 3.5J。插图 (g) 和 (h) 为破碎纤维

图10.16显示了受到不同冲击能的复合材料层压板背面的冲击损伤区的形态。在低冲击能1.5J下，损伤形式主要是轻微的基体裂化[图10.16（a）和（b）]。随着冲击能量的增加，可见损伤尺寸变大，并且损伤形式变得更加复杂。它与Hiral等[51]的结果一致。在图10.16（c）和（d）中，在冲击接触面附近，出现了大量的基体开裂以及可见的初始分层。在2.5J冲击能下，在无冲击的部分也有明显变形，这是由于分层增长和轻微纤维断裂导致的[图10.16（e）和（f）]。在3.5J的更高冲击能量下，出现了广泛分层和纤维断裂[图10.16（g）和（h）及插图]。

与含自愈剂的复合材料相比，不含自愈剂的复合材料在相同冲击条件下损伤严重。这表明环氧树脂微型胶囊和潜伏性固化剂有助于吸收一些冲击能。

分别在有和无愈合剂的条件下，冲击能对复合材料层压板的残余抗压强度的影响如图10.17（a）所示。尽管结果有些分散，但这是纤维增强复合材料CAI测试的特征[32,34,49]。在1.5J的冲击能下抗压强度减少了5%～10%，这与Khondker等[52]的结论一致，他曾指出在玻璃编织复合材料中，受到1.75J的冲击能后，冲击强度减少了约0%～10%。使用愈合剂使复合材料的抗压强度明显增强。这证明，在所有冲击能水平下，有愈合剂的复合材料的曲线具有比普通复合材料更高的值。这可能是环氧树脂基体的刚度退化导致的。Brown等[53]指出环氧树脂的杨氏模量随二环戊二烯（DCPD）微型胶囊含量增加而减小。基体模量减少，使得纤维增强的环氧树脂复合材料残余应力减小，这有利于提高复合材料的抗压强度[54]。另外，受冲击的复合材料的残余抗压强度随着冲击能增加而减小，这与损伤面积的增加相匹配[46,51]。

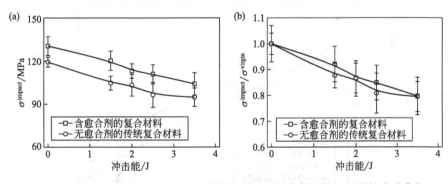

图10.17 残余抗压强度（a）和根据冲击能所得的复合材料层压板的标准残余抗压强度（b）压紧样本和原始样本的表示抗压强度的冲击曲线和初始曲线。环氧树脂微型胶囊的含量和尺寸：10%和40μm。$CuBr_2$ $(2\text{-MeIm})_4$的含量：2%

为了客观地突出冲击能对复合材料残余抗压强度的影响，将冲击样本与初始样本的强度数据进行了归一化。如图10.17（b）所示，在复合材料中加入愈合剂使冲击能与残余抗压强度的图形略微平缓。这一结果与图10.16所示的复合材料的损伤面积和损伤形式的变化相一致。随着冲击能的增加，冲击损伤对复合材料性能的影响越来越严重，而一旦冲击能到达3.5J时，上述改变基体性能的影响就变得不重要了［图10.17(b)］。

如图10.18所示，愈合的冲击层压板的抗压强度是冲击能的函数。另外，试样的愈合效率来量化裂缝愈合的效果，也在图10.19计算中给出。

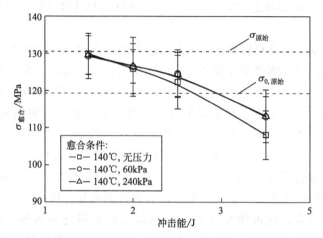

图10.18 冲击强度对愈合压紧复合材料层压板的残余抗压强度 $\sigma_{愈合}$ 的影响

两个虚线代表无冲击、原始层压板的抗压强度 $\sigma_{原始}$，以及无愈合剂的原始样本的抗压强度 $\sigma_{0,原始}$。

环氧树脂胶囊的含量和尺寸：10%和40μm。$CuBr_2(2\text{-}MeIm)_4$ 的含量：2%

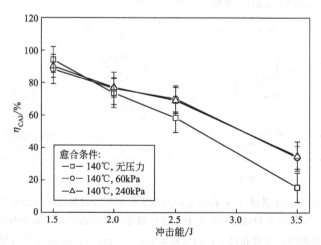

图10.19 不同愈合条件下，冲击能对CAI样本愈合效率的影响

环氧树脂微型胶囊的含量和尺寸：10%和40μm。$CuBr_2(2\text{-}MeIm)_4$ 的含量：2%

在1.5J的冲击能下,层压板的愈合值接近于基础标准值。这意味着层压板基体的裂缝几乎完全愈合。因此,在 T-扫描超声图像中,看不见损伤区[图10.20(a)~(c)],表明在愈合好的层压板中损伤面积为零。事实上,裂缝基体的愈合可以进一步由模拟受压实验来证明。如图10.21所示,裂缝在烘箱中愈合后,层压板裂缝边缘富含树脂的区域裂缝中填充有固化的愈合剂,将裂缝的平面黏合在一起。裂缝的多孔结构可能是由愈合结构无压力的愈合过程导致的。

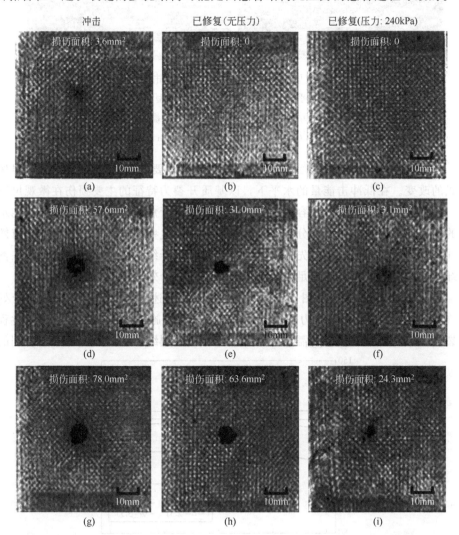

图10.20 受冲击的可修复复合材料层压板在愈合前和愈合后的 T-扫描超声图像
微型胶囊的尺寸及含量:10%和40μm。$CuBr_2(2\text{-}MeIm)_4$ 的含量:2%。
冲击能:(a)~(c)1.5J;(d)~(f)2.5J;(g)~(i) 3.5J

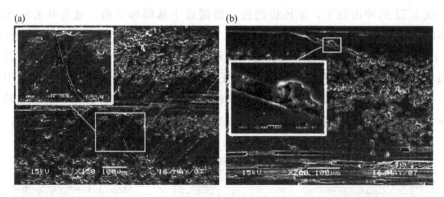

图 10.21 SEM 侧视图 [这里所做的受压实验在低速冲击下形成了初步损伤。受压试样不引入构件则几乎整体受影响。环氧树脂微型胶囊的含量和尺寸：10% 和 40μm。$CuBr_2(2\text{-MeIm})_4$ 的含量：2%]
(a) 交错的复合材料层压板；(b) 在 140℃ 的烘箱中放置 0.5h 愈合的交错复合材料层压板

当冲击能增加时，愈合面积和 CAI 都减小。主要原因可能是因为冲击损坏形式的改变。在低冲击能量的水平下，以基质开裂为特征的主要损伤在微观尺度上。所释放的愈合剂可以很容易地到达裂缝位置进行愈合。然而，随着冲击能水平的提高，损伤形式主要是分层和纤维断裂。因此这些裂缝的修复就不那么有效了 [图 10.20(d)~(i)]。首先，愈合剂不能使断裂纤维再结合。其次，很难在富含纤维区给分层位置传送充足的愈合剂。因此，愈合效率就会有所降低。

σ^{healed} 与压力的关系（图 10.22）也可以证明上述的分析，该图表示愈合处理（图 10.15）过程中该压力用于冲击试样的情况。施加侧压力可以使修复过程中裂缝缺口闭合，以便于所需愈合剂的量足以填满裂缝，而且该情况下愈合剂的

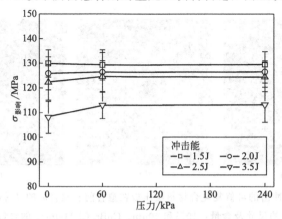

图 10.22 侧压力 $\sigma_{影响}$ 对复合材料层压板的影响

环氧树脂微型胶囊的尺寸和含量：10% 和 40μm。$CuBr_2(2\text{-MeIm})_4$ 的含量：2%

量比无侧压力下的量更少。由于冲击损伤与冲击能量之间存在直接关系（图 10.20），而且高冲击能量下侧压力对愈合效率的影响更显著。因此，当侧压力从 0 增加到 60kPa 时，受 3.5J 冲击能的愈合量比 2.5J 的更高（图 10.22）。

另外，图 10.22 表明当压力从 60kPa 增加到 240kPa 时，所有复合材料层压板的愈合量保持不变。这表明，外压力与愈合机理无关，但会使两个裂缝表面靠近。有趣的是，受到 1.5J 冲击能的样本愈合与压力无关。显然，此时没有诸如分层和纤维断裂之类的严重损伤就可以解释该现象。因此可以得出结论，在愈合过程中对样本施加压力可以提高损伤严重的复合材料的修复效率。

事实上，愈合对 CAI 样本的失效模式有很大影响。如图 10.23(a) 所示，受

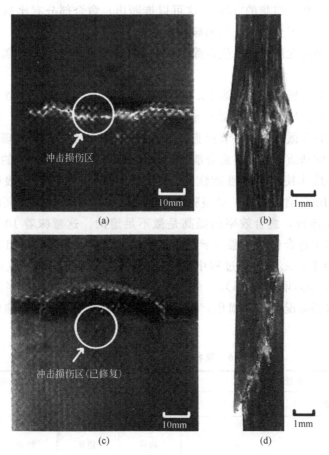

图 10.23　(a) 和 (b)：受 2.0J 冲击并受压失效的复合材料层压板；(c) 和 (d)：
受 2.0J 冲击，并在 140℃、60kPa 下热压 0.5h 发生受压失效的复合材料层压板
(a) 和 (c)：前视图；(b) 和 (d)：侧视图。环氧树脂微型胶囊的含量和
尺寸：10% 和 40μm。$CuBr_2(2\text{-MeIm})_4$ 的含量：2%

压复合材料层压板的失效主要是由背面已有的损伤扩展引起的[51]。裂缝面与压缩方向是几乎垂直的[图10.23(b)]。然而当受冲击样本愈合后再受压时，会发生像普通材料的剪切屈曲[55]。断裂面与施加载荷方向呈45°角，而且断裂的部分是非共面的[图10.23(c)和(d)]，这意味着受压失效的同时形成了扭结区[56]，然后发展成为断裂。这表明在抗压试验之前，冲击损伤在很大程度上就已经恢复了。另外，图10.23(c)显示，压缩破坏部位并不位于愈合样本的原始冲击损伤区（即中央区域），这与图10.23(a)所示的情况不同。其中机理尚不明确。由于多数2-乙基-4-甲基咪唑（即层压板的固化基体）固化的块状环氧树脂的平均断裂韧性是0.46MPa·m$^{1/2}$，数值上只有$CuBr_2(2-MeIm)_4$（即固化的愈合剂）固化的环氧树脂的57%，这可以推断出，愈合部分有比基体更高的断裂韧性，使其产生了更高的抗压缩破坏性。

因此，最终的受压失效发生在除了愈合部分的其他地方。这还需要进行进一步研究。

愈合剂的含量影响研究如表10.6所示。当复合材料层压板不含任何愈合剂时，受压试样的抗压强度在热处理或施加热压力处理后保持不变，即CAI≈0。这一现象在仅具有微胶囊化环氧树脂的复合材料层压板上也可以发现。这些证明复合材料的主体基质树脂没有愈合能力，而且由于环氧树脂从破碎的胶囊和潜伏性固化剂中释放才使其力学性能恢复。另外，表10.6中的数据表明，当负载$CuBr_2(2-MeIm)_4$含量固定，微型胶囊质量分数从10%增加到20%时，对于受1.5J冲击的层压板，愈合效率的提高是微不足道的。这意味着10%的环氧树脂微型胶囊对于愈合低冲击能下产生的小规模损伤基本足够。相比之下，在2.5J的冲击能下，无论愈合过程中是否施加外部压力，随着环氧树脂微型胶囊质量分数从10%增加到20%，愈合效率明显提高。显然，10%的微型胶囊不足以愈合这种情况下的大损伤，但环氧树脂释放量的增加可以确保填满更多的裂缝。

表10.6 复合材料层压板的愈合效率

变量		1.5J 冲击		2.5J 冲击	
微型胶囊质量分数[①]/%	催化剂质量分数/%	η_{CAI}[②]/%	η_{CAI}[③]/%	η_{CAI}/%	η_{CAI}/%
0	0	约0	约0	约0	约0
10	0	约0	约0	约0	约0
10	2	94±8	94±9	58±9	70±8
20	2	100±7	99±8	71±6	90±8

① 平均直径：40μm。
② 裂缝修复条件：无压力，140℃，0.5h。
③ 裂缝修复条件：60kPa，140℃，0.5h。

除了愈合剂的含量外,也研究了胶囊尺寸对愈合效率的影响。当愈合剂含量一定时,随着胶囊尺寸从 $40\mu m$ 到 $140\mu m$ 变化,在相同能量水平的冲击下,层压板的愈合效率变化不大(图 10.24)。这可能是两个因素导致的。一方面,与小胶囊相比,更大的胶囊所含的环氧树脂更多(表 10.5),破裂后传送到裂缝表面的愈合剂就更多。另一方面,小胶囊可能更容易进入到大胶囊所无法到达的富含纤维的区域,并在此进行愈合。

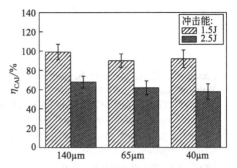

图 10.24 环氧树脂微型胶囊尺寸对愈合效率 CAI 样本的影响(环氧树脂微型胶囊和 $CuBr_2(2\text{-MeIm})_4$ 的含量分别为:10%和2%。裂缝修复条件:无压力,140℃,5h)

然后,在这方面还需进行更多的研究才能得出结论。

10.4 结论

将环氧树脂基愈合胶囊放入玻璃纤维毡/环氧树脂复合材料层压板中,可使复合材料具有多功能性,如裂缝愈合能力。根据愈合系统的硬化成分,在室温或高温下裂缝都可以发生愈合。与双胶囊策略相比,单胶囊策略的愈合微胶囊含量明显不足。

在许多先进工程应用中,升高温度至关重要,因此在应用期间内部愈合也可能自动完成,无须人工干预,以防环境温度高到足以引发愈合剂的聚合。

冲击能量是愈合的重要因素,因为它决定层压板的损伤形式。随着冲击能量的增加,主要损伤模式从基体开裂变化到分层和纤维断裂,损伤面积减小的速率降低。然而,目前的愈合系统有利于多功能层压板早期损伤的修复,并可避免材料性能进一步恶化和退化。

当前研究的局限性在于微型胶囊在第一次破裂后无法反复释放愈合剂,因此无法实现多重愈合。有两个可能解决问题的方法:①所包覆的愈合剂释放后具有可逆性(如 DA[57] 和肉桂酰胺[58]);②所使用的愈合剂固化后可以赋予愈合部分比其余主体材料更高的强度[36],因此随后的愈合剂必须优先用在未使用胶囊的地方,而不是愈合剂耗尽的地方。

参考文献

[1] Zhang MQ, Rong MZ. Self-healing polymers and polymer composites. Hoboken: John Wiley & Sons, Inc.; 2011.
[2] Yuan YC, Yin T, Rong MZ, Zhang MQ. Self healing in polymers and polymer composites. Concepts, realization and outlook: a review. Express Polym Lett 2008;2:238–50.
[3] White SR, Sottos NR, Geubelle PH, Moore JS, Kessler MR, Sriram SR, et al. Autonomic healing of polymer composites. Nature 2001;409:794–7.
[4] Dry C. Passive tunable fibers and matrices. Int J Mod Phys B 1992;6:2763–71.
[5] Pang WC, Bond IP. A hollow fibre reinforced polymer composite encompassing self-healing and enhanced damage visibility. Compos Sci Technol 2005;65:1791–9.
[6] Toohey KS, Sottos NR, Lewis JA, Moore JS, White SR. Self-healing materials with microvascular networks. Nat Mater 2007;6:581–5.
[7] Trask RS, Bond IP. Bioinspired engineering study of plantae vascules for self-healing composite structures. J R Soc Interface 2010;7:921–31.
[8] Horton RE, McCarty JE. Damage tolerance of compositesReinhart TJ, editor. Engineered materials handbook. Composites, vol. 1. Ohio: ASM International; 1987. p. 259–67.
[9] Cantwell WJ, Morton J. The impact resistance of composite materials—a review. Composites 1991;22:347–62.
[10] Kim JK, Sham ML. Impact and delamination failure of woven-fabric composites. Compos Sci Technol 2000;60:745–61.
[11] Naik NK, Sekher YC, Meduri S. Damage in woven-fabric composites subjected to low-velocity impact. Compos Sci Technol 2000;60:731–44.
[12] Sanchez-Saez S, Barbero E, Zaera R, Navarro C. Compression after impact of thin composite laminates. Compos Sci Technol 2005;65:1911–19.
[13] Motuku M, Janowski CM, Vaidya UK. Parametric studies on self-repairing approaches for resin infused composites subjected to low velocity impact, Smart. Mater Struct 1999;8: 623–38.
[14] Williams GJ, Bond IP, Trask RS. Compression after impact assessment of self-healing CFRP. Compos Part A: ApplSci Manuf 2009;40:1399–406.
[15] Bleay SM, Loader CB, Hawyes VJ, Humberstone L, Curtis PT. A smart repair system for polymer matrix composites. Compos Part A Appl Sci Manuf 2001;32:1767–76.
[16] Hayes SA, Zhang W, Branthwaite M, Jones FR. Self-healing of damage in fibre reinforced polymer–matrix composites. J R Soc Interface 2007;4:381–7.
[17] Patel AJ, Sottos NR, Wetzel ED, White SR. Autonomic healing of low velocity impact damage in fiber-reinforced composites. Compos Part A Appl Sci Manuf 2010;41:360–8.
[18] Petrie EM. Epoxy adhesive formulations. London: McGraw-Hill Co.; 2006.
[19] Xing QY, Xu RQ, Zhou Z. The foundations of organic chemistry. Beijing: Higher Education Press; 1994.
[20] Jencks WP, Gilbert HF. General acid–base catalysis of carbonyl and acyl group reactions. Pure Appl Chem 1977;49:1021–7.
[21] Lowe GB. The cure chemistry of polysulfides. Int J Adhesion Adhesives 1997;17:345–8.
[22] Yuan YC, Zhang MQ, Rong MZ. The method to prepare microcapsules containing polythios. CN Patent 2007100299901; 2007.
[23] Yuan YC, Rong MZ, Zhang MQ. Preparation and characterization of microencapsulated polythiol. Polymer 2008;49:2531–41.
[24] Bauer DR. Melamine/formaldehyde crosslinkers: characterization, network formation and crosslink degradation. Prog Org Coatings 1986;14:193–218.

[25] Kumar A, Katiyer V. Modeling and experimental investigation of melamine–formaldehyde polymerization. Macromolecules 1990;23:3729–36.

[26] Jones FN, Chu GB, Samaraweera U. Recent studies of self-condensation and co-condensation of melamine–formaldehyde resins; cure at low temperatures. Prog Org Coatings 1994;24:189–208.

[27] Schildknecht CE, Skeist I. Polymerization processes. New York, NY: John Wiley & Sons; 1977.

[28] Seitz ME. Microencapsulation process using melamine–formaldehyde and microcapsules produced thereby. US Patent 5204185; 1993.

[29] Dietrich K, Bonatz E, Nastke R, Herma H, Walter M, Teige W. Amino resin microcapsules. IV. Surface tension of the resins and mechanism of capsule formation. Acta Polymer 1990;41:91–5.

[30] Yuan YC, Rong MZ, Zhang MQ. Preparation and characterization of poly(melamine–formaldehyde) walled microcapsules containing epoxy. Acta Polymer Sin 2008;5:472–80.

[31] Yin T, Rong MZ, Wu JS, Chen HB, Zhang MQ. Healing of impact damage in woven glass fabric reinforced epoxy composites. Compos Part A Appl Sci Manuf 2008;39:1479–87.

[32] Soutis C, Curtis PT. Prediction of the post-impact compressive strength of CFRP laminated composites. Compos Sci Technol 1996;56:677–84.

[33] Shen WQ. Dynamic response of rectangular plates under drop mass impact. Int J Impact Eng 1997;19:207–29.

[34] Cartié D, Irving P. Effect of resin and fibre properties on impact and compression after impact performance of CFRP. Compos Part A Appl Sci Manuf 2002;33:483–93.

[35] Baucom JN, Zikry MA, Rajendran AM. Low-velocity impact damage accumulation in woven S2-glass composite systems. Compos Sci Technol 2006;66:1229–38.

[36] Yuan YC, Rong MZ, Zhang MQ, Chen J, Yang GC, Li XM. Self-healing polymeric materials using epoxy/mercaptan as the healant. Macromolecules 2008;41:5197–202.

[37] Yuan YC, Rong MZ, Zhang MQ, Yang GC. Study of factors related to performance improvement of self-healing epoxy based on dual encapsulated healant. Polymer 2009;50:5771–81.

[38] Chen XB. Handbook of polymer–matrix composites. Beijing: Chemical Industry Press; 2004.

[39] Rule JD, Sottos NR, White SR. Effect of microcapsule size on the performance of self-healing polymers. Polymer 2007;48:3520–9.

[40] Dowbenko R, Anderson CC, Chang WH. Imidazole complexes as hardeners for epoxy adhesives. Ind Eng Chem Prod Res Dev 1971;10:344–51.

[41] Ibonai M, Kuramochi T. Curing of epoxy resin by use of imidazole/metal complexs. Purasuchikkusu 1975;26(7):69–73. (in Japanese).

[42] Bi CH, Gan CL, Zhao SQ. Study on synthesis, curing reaction and properties of imidazole salt. Thermosetting Resin 1997;12(1):12–15. (in Chinese).

[43] Kissinger HE. Reaction kinetics in differential thermal analysis. Anal Chem 1957;29:1702–6.

[44] Crane LW, Dynes PJ, Kaelble DH. Analysis of curing kinetics in polymer composites. J Polymer Sci Polymer Lett Ed 1973;11:533–40.

[45] Yin T, Rong MZ, Zhang MQ, Yang GC. Self-healing epoxy composites—preparation and effect of the healant consisting of microencapsulated epoxy and latent curing agent. Compos Sci Technol 2007;67:201–12.

[46] Pritchard JC, Hogg PJ. The role of impact damage in post-impact compression testing. Compos Part A Appl Sci Manuf 1990;21:503–11.

[47] Baker AA, Jones R, Callinan RJ. Damage tolerance of graphites/epoxy composites. Compos Struct 1985;4:15–44.

[48] Bogdanovich AE, Friedrich K. Initial and progressive failure analysis of laminated composite structures under dynamic loading. Compos Struct 1994;27:439–56.

[49] Davies GAO, Hitchings D, Zhou G. Impact damage and residual strengths of woven fabric glass/polyester laminates. Compos Part A Appl Sci Manuf 1996;27:1147–56.

[50] Naik NK, Sekher YC. Damage in laminated composites due to low velocity impact. J Reinf Plast Compos 1998;17:1232–63.

[51] Hiral Y, Hamada H, Kim JK. Impact response of woven glass-fabric composites—I. Effect of fibre surface treatment. Compos Sci Technol 1998;58:91–104.

[52] Khondker OA, Herszberg I, Hamada H. Measurements and prediction of the compression-after-impact strength of glass knitted textile composites. Compos Part A Appl Sci Manuf 2004;35:145–57.

[53] Brown EN, White SR, Sottos NR. Microcapsule induced toughening in a self-healing polymer composite. J Mater Sci 2004;39:1703–10.

[54] Wang HM, Liang WR. Effect of properties of epoxy resins on compression failure characteristics of composites. Thermoset Resin 1992;1:31–5. (in Chinese).

[55] Chou TW. Structrue and properties of composites. Weihheim: VCH; 1993.

[56] Carlsson LA, Pipes RB. Experimental characterization of advanced composite materials. Lancaster: Technomic Publishing; 1997.

[57] Peterson AM, Jensen RE, Palmese GR. Room-temperature healing of a thermosetting polymer using the Diels–Alder reaction. ACS Appl Mater Interfaces 2010;2:1141–9.

[58] Song YK, Chung CM. Repeatable self-healing of a microcapsule-type protective coating. Polym Chem 2013;4:4940–7.

第11章

形状记忆环氧树脂和复合材料的近期进展

J. Karger-Kocsis[1,2] 和 S. Kéki[3]
[1] 布达佩斯科技大学，机械工程学院，聚合物工程系，匈牙利，布达佩斯
[2] MTA-BME 复合科学与技术研究组织，匈牙利，布达佩斯
[3] 匈牙利德布勒森大学，应用化学系，匈牙利，德布勒森

11.1 引言

形状记忆聚合物及其复合材料（SMPs）是新兴的智能材料，在不同的领域都有应用，特别是在生物医学、航空航天、建设工程领域。形状记忆聚合物可以采用一个（两个形状）、两个（三个形状）或多个（多个形状）稳定的临时形状并且施加一个外部刺激后能够恢复其原始，或者成为永久性的双重形状，或者产生临时的多个形状。外部刺激可以是温度（通过直接或间接的方式）、pH值、水分、光照、氧化还原条件等等。但是，在大多数情况下，形状记忆聚合物是热敏（也被称为温敏或热激活）的。"切换"或转变温度（$T_{转变}$）可以使材料恢复到其原始形状，并且与玻璃化温度（T_g）或者熔融温度（T_m）[1-3] 息息相关。因此，通常形状记忆聚合物根据开关的类型分为 T_g 型或 T_m 型形状记忆聚合物。但是，作为可逆的"转换"在其他机制如液体结晶/融化、超分子组装/拆卸、照射中可以引起可逆网络的形成，渗透网络的形成和破坏可以起作用[1,2]。永久的形状是由物理网络（纠缠、互穿网络）或化学网络（包括永久性或暂时性的共价键）结构保证的。相应的位点也被称为网络点。临时变形是在温度 $T_{转变}$ 以上发生的机械变形并且当冷却至温度低于 $T_{转变}$ 时进行固定，从而保持机械负荷。但是，变形温度也可以低于相应聚合物的 T_g 或者 T_m。

把形状记忆聚合物同时看作多功能材料也是非常适合的,因为它们整合多功能结构的(高刚度、强度、韧性)和结构的(例如,承载)/非结构性的(例如,传感、驱动、自修复、可回收、生物降解)等功能[4]。当存在不相互关联的属性被视为标准时,多功能性的分类也成立[5]。

热固性塑料的转变温度为 T_g。在设置临时形状时,段之间的交叉连接通过构象重排以适应外部的负载。在当该材料通过去除负载或者加热使其温度高于 T_g,恢复永久形状时,通过这种方式存储的应变能会被释放。上述描述的所有内容都与单向(1W)的形状记忆聚合物相关。这意味着,外部刺激仅使材料从临时形状变成永久性形状(两个形状),或者从临时形状变成另一种形状(多个形状的形式)。除了 1W 外,SMP 系统也存在着 2W 的情况,这种情况在外部刺激"开—关"的基础上形状变换是可逆的。

形状记忆(SM)性能通常用形状固定程度(R_f)和形状恢复率(R_r)来量化。R_r 指的是在临时变形时,外部变形固定的程度。当在 $T_{转变}$ 之上引入的应用变形在临时形状中完全保持在 $T_{转变}$ 以下时,其值为 100%。变形方式包括拉伸、压缩、弯曲和扭转。R_r 是当材料加热到高于 $T_{转变}$ 后原始形状恢复的百分比。$R_r=100\%$ 表示材料的原始形状完全恢复了。R_f 更常用来描述 SM 性能。SM 性能是在控制应变应激的条件下进行的循环(一个或多个)的热机械试验得到的。图 11.1 显示的是一个 SM 热机械测试过程。除了 R_f 和 R_r,进一步表示 SM 性能的物理量,例如恢复的温度间隔、恢复率和恢复力都是可以测量的。

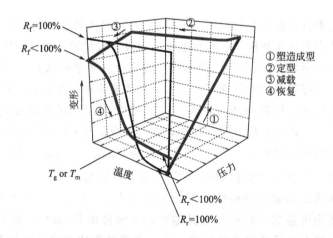

图 11.1 1W-SM 聚合物的一个 SM 循环(黑线表示)及其复合材料的一个 SM 循环(灰线表示)的示意图

注:为了满足形成的聚合物及其复合材料的需要,相关的轨迹突出它们在机械载荷作用下以及在 SM 性能(R_f 和 R_r)方面的差异。

11.2 形状记忆环氧树脂（SMEP）构想

优选的热固性形状记忆树脂（SMP）是以环氧树脂（EP）为基础的。选择环氧树脂是因为其良好的性能（耐热性和化学性能不活泼、在玻璃态和橡胶态时大的刚度、多种基材的附着力合适）和通用性（易协调玻璃态的 T_g 和橡胶的弹性模量）。下一步我们将对形状记忆环氧树脂（SMEP）系统和复合材料进行简要的概括。我们的主要目的是要介绍如何调整 SMEP 的网络结构和性能以满足给定的应用要求的基本策略。值得注意的是，SMEP 各个方面的问题都已经通过大量的工作得到解决[1-3,5-8]，所以 SMEP 是回顾性的话题[8]。

11.2.1 纯环氧树脂

如之前描述的那样，环氧树脂的化学性质有足够的灵活性，可以对 T_g 进行调整，从而也可以使 $T_{转变}$ 达到要求。无论环氧树脂/固化剂比例是否为化学计量比，基本配方工具都是不同的。并不是化学计量本身的结果导致 T_g 的值降低。实际上，我们通常加入少量的固化剂，而通过化学计量则意味着需要增加更多的固化剂。例如，当固化程度在 50%～100%（对应的化学计量）变化时，我们可以测量用芳香胺固化的双酚 A 型的双环氧树脂的 T_g 值是在 45～145℃之间[9]。这种变化伴随着交联密度几乎增加了三倍。但是，研究人员还是更喜欢使用由化学计量的硬化剂配制的完全固化的 EP 进行测量。即使是在后面的这种情况下，操纵网络以及相关性能增强的方式也存在无数种可能性。网络构建的策略目标主要考虑树脂和固化剂两个方面的变化。例如：对于用胺固化的 EP，我们就可以从下面的方式中选择：同时使用单官能胺和双官能胺[10-12]，由于同类型的双官能胺具有不同链长，因此具有不同的胺当量[11,12]，同时使用脂肪族和芳香族的 EP 以及它们的多种异构体[13]。类似的多功能性也存在于酸酐固化的 EP 的研究中[14]。图 11.2 演示了如何有效地选择 EP 和固化剂类型用于调整一个给定的环氧树脂的基本黏弹性［T_g、玻璃态和橡胶态的弹性模量（分别为 E_g 和 E_r）］。

Rousseau[15] 指出了 SMEP 具有良好的 R_f 和 R_r 值（≥95%）是由于其 E_g 很高并且在温度 T_g 以上有利于给定橡胶网络的弹性。与所有的聚合物一样，SMEP 同时也是黏弹性的材料。这意味着它的性能既取决于温度又取决于时间。特别是加热、冷却和老化方面[16]，我们应考虑时间产生的影响。黏弹性意味着在 SM 性能中选择一个合适的 $T_{转变}$ 值有很大的影响。传统上，$T_{转变}$ 高于 T_g

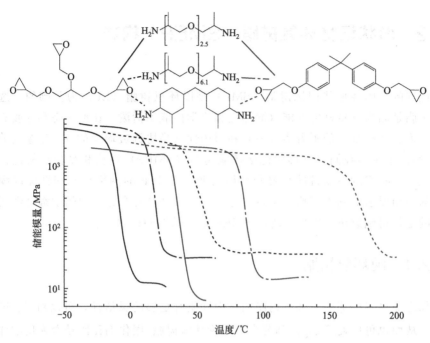

图 11.2 配方的选择（树脂和固化剂的类型不同）对胺固化 EP 黏弹性响应的影响

（一般≥15~20℃）。但是，$T_{转变}$ 也可能和 T_g 差不多大甚至低于 T_g。众所周知，当 T_g 从玻璃态转变为橡胶态时，网络可变形性达到最大值。Feldkamp 等[17]表明当变形温度由高于 T_g 变为 T_g 时，EP 的应力-应变响应会增加 5 倍。热机械恢复过程主要取决于相应 EP 的 $T_{转变}$ 是高于 T_g 还是低于 T_g。Liu 等[18] 在一项详细的研究中说明了，高于 T_g 时，应力-应变响应与恢复过程的变形程度是一致的并且总是发生在高于 T_g 的情况。相比之下，当低于 T_g 时，恢复应力-应变响应的变形与在成型温度下测量的变形有着显著不同。对于后面的这种情况，即低于 T_g 时对于弯曲使得恢复应力达到的最大值比在 $T_{转变}$ 时测量的小得多。此外，随着冷却速度的增加，在形状固定期间，需要使温度达到 R_f=100% 后再降低到较低的温度。这与恢复应力增加的水平有关。了解冷却速率（形状固定）和加热速率（形状恢复）之间的耦合以及恢复响应的演变过程是一个很多应用中的关键问题。

最近，这一方面是由 Pandini 等[19] 进行了深入的研究。他们研究了 SMEP 在动态和等温恢复条件下对 SM 行为中的网络结构的影响。树脂的临时变形是在 $T_{转变}<T_g$ 的条件下做的，称之为 "冷加工"。这种热机械加工过程耗时少，更容易执行，比起传统的在 $T_{转变}>T_g$ 条件下的加工更有益（改进了应力-应变行为）。结果发现，随着 T_g 和 $T_{转变}$ 之间的差异加大（即，$T_g-T_{转变}$），R_f 逐渐降低。值得注意的是，EP"冷加工"的 R_f 略低于传统变形（即 $T_{转变} > T_g$）相对应的 R_f。Pandini 等[19] 得到的另一个重要的结论是交联密度和网络点之间的区段刚度对 SM 的恢复行为起到了次要的作用。

有两种使用纯环氧树脂生产多形状 SMEP 的方法：开发 T_g 范围的"宽度"；由两种或两种以上组成的 EP 体系，含有不同 T_g，分层制备。前一种方法假定 T_g 范围可以分为若干段，T_g 段有一部分属于橡胶态，而另一部分属于玻璃态。多形状成形的基本前提是由橡胶态变形储存的能量足够在冷却时固定形状，从而保证形状的恢复。据作者所知，还没有研究人员证实用这种方法产生的 SMEP。但是，Xie 等[20] 已经证明了"分层"策略的可行性。他们生产的双层环氧树脂表现出三种 SM 性能（图 11.3）。双层系统是由两个不同 T_g 值的 EP 在一起共固化形成的。双层膜的模量-温度轨迹显示了两个不同的 T_g 的变化，接着是两个变化平稳的橡胶态平台。研究者从每个橡胶态的区选取了满足三重形状性能要求的两个 $T_{转变}$ 值。对于两个临时的形状，R_f 值分散在 71%～97%，而相应的 R_r 值在 92%～99%。这些范围由双层成分的相对厚度比决定。

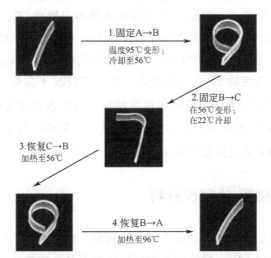

图 11.3　三个 SM 效应实现了两种 T_g 不同（温度分别大约在 40℃和 80℃）的 EPs 双分子层结构（复制经 Wiley-VCH 的许可[20]）

Wang 等[21] 认为，我们甚至可以利用 T_g 的不同创建 2W 的 SMEP 系统。该系统由膜围绕着一个锥形的核心，后者的 $T_g(T_{g2})$ 低于膜的 $T_g(T_{g1})$。与双层分子膜类似，复合材料筒体也是共固化的，因此，在覆盖膜和芯之间存在一个有效的应力传递。材料在温度 T_{g1} 以上成形，并且通过冷却到 T_{g2} 以下在负载下固定。将筒体加热至 T_{g1} 和 T_{g2} 之间的温度，它的芯会使其恢复成原来的形状。相关的径向收缩会导致覆盖膜上发生微屈曲。所以，光滑圆柱筒体会变成像齿轮一样的形状。进一步增加筒体的温度到 T_{g1} 以上，原来的形状会完全恢复。但是，这一原理只满足于三重形状系统的需求（高温临时形状：平滑压缩圆筒，低温临时形状：表面折叠的部分压缩圆筒），因而有人错误地将其称为2W。

11.2.2 环氧树脂-橡胶

环氧树脂是一种脆性材料，因为它的紧密交联的网络结构。所以它们的增韧化研究已经成为一个课题，目前仍在进行中。一种早期的增韧策略是生成微米或纳米颗粒分散在 EP 中。这些粒子在其中空化并参与裂纹钉扎。此外，它们促进了颗粒之间的 EP 韧带剪切变形，这是主要的能量吸收机制[22]。原位生成的颗粒都是来自官能化或者非官能化的橡胶，这些橡胶最初都是溶解在固化的 EP 中的，但是在 EP 的凝胶/交联过程中相隔离。对于 EP 来说，最强力的增韧剂是末端基官能化的液态丁腈橡胶，尽管这种橡胶的使用会伴随着一些不好的方面，尤其是在吸水性、刚度和 T_g 方面。胺和羧基封端的丙烯腈-丁二烯橡胶（分别简称为 ATBN 与 CTBN）是 EP 的首选增韧剂。请注意，它们的结合网络松散或者扭曲取决于改性剂是否有反应的性质。研究已经发现，这一点会伴随着延展性的增加，并且会影响相应的 EP 的 SM 行为。掺入 CTBN 不会影响 R_f 和 R_r（均仍接近100%），但是相关系统无故障的热机械循环的次数会显著增加[23,24]。羧基封端的聚氨酯（PU）改性 EP 会降低 T_g 并且增强韧性，与 CTBN 类似。在折叠展开测试中，相关的共混物表现出了优异的 SM 性能[25]。

11.2.3 环氧树脂-热塑性材料

为了避免橡胶中的增韧剂的缺点，很多研究工作都致力于以无定形塑料或半结晶热塑性塑料增韧 EPs。尽管它们的增韧机制都是一样的并且以橡胶改性剂为基础，它们的掺入与基本力学性能和热性能的明显降低无关。已经尝试了用多种多样的热塑性聚合物来改性 EP，如聚甲基丙烯酸甲酯、线型（共）聚酯、聚环氧乙烷、聚（ε-己内酯）(PCL)、聚酰胺、聚甲醛、苯乙烯共聚物、聚苯醚、和各种耐高温热塑性塑料（主要是无定形的）[26]。有趣的是，用热塑性塑料聚苯改善过的 EP 还没有进行 SM 测试。尽管如此，研究人员提出了相关知识的应用。为了证明这一事实，EP/PCL 结合的 SM 性能将在下面进行介绍。注意，PCL 是一种 T_m 约60℃的半结晶的可生物降解的聚酯，它可以优先在各种可生物降解的 SMP 中作为共混物的组分以及网络组分[27]。

Lützen 等[28] 研究了一种含阳离子聚合的 EP 共聚物,它与羟基封端的半结晶 PCL 共价连接。在 PCL 的羟基和 EP 树脂的 EP 基团之间发生化学反应。PCL 的质量分数分布在 60%~85%。必须牢记：在共网络化 EP/PCL 系统中的 PCL 的 T_m 与 $T_{转变}$ 相关联。以 T_m 为基础的 SMP 通常引用的好处是形状固定得更好,恢复比基于 T_g 的更快。R_f 为 100% 以及在折叠展开测试中并随着 PCL 含量的变化而略有改变,与 R_r 相反,随着 PCL 含量的增加而降低。

Luo 等[29] 发现了一种可以生产三重形状记忆系统的温和方式。与双层原理相反[20],他们遵循另一种策略：用静电纺丝技术将 PCL 嵌入在环氧树脂基体上。由脂肪族化合物和芳香族化合物的结合而设定得到的 EP 的 T_g,比 PCL 的 T_m 小。EP 的固化温度低于 PCL 的 T_m。通过 EP 浸润的 PCL 纳米网可以形成连续结构体系。在两种临时形状的形成过程中,由不同的拉伸变形(第二次成型比第一次成型的温度更高)进行设置,分别参考 PCL 的 T_m 和 EP 的 T_g,从而选择 $T_{转变}=80℃$,$T_{转变}=40℃$。EP/PCL 系统对二重-SM 性能和三重-SM 性能进行了测试。在前一种情况下,R_f 和 R_r 均接近 100%。在三重形状中测试 R_f 和 R_r 时,第二形状测量的数据的大小低于第一形状。紧接着 Fejös 等[30] 也用了类似的方法。这些作者还将石墨烯加入 PCL 溶液中进行纺丝。这个过程的目的是通过加强纳米纤维网促进 EP 的渗透。在这项研究中一个新的方面是检查在 SM 性能方面一个热力学诱导的共连续形态的产生是否形成一个能与 EP/电纺的 PCL 纳米网格系统的相媲美的 SM 性质。这种情况下的连续结构是一种半互穿 (semi-IPN) 的结构,因为其中一个连续相是热塑性(PCL)塑料而其他连续相是热固性塑料(EP)。这种半互穿网络通过溶解 PCL 来实现,溶解 PCL 的量是由参考系统中的纳米网格决定的,紧接着在 EP 中进行固化。EP/双连续相的 PCL、半互穿网络结构如图 11.4 所示。

储能模量-温度曲线与 EP/PCL 系统是相似的,并且与它们的结构无关(图

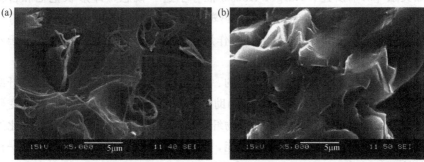

图 11.4　扫描电子显微镜(SEM)拍摄的 EP/PCL 的图片
(a) 含连续结构(通过嵌入一个 PCL 的纳米网)的 PCL；(b) 含半互穿网络结构的 PCL

11.5）。不同的部分可以归因于不同的相关准备的影响。

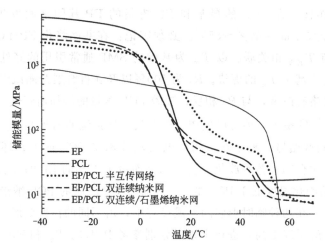

图 11.5　不同结构普通成分的 EP/PCL 的存储模量与温度的函数（PCL 的质量分数为 23%）

用一个动态的机械分析仪进行三次 SM 试验，在 2 个不同的拉伸应变条件下增加了从第一次成型到第二次成型的应变。结果发现，掺入了石墨烯的 PCL 纳米纤维网对 R_f 和 R_r 产生了负面影响。将石墨烯掺入到含 PCL 的待静电纺丝溶液中一方面是为了提高 PCL 纳米纤维最终产物的性能。另一方面，半互穿网络结构的 EP/PCL 临时形状的 R_f 和 R_r 均可以与 EP/PCL 纳米纤维网的 R_f 和 R_r 相媲美。此外，就第一临时形状而言，半互穿网络结构的 EP/PCL 的 R_f 其实还优于 EP/PCL 纳米纤维网的 R_f。基于这一结果，我们可以预测半互穿网络结构的 SMP 系统的发展将有一个光明的未来。这句话也可以由另一个方面证明，半互穿网络结构系统超越了之前其他的结构并有超越其自身的功能作用，即自我修复。如文献 [31] 所述，Karger Kocsis 推荐了这一概念，即形状记忆和自我修复的结合。在半互穿网络聚合物中，热塑性聚合物（非结晶或结晶）都有"转换"（SM）和"愈合"（分子缠结）的作用，而交联热固性材料是为了用于永久的定型。

必须提到的是，将各种形式（短的、垫状）的热塑性微米纤维和纳米纤维加入 EP 中都可能有助于形状记忆以及辅助自愈。为此目的就必须找到在应变硬化方面表现突出的合适的聚合物、聚合物纤维良好地黏附到 EP 中。应变硬化通常伴随着结晶。但是，为了保证愈合性能，热塑性阶段就应该将其加入。这一概念的可行性已经通过将短的 SMPU 纤维嵌入到含分散 PCL 相的 EP 中的方式证明了（图 11.6）[32]。很明显这种策略可以很好地适应半互穿网络结构的 EP/PCL 系统和并且预示着它们可能有更好的性能。

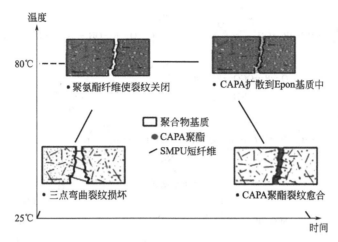

图 11.6 用有裂缝的短的 SMPU 加强纤维试样进行的两步愈合过程（即关闭然后愈合）的示意图[32]。转载经爱思唯尔的许可

11.2.4 环氧树脂-热固性材料

尽管许多含完全互穿结构的 EP 系统已经可以合成，即可以连续相交联，但是并不是为了测试 SM 性能。考虑到这种完全互穿体系有一个非常宽泛的 T_g 范围，甚至有时由于不兼容会产生两个峰。这令人惊讶，仔细回想一下，我们可以发现后者是 MP 产生多形状特征的关键因素。

EP 组合也属于上述范畴，基本上都是共网络。共网络就是化学交联的网络，这种网络中的任何化学成分都没有形成连续的相。此定义不排除可能存在一些范围，其中有富含一个或多种的成分。为了形成含 SM 性质的共聚物 EP，环氧-异氰酸酯反应（形成噁唑烷酮）和环氧-异氰脲酸酯反应（形成噁唑烷酮）都是可用的[33,34]。噁唑烷酮的化学反应是定制 PU 上硬链段的一种有用的方法[33]。注意，PU 部分代表了最通用且最受研究的 SMP 家族[35]。含有 EP、氰酸酯和酚封端的二醇的混合树脂的共网络形成是一个非常复杂的过程，这是因为需要发生很多不同的化学反应。图 11.7 表明，这些反应产生的共网络不均匀。这也体现在较宽范围的机械损耗因子（用 δ 表示）中，甚至会出现双峰。后者分为富-聚异氰脲酸酯（高温）和富-多元醇（低温）两个部分，是一种明显不兼容的现象。这种混合，R_r 随 E_g/E_r 比的增加而增加，但是与恢复时间相比是呈现相反的趋势。

有趣的是，苯并噁嗪的化学反应并没有非常灵活的使用，特别是在与 EP 结合方面[36-38]。

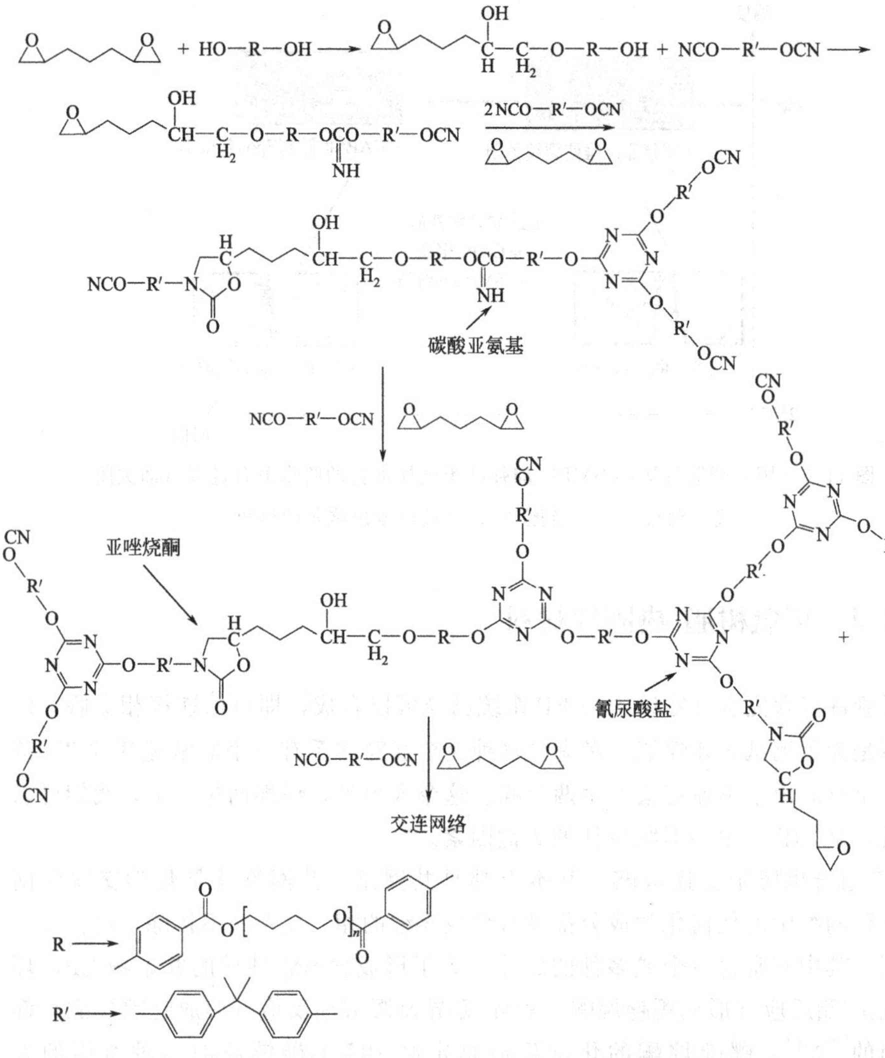

图 11.7 在一个由 EP、氰酸酯（含—OCN 官能团）和苯酚封端聚醚多元醇组成的混合系统中共网络形成的可能的反应途径[34]（转载经 Elsevier 的许可）

11.3 形状记忆环氧树脂复合材料

SMP 的研究已经从早期阶段延伸到相关复合材料方面。这主要是由两件事情引起的：①其需要其他的触发机制而不是直接加热来进行形状复原；②市场对能快速复原与高恢复力的 SM 聚合物系统有巨大的需求。后者对于执行器的组成是必不可少的，是 SMP 系统备受青睐的目标应用程序。接下来我们将说明，上述的性质分别在（纳米）填料和传统增强方面的成功应用。

11.3.1 微粒填充

在聚合物中的微米和纳米微粒可根据外观分成：球形（低的纵横比）、圆盘状、纤维（高的纵横比）。接下来我们将根据这个分组进行报告。Liu 等[39] 研究了含质量分数为 20% 的平均粒径为 700nm 的 SiC 的 EP 的 SM 性能。他们对相关的复合材料在玻璃化温度以上和以下都设置了临时形状。纳米复合材料比未填充的基体产生了更高的恢复力。值得我们注意的是，碳化硅是一种在提高相应的基体的热传导率方面非常有效的填料。这是在热力激活 SMP 方面的一个关键问题。但是，直接加热并不总是可行的，因此，研究人员正在寻找它的替代品。实现间接加热的方式有很多种，例如，通过增加红外光的吸收、加入电导（焦耳热）填料和磁导（感应、滞回热）填料等。它们中的一些方式，如红外辐射、射频能量的吸收，可以实现 SMP 的无线远程遥控驱动。Hazelton 等[40] 展示了含电磁粒子的 EP 射频驱动的可行性，添加了 $\leqslant 15\%$ 的体积分数。纳米填料的表面改性可能也是一种调节 SM 性能的工具。Iijima 等[41] 利用含聚乙二醇（PEG）链的阴离子表面活性剂修饰了二氧化钛纳米颗粒的表面使其得到足够大的结晶粒子。当这些颗粒嵌入在质量分数 $\leqslant 13\%$ 的 EP 基体中时，这些"聚乙二醇"TiO_2 颗粒中的 PEG 的 T_m 可以作为 $T_{转变}$。

为了提高其（断裂）力学性能，EP 系统可以与盘状结构的有机黏土结合。这种黏土对 SM 的作用也是一样的。研究发现质量分数为 3% 的黏土在不降低 R_r 的情况下，可以增强恢复速度[42]。Beloshenko 等[43] 在不含高岭土微粒的 EP 中增加了热膨胀石墨（属于圆盘状填料），而且研究了其在单轴压缩下的 SM 性能。虽然没有发现焦耳热，这意味着该材料保持绝缘，但是在温度为 T_g 的树脂中，复合材料的电阻率急剧增加。

Lu 等[44] 将电磁 Ni 纳米线与导电碳纳米纤维（CNF）相结合，使最初绝缘的 EP 导电。由此产生的 SMEP 通过电阻加热活化（焦耳效应）后展现出很快的复原速度。这也是因为它的很高的热导率，这是用作填料组合的"副产品"。最近，研究人员将未处理的 CNF 和硅烷气相生长的 CNF 分别与 EP 进行了结合，为的是提高 SM 的性能[45]。进行硅烷表面处理可以使 EP 基体中的 CNF 更好地分散。CNF 的加入使 EP 的 T_g 有很大的变化，这是因为硅烷表面处理后含有的 —NH_2 官能团会与 EP 发生反应。增加 CNF 的量会使 EP 的形状复原的速度提高，并且恢复率也进一步提高，硅烷化的 CNF 取代了原来相应的配方中未处理的 CNF。

11.3.2 纤维和织物增强

在基于环氧树脂（EP）复合材料的增强方面，传统上各种纤维组件都可以使用。其中包括了无纺布、多种编织结构和单向（UD）纤维排列的织物。UD纤维通常存在于生产含各种成型片材的先进复合材料的预浸料中。在现在的市场上，含UD纤维的织物都是由两种或两种以上不同（混合加强的）材料制成的。增强纤维可以是合成的（玻璃、碳、聚芳酰胺）或者天然的（矿物纤维如玄武岩，植物纤维等如亚麻、黄麻、剑麻）。增强过的环氧树脂材料的刚度和强度显著高于其基体的刚度和强度，并且可以通过调整不同的方式（例如，加固的类型和数量、织物分层和方向）来达到要求。对于具有恢复性能的SMEP复合材料来说，为了在形状记忆合金（SMA）的应用中取得一席之地，高刚度和强度是比较理想的性能。因此，为了使制备的聚合物复合材料能够增强的恢复应力并且缩短恢复的时间，研究人员做出了很大的努力。不幸的是，对于纤维结构的增强，特别是在相关复合材料中大量存在时，降低的延展性和变形性限制了临时成型的设计自由度。因此，改进恢复应力通常都是以成型变形性为代价。在某些情况下，例如，在弯曲的含UD纤维的层压板中，这一缺点是通过纤维的特殊变形来规避的。它们在样品或部件的压缩区域中发生微屈曲，从而实现相对较高的变形[46-48]。因此，尽管CF极限应变小于1%，但是含大量UD碳纤维（CF）的先进的EP复合材料可能会出现约5%的弯曲应变[47]。然而，为了利用这种微屈曲，我们应该注意正确选择基体，纤维/基体的附着力和变形过程的调整都会改变复合材料的性能。Basit等[49-51]制备了含对称和非对称混合增强的层状复合材料，并研究了其在循环试验中约束条件和无约束条件下的弯曲性能。请注意，无约束测试是与无应力变形相关的，所以适合用于确定R_f。相比较而言，在负载引起约束变形的基础上，我们可以对恢复应力进行测量。引用作者的话来说，为了确定临时变形的$T_{转变}$并且获得变形复原的温度，我们应该利用焦耳加热来研究通过UD嵌入在标本的中间部分（中性轴）产生的CF。这个系统基本上是用作执行器。并且研究员发现恢复应力是$T_{转变}$和恢复温度的函数。

使用SMEP复合材料还具有扩大成型自由度的可能性。一种给定的复合材料的可变形性越大，织物增强材料的含量就越少，这是非常直观的道理。这就是为什么SMEP复合材料通常都不会超过60%的增强材料的原因。增强层的位置以及增强的类型都可能会影响可变形性[52]。用一个例子来说明后者：在具有相同的模式和表面质量的条件下，织物由刚性CF而不是更"柔顺"的天然纤维（NF）生产时会产生完全不同的变形。下面显示的都是基于SMEP复合材料的实际研究所涉及的主要课题。

被 EP 渗透了四层的 GF 织物可以得到较高增强体积分数（38%）的复合材料。结果发现，随着 GF 织物含量的提高，R_f 降低，恢复应力会增加 1 个数量级（约 40MPa）。与纯的 EP 相比，虽然不会造成可视的损伤，但是临界弯曲应变会有很大的下降（从 >6% 下降到 1%）[53]。在后续研究中，Fejös 和 Karger-Kocsis[54] 研究了碳纤维织物增强复合材料在弯曲中 SM 的性能。他们用碳纤维层试样分别在无约束和约束条件下进行了拉伸或压缩试验。同样，SM 的临界弯曲应变测试因为增强部分而显著降低。EP 和 EP/CF 复合材料的碳纤维层分别在顶部（压缩侧）和底部（拉伸侧），温度和应力发展随时间的变化可以见图 11.8。我们可以注意到，变形所需的应力值和恢复期间测量的应力值吻合得很好。这实际上意味着 R_f 和 R_r 的数据都很好，均 >93%。但是，碳纤维层在顶部（在压缩条件下）的试样用于形状固定所需的应力远大于复原过程中的应力。这表明微屈曲的发生与弹性存储的能量增量相关。但是，我们还可以在图 11.8 看表观应力和温度在 EP 基体的 T_g 之前的时间间隔内的变化曲线——其中很大一部分能量被释放了。

这一发现表明，设计用于提供高恢复应力的这种 SM 复合材料的增强层应保持压缩状态，并且在温度等于或者小于 T_g 时触发材料的复原。回想一下，这个结论与在研究 SMEP 复合材料中获得的结论完全一致，也被称为弹性记忆复合材料[46-48]。必须强调的是，只有两层碳纤维织物的 EP 增强复合材料的恢复应力与基体的恢复应力相比有一个数量级的有所增加（图 11.8）。

从实际的研究方向来看，研究人员试图从完全可再生资源中生产 SMEP 复合材料。为了生产"生物复合材料"，用酸酐固化的环氧亚麻籽油作为基体，亚麻织物（非织布、斜纹布、准 UD 布）用于增强[55]。NF 可能是很好的 SMEP 的增强材料，因为比起传统的增强纤维，它的存在赋予了相应复合材料一定的可变形性。亚麻纤维的含量（质量分数 <58%）是随着织物层数、其表面质量和亚麻纤维的粗细的变化而变化的。基于 EP 的环氧亚麻油的 R_f 和 R_r 值分别为 92% 和 25%。非常低的 R_r 证明了恢复性能受交联密度的控制，这种"生物树脂"的基体比典型的"精细"EP 基体低得多。亚麻的强化导致了 R_f 的减少和 R_r 的增加，虽然它们的值依然处于较低水平[55]。这项研究还表明，织物的类型和加载方向上的结构设计对 SM 的性能有很强大的影响。

虽然基于环氧树脂基复合材料包含很多知识，但是还没有办法解释最优化的 SM 性能。以上说明只适用于所有与增强相关的问题，即使是负载的情况下也只适用于临时变形（例如，忽略了扭转）。

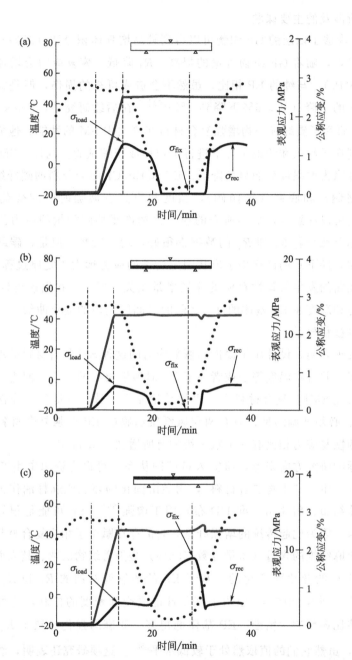

图 11.8 纯 EP 和含不对称放置 CF 织物（2 层）增强的 EP 复合材料在弯曲条件下的变形和复原周期（σ_{load} 为施加应力，σ_{fix} 为固定应力，σ_{rec} 为回复应力，根据的是参考文献 [54]，经过了 BME-PT 允许）

11.4 应用

SMEP 及相关复合材料，由于其多功能性，在不同的应用领域越来越受到重视。SMEP 复合材料是用于多种空间部件（如太阳能电池阵列、天线、吊杆、展开面板、反射器）[56-58]和多种飞机部件（机翼部件和皮肤的不同变形）[59,60] 的候选材料。这是因为它具有良好的性能，如良好的刚度、良好的强度和环境持久性。需要注意的是，空间结构应以紧凑的形式进行运送。包装/配置可以理解成 SMP 的临时成型/复原。但是，包装/配置要与复合材料的性能相适应。这需要了解在"包装"过程中的失效，即在临时形状的设置和固定方面的问题[60]。

SMA 与 SMEP 及其复合材料的组合可能会产生多功能智能材料系统。多状态智能偏置系统（如智能阀）可以通过改变 SMA 相关的多个 $T_{转变}$ 值之间的 SMEP 的 T_g 值进而获得不同的刚度，例如，马氏体的成型温度和奥氏体的成型温度[61,62]。值得注意的是，"转换"温度的变化是不利于 SMP 和 SMA 的刚度的增加（图 11.9）。图 11.9 也显示了 SMP 和 SMA 之间刚度大小的差异。SMEP 与 SMA 丝的混合是产生三重-SM 复合材料的一种有意思的方式，如图 11.10 所示。

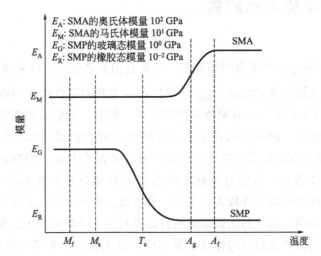

图 11.9 SMP 和 SMA 的温度模量函数示意图

注：这个图强调了相应的转换（"切换"）温度的影响[62]，转载经 Elsevier 许可

多层 SMEP 复合材料可以用于做骨折愈合的骨科支架[63]。基于 SMEP 的双层策略，Wang 等[64] 已经证明了这种壁虎式的黏附（附着/分离到表面）是可以被模仿的。

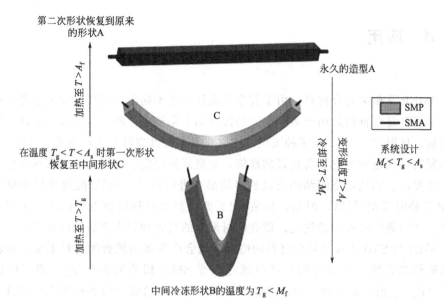

图 11.10　由 SMEP 和 SMA 丝获得的三状态配置（三重-SM）

注：对于图中指定可以参看图 11.9[62]，转载经爱思唯尔授权

11.5　展望及未来趋势

EP 固化的化学性质是众所周知的。因此我们有必要用工具来测试 T_g，从而根据对 SM 性能的要求来定制 $T_{转变}$。即使在这里我们可以追踪一些较少探讨的领域，如基于 EP 的完全互穿网络和网络结构，但是，我们依然需要进一步关注并且调整 SM 性能。网络结构和完全互穿网络可能会出现多形状的属性。基于 EP 半互穿网络可以把以前讨论的 SM 和自愈功能联合起来。SMEP 的组分可以从可再生资源中得到。我们对蓬勃发展的 SMEP 复合材料寄予厚望。基于 NF 的增强织物，因为可以允许较大的变形，将会逐步使用。强化杂交也将对 SM 的性能研究非常有用。传统的增强研究的目标是对于一个给定的加载模式保持高变形的情况下找到其产生最高的弹性能量存储的量和叠层。为了支持相关的研究，SM 的循环测试将用合适的无损检测技术进行。故障模式的映射将有助于推断和指引包装/配置，即临时成型/复原。将用其他手段来代替直接加热用来加强研究工作。为了达到这个目的，传统的增强材料的固有特性，如碳纤维的导电方面，可以结合与（纳米）填料给出的其他所需性能（例如热导率）。SMEP 与 SMA 的组合仍然是一个充满挑战的热门话题（最优化 SMA 包含其结构、SMA 对基

体的黏附力、模型的性能[65]）。未来属于"有活性的"SMEP及其复合材料。"有活性的"指的是材料的对于外界给予的不同刺激的适应性。

致谢

以上报告的工作是由匈牙利研究基金（法学研究所 NK 83421）和欧盟以及欧洲社会基金的 TÁMOP-4.2.2.A-11/1/KONV-2012-0036 项目共同资助。这个工作的一部分是由欧洲联盟和匈牙利国家支持的，并且由欧洲社会基金的 TÁMOP-4.2.4.A/2-11/1-2012-0001 "国家卓越计划"（S.K.）的框架内共同资助。

参考文献

[1] Hu J, Zhu Y, Huang H, Lu J. Recent advances in shape-memory polymers: structure, mechanism, functionality, modeling and applications. Prog Polym Sci 2012;37:1720–63.

[2] Meng H, Li G. A review of stimuli-responsive shape memory polymer composites. Polymer 2013;54:2199–221.

[3] Leng J, Lan X, Lu Y, Du S. Shape-memory polymers and their composites: stimulus methods and applications. Prog Mater Sci 2011;56:1077–135.

[4] Gibson RF. A review of recent research on mechanics of multifunctional composite materials and structures. Compos Struct 2010;92:2793–810.

[5] Behl M, Razzaq MY, Lendlein A. Multifunctional shape-memory polymers. Adv Mater 2010;22:3388–410.

[6] Mather PT, Luo X, Rousseau IA. Shape memory polymer research. Annu Rev Mater Sci 2009;39:445–71.

[7] Sun L, Huang WM, Ding Z, Zhao Y, Wang CC, Purnawali H, et al. Stimulus-responsive shape memory materials: a review. Mater Des 2012;33:577–640.

[8] Santhosh Kumar KS, Biju R, Reghunadhan Nair CP. Progress in shape memory epoxy resins. Reactive Funct Polym 2013;73:421–30.

[9] Liu Y, Han C, Tan H, Du X. Thermal, mechanical and shape memory properties of shape memory epoxy resin. Mater Sci Eng A 2010;527:2510–14.

[10] Leonardi AB, Fasce LA, Zucchi IA, Hoppe CE, Soulé ER, Pérez CJ, et al. Shape memory epoxies based on networks with chemical and physical crosslinks. Eur Polym J 2011;47:362–9.

[11] Rousseau IA, Xie T. Shape memory epoxy: composition, structure, properties and shape memory performances. J Mater Chem 2010;20:3431–41.

[12] Feldkamp DM, Rousseau IA. Effect of chemical composition of the deformability of shape-memory epoxies. Macromol Mater Eng 2011;296:1128–41.

[13] Xie T, Rousseau IA. Facile tailoring of thermal transition temperatures of epoxy shape memory polymers. Polymer 2009;50:1852–6.

[14] Biju R, Reghunadhan Nair CP. Synthesis and characterization of shape memory epoxy-anhydride system. J Polym Res 2013;20:82.

[15] Rousseau IA. Challenges of shape memory polymers: a review of the progress toward overcoming SMP's limitations. Polym Eng Sci 2008;48:2075–89.

[16] Yakacki CM, Ortega AM, Frick CP, Lakhera N, Xiao R, Nguyen TD. Unique recovery behavior in amorphous shape-memory polymer networks. Macromol Mater Eng 2012;297:1160–6.

[17] Feldkamp DM, Rousseau IA. Effect of the deformation temperature on the shape-memory behavior of epoxy networks. Macromol Mater Eng 2010;295:726–34.

[18] Liu Y, Gall K, Dunn ML, McCluskey P. Thermomechanical recovery couplings of shape memory polymers in flexure. Smart Mater Struct 2003;12:947–54.

[19] Pandini S, Bignotti F, Baldi F, Passera S. Network architecture and shape memory behavior of cold-worked epoxies. J Intell Mater Syst Struct 2013;24:1583–97.

[20] Xie T, Xiao X, Cheng Y-T. Revealing triple-shape memory effect by polymer bilayers. Macromol Rapid Commun 2009;30:1823–7.

[21] Wang Z, Song W, Ke L, Wang Y. Shape memory polymer composite structures with two-way shape memory effects. Mater Lett 2012;89:216–18.

[22] Karger-Kocsis J, Friedrich K. Fatigue crack propagation and related failure in modified, anhydride-cured epoxy resins. Colloid Polym Sci 1992;270:549–62.

[23] Kavitha Revathi A, Rao S, Srihari S, Dayananda GN. Characterization of shape memory behavior of CTBN-epoxy resin system. J Polym Res 2012;19:9894.

[24] Revathi A, Rao S, Rao KV, Singh MM, Murugan MS, Srihari S, et al. Effects of strain on the thermomechanical behavior of epoxy based shape memory polymers. J Polym Res 2013;20:113.

[25] Liu Y, Sun H, Tan H, Du X. Modified shape memory epoxy resin composites by blending activity polyurethane. J Appl Polym Sci 2013;127:3152–8.

[26] Grishchuk S, Gryshchuk O, Weber M, Karger-Kocsis J. Structure and toughness of polyethersulfone (PESU)-modified anhydride-cured tetrafunctional epoxy resin: effect of PESU molecular mass. J Appl Polym Sci 2012;123:1193–200.

[27] Karger-Kocsis J, Kéki S. Shape memory biodegradable polyesters: concepts of (supra) molecular architecturing. Express Polym Lett 2014;8:397–412.

[28] Lützen H, Gesing TM, Kim BK, Hartwig A. Novel cationically polymerized epoxy/poly(ε-caprolactone) polymers showing a shape memory effect. Polymer 2012;53:6089–95.

[29] Luo X, Mather PT. Triple shape polymeric composites (TSPCs). Adv Funct Mater 2010;20:2649–56.

[30] Fejős M, Molnár K, Karger-Kocsis J. Epoxy/polycaprolactone systems with triple-shape memory effect: electrospun nanoweb with and without graphene versus co-continuous morphology. Materials 2013;6:4489–504.

[31] Yuan YC, Yin T, Rong MZ, Zhang MQ. Self healing in polymers and polymer composites. Concepts, realization and outlook: a review. Express Polym Lett 2008;2:238–50.

[32] Li Q, Zhang P. A self-healing particulate composite reinforced with strain hardened short shape memory polymer fibers. Polymer 2013;54:5075–86.

[33] Merline JD, Reghunadhan Nair CP, Gouri C, Sadhana R, Ninan KN. Poly(urethane-oxazolidine): synthesis, characterisation and shape memory properties. Eur Polym J 2007;43:3629–37.

[34] Biju R, Gouri C, Reghunadhan Nair CP. Shape memory polymers based on cyanate ester-epoxy-poly(tetramethyleneoxide) co-reacted system. Eur Polym J 2012;48:499–511.

[35] Huang WM, Yang B, Fu YQ, editors. Polyurethane shape memory polymers. Boca Raton, FL: CRC Press; 2012.

[36] Grishchuk S, Mbhele Z, Schmitt S, Karger-Kocsis J. Structure, thermal and fracture

mechanical properties of benzoxazine-modified amine-cured DGEBA epoxy resins. Express Polym Lett 2011;5:273–82.

[37] Grishchuk S, Schmitt S, Vorster OC, Karger-Kocsis J. Structure and properties of amine-hardened epoxy/benzoxazine hybrids: effect of epoxy resin functionality. J Appl Polym Sci 2012;124:2824–37.

[38] Chow WS, Grishchuk S, Burkhart T, Karger-Kocsis J. Gelling and curing behaviors of benzoxazine/epoxy formulations containing 4,4'-thiodiphenol accelerator. Thermochim Acta 2012;543:172–7.

[39] Liu Y, Gall K, Dunn ML, McCluskey P. Thermomechanics of shape memory polymer nanocomposites. Mech Mater 2004;36:929–40.

[40] Hazelton CS, Arzberger SC, Lake MS, Munshi NA. RF actuation of a thermoset shape memory polymer with embedded magnetoelectroelastic particles. J Adv Mater 2007;39(3):35–9.

[41] Iijima M, Kobayakawa M, Yamazaki M, Ohta Y, Kamiya H. Anionic surfactant with hydrophobic and hydrophilic chains for nanopartile dispersion and shape memory polymer nanocomposites. J Am Chem Soc 2009;131:16342–3.

[42] Liu Y, Han C, Tan H, Du X. Organic-montmorillonite modified shape memory epoxy composite. Polym Adv Technol 2011;22:2017–21.

[43] Beloshenko VA, Varyukhin VN, Voznyak YV. Electrical properties of carbon-containing epoxy compositions under shape memory effect realization. Composites Part A 2005;36:65–70.

[44] Lu H, Gou J, Leng J, Du S. Synergistic effect of carbon nanofiber and sub-micro filamentary nickel nanostrand on the shape memory polymer nanocomposite. Smart Mater Struct 2011;20:035017.

[45] Ding J, Zhu Y, Fu Y. Preparation and properties of silanized vapor-grown carbon nanofibers/epoxy shape memory nanocomposites. Polym Composites 2014;35:412–17.

[46] Xiong ZY, Wang ZD, Li ZF, Chang RN. Micromechanism of deformation in EMC laminates. Mater Sci Eng A 2008;496:323–8.

[47] Wang ZD, Li ZF, Wang YS. Microbuckling solution of elastic memory laminates under bending. J Intell Mater Syst Struct 2009;20:1565–72.

[48] Abrahamson ER, Lake MS, Munshi NA, Gall K. Shape memory mechanics of an elastic memory composite resin. J Intell Mater Syst Struct 2003;14:623–32.

[49] Basit A, L'Hostis G, Durand B. High actuation properties of shape memory polymer composite actuator. Smart Mater Struct 2013;22:025023.

[50] Basit A, L'Hostis G, Pac MJ, Durand B. Thermally activated composite with two-way and multi-shape memory effects. Materials 2013;6:4031–45.

[51] Basit A, L'Hostis G, Durand B. Multi-shape memory effect in shape memory polymer composites. Mater Lett 2012;74:220–2.

[52] Ivens J, Urbanus M, De Smet C. Shape recovery in a thermoset shape memory polymer and its fabric-reinforced composites. Express Polym Lett 2011;5:254–61.

[53] Fejős M, Romhány G, Karger-Kocsis J. Shape memory characteristics of woven glass fibre fabric reinforced epoxy composite in flexure. J Reinforced Plastics Composites 2012;31:1532–7.

[54] Fejős M, Karger-Kocsis J. Shape memory performance of asymmetrically reinforced epoxy/carbon fibre fabric composites in flexure. Express Polym Lett 2013;7:528–34.

[55] Fejős M, Karger-Kocsis J, Grishchuk S. Effects of fibre content and textile structure on dynamic-mechanical and shape-memory properties of ELO/flax bicomposites. J Reinforced Plastics Composites 2013;32:1879–86.

[56] Liu Y, Du H, Liu L, Leng J. Shape memory polymers and their composites in aerospace applications: a review. Smart Mater Struct 2014;23:023001.

[57] Campbell D, Barrett R, Lake MS, Adams L, Abramson E, Scherbarth MR, et al. Development of a novel, passively deployed roll-out solar array IEEE aerospace confer-

ence proceedings. MT: Big Sky; 2006. p. 1–9.
[58] Sofla AYN, Meguid SA, Tan KT, Yeo WK. Shape morphing of aircraft wing: status and challenges. Mater Des 2010;31:1284–92.
[59] Kuder IK, Arrieta AF, Raither WE, Ermanni P. Variable stiffness material and structural concepts for morphing applications. Prog Aerosp Sci 2013;63:33–55.
[60] Lake MS, Campbell D. The fundamentals of designing deployable structures with elastic memory composites IEEE aerospace conference proceedings. MT: Big Sky; 2004. p. 2745–56.
[61] Tobushi H, Hayashi S, Hoshio K, Makino Y, Miwa N. Bending actuation characteristics of shape memory composite with SMA and SMP. J Intell Mater Syst Struct 2006;17:1075–81.
[62] Ghosh P, Rao A, Srinivasa AR. Design of multi-state and smart-bias components using shape memory alloy and shape memory polymer composites. Mater Des 2013;44:164–71.
[63] Ware T, Ellson G, Kwasnik A, Drewicz S, Gall K, Voit W. Tough shape-memory polymer-fiber composites. J Reinforced Plastics Composites 2011;30:371–80.
[64] Wang R, Xiao X, Xie T. Viscoelastic behavior and force nature of thermo-reversible epoxy dry adhesives. Macromol Rapid Commun 2010;31:295–9.
[65] Jarali CS, Raja S, Kiefer B. Modeling the effective properties and thermomechanical behavior of SMA-SMP multifunctional composite laminates. Polym Composites 2011;32:910–27.